U0128747

普通高等教育"十二五"规划教材

计算机应用技能基础

（Windows 7+Office 2010+维护维修基础）

主　编　秦洪英　赖　娟

副主编　蒋树清　张　雁　王明蓉　陈建国

中国水利水电出版社

www.waterpub.com.cn

内 容 提 要

本书根据最新版全国计算机等级考试大纲（2013 年全新改版）以及计算机专业学生教学改革的要求组织编写。全书共分三篇：知识篇、实践篇、模块测试篇。主要内容包括：计算机基础知识、计算机组装与维护基础、计算机网络及应用基础、Word 2010 基础及高级应用、Excel 2010 基础及高级应用、PowerPoint 2010 基础及高级应用，以及 10 个实验、7 个测试。

本书紧跟计算机技术的发展和应用水平，内容整合传统的"计算机应用基础"和"计算机维护与维修"两门专业基础课为一门专业基础应用技能课程，将计算机硬件与软件应用合二为一，内容有所创新；案例丰富，步骤清晰，图文并茂，完全满足最新版全国计算机等级考试大纲的考试要求；模块测试明确化；基本满足全国信息技术水平大赛的需要。

本书可作为高等院校计算机专业学生学习计算机基础及应用技能的教材，也可作为全国计算机等级考试（一级）、全国信息技术水平大赛以及各类计算机培训班的教材。

本书免费提供电子教案、图片素材、实验源文件及实验结果样文，读者可以从中国水利水电出版社网站和万水书苑上下载，网址为：http://www.waterpub.com.cn/softdown/和 http://www.wsbookshow.com。

图书在版编目（CIP）数据

计算机应用技能基础 : Windows 7+Office 2010+维护维修基础 / 秦洪英, 赖娟主编. -- 北京 : 中国水利水电出版社, 2013.7
普通高等教育"十二五"规划教材
ISBN 978-7-5170-0998-6

Ⅰ. ①计… Ⅱ. ①秦… ②赖… Ⅲ. ①Windows操作系统－高等学校－教材②办公自动化－应用软件－高等学校－教材③计算机维护－高等学校－教材 Ⅳ. ①TP3

中国版本图书馆CIP数据核字(2013)第145862号

策划编辑：寇文杰　　　责任编辑：张玉玲　　　封面设计：李 佳

书　　名	普通高等教育"十二五"规划教材 计算机应用技能基础（Windows 7+Office 2010+维护维修基础）
作　　者	主　编　秦洪英　赖　娟 副主编　蒋树清　张　雁　王明蓉　陈建国
出版发行	中国水利水电出版社 （北京市海淀区玉渊潭南路 1 号 D 座　100038） 网址：www.waterpub.com.cn E-mail: mchannel@263.net（万水） 　　　　sales@waterpub.com.cn 电话：（010）68367658（发行部）、82562819（万水）
经　　售	北京科水图书销售中心（零售） 电话：（010）88383994、63202643、68545874 全国各地新华书店和相关出版物销售网点
排　　版	北京万水电子信息有限公司
印　　刷	北京蓝空印刷厂
规　　格	184mm×260mm　16 开本　19.5 印张　496 千字
版　　次	2013 年 7 月第 1 版　2013 年 7 月第 1 次印刷
印　　数	0001—2000 册
定　　价	36.00 元

凡购买我社图书，如有缺页、倒页、脱页的，本社发行部负责调换

版权所有·侵权必究

前　　言

随着计算机技术的快速发展，计算机的应用已经深入到社会的各行各业。随着网络技术的发展，计算机已成为人们学习、工作和生活必不可少的重要工具。掌握计算机基础知识和应用技能，并能利用计算机学习专业知识，使计算机成为专业学习的工具，是当前高校计算机课程教学改革的重要任务之一。

根据最新版全国计算机等级考试大纲（2013 年全新改版）以及计算机专业学生教学改革的要求，我们组织有多年教学经验的一线教师来编写这本书。本书紧跟计算机技术的发展和应用水平，以案例和任务为驱动，强化应用、注重实践、引导创新，全面培养和提高学生应用计算机处理信息、解决实际问题的能力。

本书的主要特色与创新点是：整合传统的"计算机应用基础"和"计算机维护与维修"两门专业基础课为一门专业基础应用技能课程，将计算机硬件与软件应用合二为一，内容有所创新；案例丰富，步骤清晰，图文并茂，完全满足最新版全国计算机等级考试大纲（2013 年全新改版）的考试要求；模块测试全面完整，体现过程考核的独立性；基本满足全国信息技术水平大赛的需要。全书遵照"讲—练—测"的模式组织教材内容，将知识融于操作练习的案例中，通过测试达到应用目标，章节组织重点放在应用能力逐步提升的指标上，完全放弃了过去教材"以知识体系"为主线的组织方法，改用"能力水平体现"为主线组织教材内容。

本书共分三篇：知识篇、实践篇、模块测试篇。其中知识篇共 6 章，内容包括：计算机基础知识、计算机组装与维护基础、计算机网络及应用基础、Word 2010 基础及高级应用、Excel 2010 基础及高级应用、PowerPoint 2010 基础及高级应用。实践篇针对以上章节内容设计相应的操作练习，共 10 个实验，内容包括：计算机基础及文字录入、计算机组装与维护、计算机网络及应用、Word 2010 基本操作、毕业论文排版、Excel 2010 基本操作、Excel 2010 综合应用、PowerPoint 2010 基本操作、PPT 课件制作、Office 2010 高级应用。模块测试篇共 7 个测试，内容包括：计算机基础知识测试、计算机组装与维护基础测试、计算机网络及应用测试、Word 2010 应用测试、Excel 2010 应用测试、PowerPoint 2010 应用测试、Office 2010 高级应用测试。

本书由乐山师范学院计算机科学学院的秦洪英、赖娟任主编，由蒋树清、张雁、王明蓉、陈建国任副主编。其中，蒋树清负责第 1 章、第 2 章及对应实验和模块测试的编写，张雁负责第 3 章及对应实验和模块测试的编写，王明蓉负责第 4 章及对应实验和模块测试的编写，秦洪英负责第 5 章及对应实验和模块测试、Office 高级应用实验及模块测试的编写以及全书策划、统稿等工作，赖娟负责第 6 章及对应实验和模块测试的编写，陈建国负责全书目录和大纲编写以及全书的审稿工作。

在本书编写过程中，我们得到了乐山师范学院教务处、计算机科学学院领导和老师的大力支持，在此表示诚挚的谢意。

由于时间仓促及编者水平有限，书中难免有疏漏和不足之处，恳请各位专家和读者批评指正。

编　者
2013 年 5 月

目　　录

第二部分　实践篇

第三部分　模块测试篇

第一部分 知识篇

第1章 计算机基础知识

知识要点:

- 计算机概述:计算机的产生与发展、分类与特点。
- 计算机系统:认识硬件(主板、CPU、内存、硬盘)及作用、软件系统。
- 信息表示:概念(数制、位权)、数的表示(二进制、八进制、十进制、十六进制)、各种进制数的相互转换。
- 数据编码:英文字符编码、中文字符编码。
- 操作系统:概念、作用、分类。
- 使用 Windows 7:基本操作、文件与文件夹、窗口、对话框、菜单、控制面板、附件(计算器、画图、记事本)。

计算机是一种能够存储程序和数据、自动执行程序并能快速高效地完成对各种数字化信息处理的电子设备,是开展信息化活动的核心设备。它能在某些方面部分地代替人的脑力劳动,因此也被称为电脑。随着计算机技术的发展和社会信息化程度的提高,计算机已经在社会生活的各个方面发挥着重要的作用,并影响和改变着人们的工作、学习和生活方式。

1.1 计算机概述

1.1.1 计算机的产生与发展

1946 年,世界上第一台电子数字计算机诞生了,它是由美国宾夕法尼亚大学的约翰·莫克利普雷斯普尔·埃克特等人为当时美国进行新式火炮试验所涉及的复杂弹道计算而研制的电子数字积分器与计算机(Electronic Numerical Integrator and Calculator,ENIAC),如图 1-1-1 所示。这台计算机运算速度为每秒 5000 次加法运算,但体积庞大,占地面积 500 多平方米,重约 30 吨,耗电近 100 千瓦。显然,这样的计算机成本很高,使用不便。

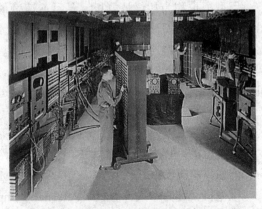

图 1-1-1 世界上第一台电子计算机 ENIAC

1. 第一代计算机（1946～1958）

第一代电子计算机是电子管计算机，其基本特征是：采用电子管作为计算机的逻辑元件，主要用于军事和科学计算。缺点是体积庞大、耗电大、价格昂贵、可靠性差、维修复杂，每秒运算速度仅为 5 千次～3 万次，内存容量仅几千字节，但它奠定了以后计算机技术的基础。

2. 第二代计算机（1958～1964）

第二代电子计算机是晶体管计算机，其基本特征是：逻辑元件用晶体管代替电子管，主存储器采用磁芯，外存储器开始使用磁鼓和磁盘。由于采用了晶体管，体积大大缩小、成本降低、功能增强、功耗减小、可靠性提高。运算速度达每秒几十万次，内存容量扩大到几十千字节。

3. 第三代计算机（1964～1970）

第三代计算机是集成电路计算机，其基本特征是：逻辑元件采用小规模集成电路 SSI（Small Scale Integration）和中规模集成电路 MSI（Middle Scale Integration），主存储器采用半导体，磁盘成了不可缺少的辅助存储器。运算速度可达每秒几十万次到几百万次。第三代计算机开始应用于各个领域。

4. 第四代计算机（1971 年以后）

第四代电子计算机称为大规模集成电路计算机，其基本特征是：逻辑元件采用大规模集成电路 LSI（Large Scale Integration）和超大规模集成电路 VLSI（Very Large Scale Integration）。主存储器依旧是半导体存储器，外存储器包括磁盘、光盘等，微处理器和微型计算机诞生。计算机的速度可以达到每秒上千万次到十万亿次。

1981 年，IBM 推出个人计算机用于家庭、办公室和学校。个人计算机即我们通常所说的 PC 机。

从 20 世纪 80 年代开始，日、美等国家开展了新一代"智能计算机"的系统研究，普遍认为新一代计算机应该是智能型的，它能模拟人的智能行为，理解人类的自然语言，并称为"第五代计算机"，但目前尚未有突破性发展。除了智能化外，计算机也在继续向着微型化和网络化发展。

1.1.2　计算机的分类与特点

1. 计算机的分类

按计算机规模划分，分为巨型机、大型机、小型机和微型机。

巨型机也称为超级计算机，是目前速度最快、处理能力最强的计算机，主要用于战略武器、空间技术、石油勘探、天气预报等领域。我国于 20 世纪 80 年代末、90 年代中期先后推出了自行研制的银河-I、银河-II 银河-III 等巨型机。2004 年 6 月公布的世界超级计算机排名中，居首位的是日本 NEC 公司的"地球模拟器"，其运算速度达每秒 35.8 万亿次，中国曙光计算机公司研制的"曙光 4000A"排名第 10，其运算速度为每秒 10 万亿次。

大型机具有很强的数据处理能力，一般应用于大中型企事业单位的中央主机。例如，IBM 公司生产的 IBM 4300、3090 及 9000 系列都属于这种类型。

小型机的功能略逊于大型机，但它结构简单、成本较低、维护方便，适用于中小企业用户。例如，美国 DEC 公司的 VAX 系列、IBM 公司的 AS/400 系列都属于小型机。

微型机又称为个人计算机（Personal Computer，PC），价格便宜、功能齐全，广泛应用于个人用户，是目前最普及的机型。

2. 计算机的特点

（1）运算速度快。运算速度是指计算机每秒能执行多少条指令。常用单位是 MIPS，即每秒执行多少个百万条指令。例如，主频为 2GHz 的 Pentium 4 微机的运算速度为每秒 40 亿次，即 4000MIPS。

（2）计算精度高。例如，Pentium 4 微机内部数据位数为 32 位（二进制），可精确到 15 位有效数字（十进制）。有人曾利用计算机将圆周率π计算到小数点后 200 万位。

（3）记忆能力强。计算机的存储器（内存储器和外存储器）类似于人的大脑，能够记忆大量的信息。它能存入数据、程序，对数据进行处理和计算，并把结果保存起来。

（4）逻辑判断能力强。逻辑判断是计算机的一个基本能力，在程序执行过程中，计算机能够进行各种基本的逻辑判断，并根据判断结果来决定下一步执行哪条指令。这种能力，保证了计算机信息处理的高度自动化。

1.1.3　计算机的应用

计算机的应用主要表现在如下几个方面：

（1）科学计算。

也称数值计算，是指用计算机完成科学研究和工程技术中所提出的数学问题，它是计算机最原始的应用领域，也是计算机最重要的应用之一。

（2）信息处理。

又叫数据处理，是指计算机对原始数据进行收集、整理、分类、选择、存储、制表、检索、输出等加工过程，它是计算机应用中最广泛的领域。其特点是要处理的原始信息量很大，而运算相对简单。如企业管理、情报检索、医疗诊断、办公自动化等。

（3）过程控制。

又称实时控制，是利用计算机及时搜集检测数据，按最佳值迅速对控制对象进行自动控制或采用自动调节。利用计算机进行过程控制，不仅提高了控制的自动化水平，而且提高了控制的及时性和准确性。

（4）计算机辅助系统。

计算机辅助设计为设计工作自动化提供了广阔的前景，受到了普遍的重视。

计算机辅助设计（Computer Aided Design，CAD）：指利用计算机的计算和逻辑判断等能力来帮助设计人员进行工程设计的系统。这种系统可以提高设计工作的自动化程度，缩短设计周期，提高设计质量。已广泛应用于建筑工程设计、服装设计、机械制造设计、船舶设计等行业。

计算机辅助制造（Computer Aided Manufacture，CAM）：指利用计算机通过各种数值进行生产设备的管理、控制与制作，从而提高产品质量、降低生产成本、缩短生产周期的系统。

计算机辅助测试（Computer Aided Testing，CAT）：指利用计算机进行复杂而大量的测试工作的系统。

计算机辅助教学（Computer Assisted Instruction，CAI）：指用计算机来辅助完成教学计划或模拟某个实验过程的系统。它在现代教育技术中起着相当重要的作用。

（5）人工智能（Artificial Intelligence，AI）。

人工智能是利用计算机模拟人类的智能活动，如判断、理解、学习、图像识别、问题求解等。它是计算机科学研究的一个重要领域。目前，最具代表性的是专家系统和机器人。

（6）多媒体应用。

多媒体计算机的出现提高了计算机的应用水平，扩大了计算机技术的应用领域，计算机除了能够处理文字信息外，还能处理声音、视频、图像等多媒体信息。

（7）计算机网络通信。

利用通信线路，将分布在不同地点的计算机互联起来，形成能互相通信的一组计算机系统，从而实现资源共享，大大提高了计算机系统的使用效率和各种资源的利用率。人们熟悉的全球信息查询、邮件传送、电子商务等都是依靠计算机网络来实现的。计算机网络已进入千家万户，给人们的生活带来了极大的方便。

1.2 计算机系统

一个完整的计算机系统由硬件系统和软件系统两部分组成，如图1-1-2所示。硬件系统是组成计算机系统的各种物理设备的总称，是计算机系统的物质基础。软件系统是为了运行、管理和维护计算机而编制的各种程序、数据和相关文档的总称。通常把不安装任何软件的计算机称为裸机。普通用户所面对的一般都不是裸机，而是在裸机上配置若干软件之后构成的计算机系统。计算机系统的各种功能都是由硬件和软件共同完成的。

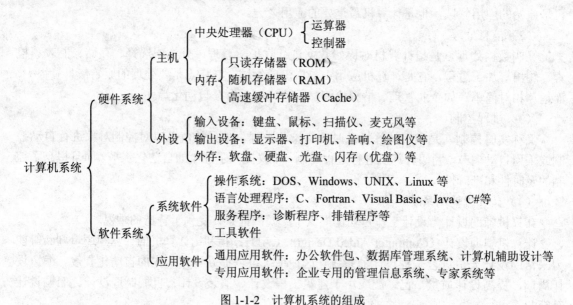

图1-1-2 计算机系统的组成

1.2.1 计算机硬件系统

1946年，冯·诺依曼简化了计算机的结构，提出"存储程序"的思想，大大提高了计算机的速度。后来人们把按照这种思想和结构设计的计算机称为冯·诺依曼计算机。"存储程序"思想可以简要地概括为以下三点：

● 计算机应包括运算器、存储器、控制器、输入设备和输出设备五大基本部件。

● 计算机内部应采用二进制来表示指令和数据。

● 将编好的程序和数据送入内存储器，然后计算机自动地逐条取出指令和数据进行分析、处理和执行。

硬件系统可以分为主机和外部设备两大部分。主机包括 CPU 和内存，这和我们通常所说的主机概念有一些区别。生活中，我们说的主机实际上是指主机箱及安装在机箱内部的部件，这些部件主要包括主板、CPU、内存、硬盘和显卡等设备。外部设备包括外存储器、输入设备和输出设备三大部分，如鼠标、键盘、显示器、打印机和扫描仪等设备。计算机各部件的连接示意图如图 1-1-3 所示。计算机的外部设备，尤其是输入输出设备，因需求而异，但鼠标、键盘、显示器、硬盘为必需设备。外部设备的多与少，对计算机功能的多少起着非常关键的作用。

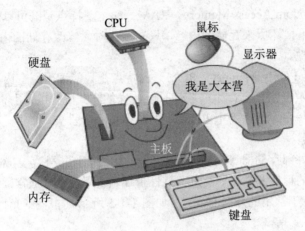

图 1-1-3　计算机的各部件

1. 运算器

运算器的主要功能是对二进制数据进行运算，包括算术运算（加、减、乘和除等）和逻辑运算（与、或、非、异或和比较）两类，因而运算器又称算术逻辑单元（Arithmetic Logic Unit，ALU）。

2. 控制器

控制器是计算机的指挥中心，负责从存储器中取出指令，并对指令进行译码；根据指令的要求，按时间的先后顺序，负责向其他各部件发出控制信号；保证各部件协调一致地工作。控制器主要由指令寄存器、译码器、程序计数器和操作控制器等组成。

通常，我们把运算器和控制器集成在一起，形成中央处理器（Central Processing Unit，CPU）。

3. 存储器

存储器的主要功能是存放程序和数据，是计算机记忆或暂存数据的部件。计算机中的全部信息，包括原始的输入数据、经过初步加工的中间数据以及最后处理完成的有用信息都存放在存储器中。而且，指挥计算机运行的各种程序也存放在存储器中。按存储器的作用可将其分为主存储器（内存）和辅助存储器（外存）。

通常，把信息从存储器中取出而又不破坏存储器内容的过程称为读操作；把信息存入存储器的过程称为写操作。

（1）主存储器。

主存储器简称主存，又叫内存（如图 1-1-4 所示），是计算机系统的信息交流中心。绝大多数的计算机内存是由半导体材料构成的。从使用功能上分，有随机存储器（又称读写存储器）和只读存储器。

图 1-1-4　微机内存

随机存储器（Random Access Memory，RAM）的主要特点是既可以从中读出数据又可以写入数据；读出时并不损坏原来存储的内容，只有写入时才修改存储的内容；断电后，存储内容立即消失，即易失性。

只读存储器（Read Only Memory，ROM）的特点是只能读出原有内容，不能由用户再写入新内容。ROM 中的数据是厂家在生产芯片时以特殊的方式固化的，用户一般不能修改。ROM中一般存放系统管理程序，即使断电 ROM 中的数据也不会丢失。

（2）辅助存储器。

辅助存储器又叫外部存储器（简称外存），是内存的扩充。外存一般具有存储容量大、可以长期保存暂时不用的程序和数据、信息存储性价比较高等特点。通常，外存只与内存交换数据，而且存取速度较慢。常用的外存有硬盘（如图 1-1-5 所示）、软盘、光盘（如图 1-1-6 所示）、U 盘（如图 1-1-7 所示）等。

图 1-1-5　硬盘　　　　图 1-1-6　DVD 光盘驱动器及光盘　　　　图 1-1-7　U 盘

内存的特点是直接与 CPU 交换信息、存取速度快、容量小、价格贵；外存的特点是容量大、价格低、存取速度较慢、不能直接与 CPU 交换信息。内存用于存放立即要用的程序和数据；外存用于存放暂时不用的程序和数据。内存和外存之间常常频繁地交换信息。需要指出的是，外存中的数据，只有先调入内存才能被 CPU 处理。

4．输入设备

输入设备是向计算机输入数据和信息的设备，是计算机与用户和其他设备之间通信的桥梁。常见的输入设备有以下几种：

（1）键盘（Keyboard）。

键盘是最常见的输入设备。标准键盘上的按键可以分为 5 个区域：功能键区、主键盘区、编辑键区、辅助键区（数字小键盘）和状态指示区，如图 1-1-8 所示。

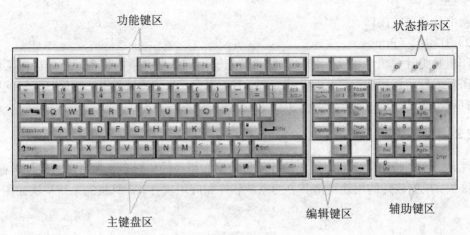

图 1-1-8 键盘

（2）鼠标（Mouse）。

鼠标是一种指点式输入设备，按照工作原理可将常用鼠标分为机械鼠标、光电鼠标和光电机械鼠标（也称光机式鼠标）三种。鼠标的基本操作有四种：指向、单击、双击和拖动。

（3）扫描仪（Scanner）。

扫描仪是一种光电一体化的设备，属于图形式输入设备。

（4）麦克风。

麦克风是采集声波信号并将其转换为电信号的设备，常用于录音、语音输入和语音聊天等领域。

（5）摄像头。

摄像头是一种将光学图像信号转换为电信号的设备，并能进一步将模拟电信号转换为计算机能够识别的数字信号。

5. 输出设备

输出设备可以将计算机处理的结果转变为人们所能接受的形式。常见的输出设备有以下几种：

（1）显示器（Monitor）。

显示器是微型计算机不可缺少的输出设备。按照工作原理可以将显示器分为三类：阴极射线管显示器（CRT）、液晶显示器（LCD）、等离子显示器（PDP）。目前微机以 CRT 和 LCD 彩色显示器为主，如图 1-1-9 和图 1-1-10 所示。

图 1-1-9 CRT 显示器

图 1-1-10 LCD 显示器

显示器的显示方式是由显卡来控制的。显卡标准有 MDA、CGA、EGA、VGA 和 AVGA 等，目前常用的是 VGA 标准。显卡一般由以下几个部分组成：显卡主芯片、显存、显示 BIOS、数模转换部分和总线接口。

（2）打印机（Printer）。

打印机是将计算机中的文字信息或图像信息输出到纸质介质的设备。打印机按工作原理可分为击打式打印机和非击打式打印机两类。目前家庭、办公领域常用的喷墨打印机就属于非击打式打印机的一种。

1.2.2　计算机软件系统

软件是一系列按照特定顺序组织的计算机数据和指令的集合。软件可以对硬件进行管理、控制和维护。根据软件的用途可将其分为系统软件和应用软件。计算机的系统层次如图 1-1-11 所示。

图 1-1-11　计算机系统层次关系图

1. 系统软件

系统软件能够调度、监控和维护计算机资源，扩充计算机功能，提高计算机效率。系统软件是用户和裸机的接口，主要包括操作系统、语言处理程序、数据库管理系统等，其核心是操作系统。

（1）操作系统。

操作系统（Operating System）是最基本最重要的系统软件，是用来管理和控制计算机系统中硬件和软件资源的大型程序，是其他软件运行的基础。目前比较流行的操作系统有Windows、UNIX、Linux 等。

（2）语言处理程序。

人与人交流需要语言，人与计算机之间交流同样需要语言。人与计算机之间交流信息使用的语言叫做程序设计语言。按照程序设计语言对硬件的依赖程度分为三类：机器语言、汇编语言和高级语言。

（3）数据库管理系统。

数据库管理系统主要面向解决数据处理的非数值计算问题，对计算机中存放的大量数据进行组织、管理、查询。目前，常用的数据库管理系统有 SQL Server、Oracle、MySQL 和 Visual FoxPro 等。

2. 应用软件

应用软件是用户为解决各种实际问题而编制的计算机应用程序及其有关资料。如微软的Office 系列，就是针对办公应用的软件。

1.3 计算机信息的表示

1.3.1 数制的基本知识

1. 数制的概念

数制也称计数制，是指用一组固定的符号和统一的规则来表示数值的方法。按进位的方法进行计数，称为进位计数制。例如，生活中常用的十进制数、计算机中采用的二进制数。下面介绍数制的相关概念。

（1）基数。在一种数制中，一组固定不变的不重复数字的个数称为基数（用 R 表示）。

（2）位权。某个位置上的数代表的数量大小。

一般来说，如果数值只采用 R 个基本符号，则称为 R 进制。进位计数制的编码遵循"逢 R 进一"的原则。各位的权是以 R 为底的幂。对于任意一个具有 n 位整数和 m 位小数的 R 进制数 N，按各位的权展开可表示为：

$$(N)_R = a_{n-1}R^{n-1} + a_{n-2}R^{n-2} + \cdots + a_1R^1 + a_0R^0 + a_{-1}R^{-1} + \cdots + a_{-m}R^{-m}$$

公式中 a_i 表示各个数位上的数码，其取值范围为 0～R-1，R 为计数制的基数，i 为数位的编号。

2. 计算机中常用的数制

（1）十进制。

计数方法是"逢十进一"，一个十进制数是由 0～9 十个不同的数字表示的，数字在数中所处的位置不同，它所代表的数的大小也不同。十进制数位权为 10 的幂，如个、十、百、千位的位权为 10^0、10^1、10^2、10^3，基数为 10。

例：$5296.45 = 5 \times 10^3 + 2 \times 10^2 + 9 \times 10^1 + 6 \times 10^0 + 4 \times 10^{-1} + 5 \times 10^{-2}$

（2）二进制。

基数为 2（符号 0、1），"逢二进一"，位权为 2 的幂。

例：$1011.01 = 1 \times 2^3 + 0 \times 2^2 + 1 \times 2^1 + 1 \times 2^0 + 0 \times 2^{-1} + 1 \times 2^{-2}$

（3）八进制。

基数为 8（符号 0～7），"逢八进一"，位权是 8 的幂。

例：$3626.71 = 3 \times 8^3 + 6 \times 8^2 + 2 \times 8^1 + 6 \times 8^0 + 7 \times 8^{-1} + 1 \times 8^{-2}$

（4）十六进制。

基数为 16（符号 0～9 及 A、B、C、D、E、F，其中 A～F 的十进制数值为 10～15），位权为 16 的幂。

例：$1B6D.4A = 1 \times 16^3 + 11 \times 16^2 + 6 \times 16^1 + 13 \times 16^0 + 4 \times 16^{-1} + 10 \times 16^{-2}$

表 1-1-1 给出了几种进位制数之间的对应关系。

表 1-1-1　几种进位制数的对应关系

十进制	0	1	2	3	4	5	6	7
二进制	0	1	10	11	100	101	110	111
八进制	0	1	2	3	4	5	6	7
十六进制	0	1	2	3	4	5	6	7

续表

十进制	8	9	10	11	12	13	14	15
二进制	1000	1001	1010	1011	1100	1101	1110	1111
八进制	10	11	12	13	14	15	16	17
十六进制	8	9	A	B	C	D	E	F

3. 不同数制之间的转换

（1）二进制数转换为十进制数。

将二进制数转换成十进制数，只要使用公式将二进制数各位按权展开求和即可。

例如，将二进制数 1011.101 转换为十进制数。

$$1011.101 = 1 \times 2^3 + 0 \times 2^2 + 1 \times 2^1 + 1 \times 2^0 + 1 \times 2^{-1} + 0 \times 2^{-2} + 1 \times 2^{-3}$$
$$= 8 + 2 + 1 + 0.5 + 0.125 = 11.625$$

结果为 $(1011.101)_2 = (11.625)_{10}$

（2）十进制数转换为二进制数。

将十进制数转换为二进制数时，分为整数部分和小数部分。

基本原理：整数部分采用"除 2 倒取余法"，即将十进制整数不断除以 2 取余数，直到商为 0 为止，最先得到的余数排在最低位。小数部分采用"乘 2 顺取整法"，即将十进制小数不断乘以 2 取整数，直到小数部分为 0 或达到所要求的精度为止（小数部分可能永远不会得到 0），最先得到的整数排在最高位。

例如，将十进制数 225.24 转换为二进制数（结果保留四位有效数字）。

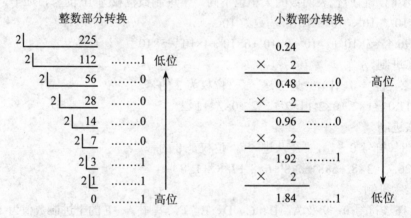

结果为 $(225.24)_{10} = (11100001.0011)_2$

（3）二进制数转换为八进制数。

基本原理：一个八进制数可由三位二进制数表示，二进制数转换为八进制数，只需从它的最低位开始，每三位为一组，不够三位左边补 0，再转换成八进制数便得到等值的八进制数。如果有小数部分，则从小数点开始，分别向左右两边按照上述方法进行转换。例如：

$(11010111)_2 = (\underline{011}\,\underline{010}\,\underline{111})_2 = (327)_8$
　　　　　　　　　3　2　7

（4）八进制数转换为二进制数。

与上面相反，一位八进制数转换为三位二进制数，不足的用 0 补足。例如：

$$(6204)_8 = (\underline{110}\underline{010}\underline{000}\underline{100})_2$$
$$\qquad\quad 6 \quad 2 \quad 0 \quad 4$$

（5）二进制数转换为十六进制数。

基本原理：一个十六进制数可由四位二进制数表示，二进制数转换为十六进制数，只需从它的最低位开始，每四位为一组，不够四位左边补 0，再转换成十六进制数便得到等值的十六进制数。如果有小数部分，则从小数点开始，分别向左右两边按照上述方法进行转换。

每位十六进制数等于 4 位二进制数。

$$(1001001001111101)_2 = (\underline{1001}\underline{0010}\underline{0111}\underline{1101})_2 = (927D)_{16}$$
$$\qquad\qquad\qquad 9 \quad\; 2 \quad\; 7 \quad\; D$$

（6）十六进制数转换为二进制数。

与上面相反，一位十六进制数转换为四位二进制数，不足的用 0 补足。

$$(5A72F3)_{16} = (\underline{0101}\underline{1010}\underline{0111}\underline{0010}\underline{1111}\underline{0011})_2$$
$$\qquad\qquad\; 5 \quad\; A \quad\; 7 \quad\; 2 \quad\; F \quad\; 3$$

1.3.2　计算机中数据的表示与存储

众所周知，所有的数据在计算机内部都是以二进制表示的。二进制的每一位（即"0"或"1"）是组成二进制信息的最小单位，称为一个"比特"（bit），比特是计算机中处理、存储、传输信息的最小单位。每 8 位称为一个字节（byte），用大写 B 来表示一个字节。每个西文字符需要用一个字节来表示，而每个汉字需要用 2 个字节才能表示。

计算机中运算和处理二进制信息时使用的单位除了比特和字节之外，还经常使用"字"（word）作为单位。"字"是 CPU 一次能够处理的二进制位数，必须注意，不同的计算机，字的长度和组成不完全相同。常用的固定字长有 8 位、16 位、32 位和 64 位等。

存储二进制信息时的度量单位要比字节或字大得多，经常使用的单位有：

- KB：千字节，1 KB=2^{10} 字节=1024B。
- MB：兆字节，1 MB=2^{20} 字节=1024KB。
- GB：吉字节，1 GB=2^{30} 字节=1024MB。
- TB：太字节，1 TB=2^{40} 字节=1024GB。

1.3.3　计算机中数据的编码

在计算机中，数是用二进制形式表示的。而计算机又要识别和处理各种字符，如大小写的英文字母、标点符号、运算符号，甚至汉字信息等，这些字符又如何表示呢？由于计算机中的基本物理器件是具有两个状态的器件，所以各种字符只能用若干位的二进制编码的组合来表示，这就称为字符编码。

1. ASCII 码

在计算机中，英文字母与常用的运算符号及控制符号也是要按一定的规则用二进制编码来表示的。目前在计算机中普遍采用美国信息交换标准码 ASCII（American Standard Code by Information Inter change）码。ASCII 码是用一个 8 位二进制数（1 字节）表示，每个字节只占用了 7 位，基本 ASCII 码最高位恒为 0。7 位 ASCII 码可以表示 2^7=128 种字符，其中通用控制字符 34 个、阿拉伯数字 10 个、大小写英文字符 52 个、各种标点符号和运算符号 32 个。当编码最高位为 0 时，称为基本 ASCII 码，当最高位为 1 时，形成扩充的 ASCII 码，它表示的范围为 128～255，可表示 128 种字符。表 1-1-2 所示是基本 ASCII 码表。

表 1-1-2　基本 ASCII 码表

$b_3\ b_2\ b_1\ b_0$ ＼ $b_6\ b_5\ b_4$	000	001	010	011	100	101	110	111
0000	NUL	DLE	SP	0	@	P	、	p
0001	SOH	DC1	!	1	A	Q	a	q
0010	STX	DC2	"	2	B	R	b	r
0011	ETX	DC3	#	3	C	S	c	s
0100	EOT	DC4	$	4	D	T	d	t
0101	ENQ	NAK	%	5	E	U	e	u
0110	ACK	SYN	&	6	F	V	f	v
0111	BEL	ETB	'	7	G	W	g	w
1000	BS	CAN	(	8	H	X	h	x
1001	HT	EM	)	9	I	Y	i	y
1010	LF	SUB	*	:	J	Z	j	z
1011	VT	ESC	+	;	K	[	k	{
1100	FF	FS	,	<	L	\	l	|
1101	CR	GS	-	=	M	]	m	|
1110	SO	RS	.	>	N	^	n	~
1111	SI	US	/	?	O	_	o	DEL

2. 中文信息编码

汉字与西文字符相比，其特点是量多且字形复杂。这两个问题的解决，也是依靠对汉字的编码来实现的。

（1）区位码。

为了解决汉字的编码问题，1980 年我国颁布了 GB2312－80 国家标准，在此标准中，共收录了 6763 个简化汉字和 682 个汉字符号。在该标准的汉字编码表中，汉字和符号按区位排列，共分成 94 个区，每个区有 94 位。

一个汉字的编码由它所在的区号和位号组成，称为区位码。如"啊"字区位码为 1601，"白"的区位码是 1655。

（2）汉字的机内码。

保存一个汉字的区位码要占用两个字节，区号、位号各占一个字节。区号、位号都不超过 94，所以这两个字节的最高位仍然是"0"。为了避免汉字区位与 ASCII 码无法区分，汉字在计算机内的保存采用了机内码，也称汉字的内码。目前占主导地位的汉字机内码是将区码和位码分别加上数 A0A0H 作为机内码。如"啊"字的区位码的十六进制表示为 1001H，而"啊"字的机内码则为 B0A1H。这样汉字机内码的两个字节的最高位均为"1"，很容易与西文的 ASCII 码区分。以 GB2312－80 国家标准制定的汉字机内码也称为 GB2312 码。它和国标区位码的换算关系是：机内码=区位码+A0A0H。

（3）汉字输入码。

由于汉字具有字量大、同音字多的特点，怎样实现汉字的快速输入也是应解决的重要问题之一。为此，不少个人或团体发明了多种多样的汉字输入方法，如全拼输入法、双拼输入法、智能 ABC 输入法、表形码输入法、五笔字型输入法和搜狗拼音输入法等。

（4）汉字字形码。

汉字字形码又称汉字字模，它是指一个汉字供显示器和打印机输出的字形点阵代码。要在屏幕上或打印机上输出汉字，汉字操作系统必须输出以点阵形式组成的汉字字形码。汉字点阵有多种规格：简易型 16×16 点阵、普及型 24×24 点阵、提高型 32×32 点阵和精密型 48×48 点阵，点阵规模越大，字形越清晰美观，在字模库中所占用的空间也越大。

计算机对汉字的输入、保存和输出过程是这样的：在输入汉字时，操作者在键盘上键入输入码，通过输入码找到汉字的国标区位码，再计算出汉字的机内码后将内码保存。而当显示或打印汉字时，首先从指定地址取出汉字的内码，根据内码从字模库中取出汉字的字形码，再通过一定的软件转换将字形输出到屏幕或打印机上。

1.4　操作系统

1.4.1　操作系统概述

现在用户在使用计算机时，通过简单的操作就可以存取、打印文件；可以边听音乐边上网；在 Windows 环境下，通过点击鼠标和一些简单的功能选择就可以操作计算机了。此时用户并不关心计算机的硬件设备是如何运行的，软件系统又是如何协同工作的。用户之所以能够如此轻松，这都归功于操作系统。操作系统就像一个大管家，不仅能对计算机的软硬件资源进行有效的管理，而且还为用户使用计算机提供了方便。

通常情况下，操作系统被定义为：控制与管理计算机硬件和软件资源，合理组织计算机工作流程，方便用户使用的大型程序，它由许多具有控制和管理功能的子程序组成。

1.4.2　操作系统分类

1. 按与用户对话的界面分类

（1）命令行界面操作系统。

用户只能在命令提示符后（如 C:\DOS>）输入命令才能操作计算机。典型的命令行界面操作系统有 MS-DOS、Novell 等。

（2）图形用户界面操作系统。

在这类操作系统中，每一个文件、文件夹和应用程序都可以用图标来表示，很多操作都可以利用鼠标来完成。典型的图形用户界面操作系统有 Windows 7/XP/2000、Windows NT、网络版的 Novell 等。

2. 按工作方式分类

（1）单用户单任务操作系统。

单用户单任务操作系统是指一台计算机同时只能有一个用户在使用，该用户一次只能提交一个作业，一个用户独自享用系统的全部硬件和软件资源。常用的单用户单任务操作系统有 MS-DOS、PC-DOS、CP/M 等。

（2）单用户多任务操作系统。

单用户多任务操作系统也是为单个用户服务的，但它允许用户一次提交多项任务。常用的单用户多任务操作系统有 OS/2、Windows 95/98/2000 等。

（3）多用户多任务分时操作系统。

多用户多任务分时操作系统允许多个用户共享使用同一台计算机的资源，即在一台计算机上连接几台甚至几十台终端机，终端机可以没有自己的 CPU 和内存，只有键盘和显示器，每个用户都通过各自的终端机使用这台计算机的资源，计算机按固定的时间片轮流为各个终端服务。由于计算机的处理速度很快，用户感觉不到等待时间，似乎这台计算机专为自己服务一样。UNIX 就是典型的多用户多任务分时操作系统。

3．按功能分类

（1）批处理系统。

操作员将用户提交的一批作业送到输入设备，输入设备在输入管理程序的控制下将作业输入到外存。批处理系统运行时系统资源利用率高，系统吞吐量大，但是作业周转时间长，无交互能力。

（2）分时操作系统。

分时操作系统的主要特点是将 CPU 时间分成很短的时间片，按时间片轮流把处理器分配给各联机用户程序。典型的分时操作系统有 UNIX、Linux 等。

（3）实时操作系统。

实时操作系统指系统能及时响应外部事件的请求并在规定的时间内完成处理，控制所有实时任务协调一致地运行。

（4）网络操作系统。

网络操作系统是基于计算机网络的操作系统，是在各种计算机操作系统上按照网络体系结构标准开发的软件，包括网络管理、通信、资源共享、系统安全和各种网络应用服务功能。常用的有 Novell NetWare、Windows NT、Windows Server 等。不过现在的操作系统几乎都具备网络管理功能。

1.5 Windows 7 操作系统

Windows 7 是美国微软公司于 2009 年 10 月发布的操作系统，它包含了家庭普通版、家庭高级版、专业版、企业版、旗舰版等多种版本。另外，Windows 7 还有 32 位和 64 位之分，64 位的 Windows 7 需要硬件的支持。

1.5.1 Windows 7 的基本操作

1．启动与退出

Windows 7 与其他 Windows 操作系统一样，在打开计算机电源后，若计算机系统无软硬件故障，计算机将自动启动 Windows 7，并进入 Windows 桌面，如图 1-1-12 所示。如果在系统中设置了多个用户或系统管理员用户设置了密码，则系统首先进入的是登录界面。

单击屏幕左下角的"开始"按钮，在"开始"菜单中选择"关机"，可实现关闭计算机的操作。关机菜单项也包括了一些子菜单，如"切换用户"、"注销"、"锁定"等，如图 1-1-13 所示。

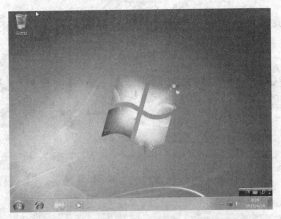

图 1-1-12　Windows 7 桌面

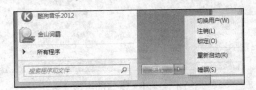

图 1-1-13　关机菜单

2. 桌面

桌面是用于放置各种资源的地方，实质上它是一个文件夹，存放的资源可以是系统程序、快捷图标、文件等。在这里可以进行设置屏幕的分辨率、添加小工具、个性化等操作。

3. 任务栏

任务栏一般位于屏幕的底部，主要由"开始"按钮、快速启动栏、应用程序区和系统托盘区等部分组成。

"开始"按钮能够打开系统开始菜单，执行启动系统功能或启动应用程序、关机等操作。"开始"菜单是计算机程序、文件夹和设置的主门户。之所以称之为"菜单"，是因为它提供一个选项列表，就像餐馆里的菜单那样。至于"开始"的含义，在于它通常是您要启动或打开某项内容的位置。

快速启动栏主要显示一些比较常用的快捷图标，用于启动对应的程序。

应用程序区主要显示代表运行中程序的图标，通过该区域显示的图标可以知道系统有哪些应用程序在运行，也能够通过这些图标进行应用程序窗口的切换操作。

托盘区主要显示系统时间、音量控制图标、网络图标、输入法图标等，部分应用程序也会将图标放置在托盘区。

4. 窗口

窗口是桌面上用于查看应用程序或文档等信息的一块矩形区域。Windows 7 系统中的窗口有应用程序窗口、文件夹窗口、对话框窗口等，不同类型的窗口，其组成部分有一定的差异。在多个同时打开的窗口中，有"前台"窗口和"后台"窗口之分，其中前台窗口也称为活动窗口，是用户当前正在操作的窗口；其他窗口则称为非活动窗口或后台窗口。前台窗口只有一个，而后台窗口可以有多个。前台窗口的标题栏颜色和亮度都比后台窗口要醒目。

（1）窗口的组成。

Windows 7 的窗口组成元素如图 1-1-14 所示。从图中可以看出，Windows 7 的窗口风格与早前的其他 Windows 操作系统的窗口有所不同。在界面元素排列与展示方面都有新的独特的方式。

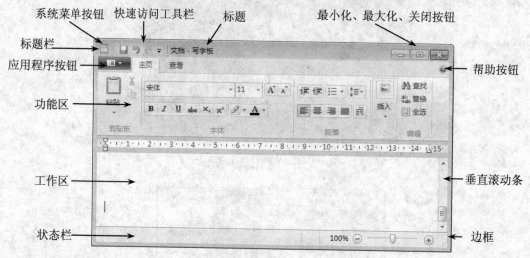

图 1-1-14　窗口的组成

标题栏位于窗口的最上部。其组成包括系统菜单按钮、快速访问工具栏、标题，以及最小化、最大化和关闭按钮。系统菜单能够移动、关闭、最大化、最小化窗口；快速访问工具栏是将一些常用的快捷图标放置于此，方便用户直接使用；标题一般也称为窗口标题，通常是应用程序名、对话框名等，应用程序的标题栏中还常常包含当前正在操作的文档名，双击标题也可以使窗口最大化；最小化、最大化、关闭按钮分别完成将窗体最小化到任务栏、全屏和关闭操作。

当窗口处于非最大化状态时，用鼠标拖动标题部分可以实现窗体的拖动操作。

应用程序按钮用于弹出一个"文件"菜单，主要菜单项包括"新建"、"打开"、"保存"、"另存"、"打印"、"退出"等。

功能区是存放各种功能按钮的矩形区域。当功能按钮较多时，系统采用分类和折叠的方式来组织功能按钮。单击下三角图案可以弹出一些隐藏的功能按钮。

工作区是应用程序处理数据、编辑文档等操作的主要场所，不同的应用程序，因功能不同，导致工作区的布局、表现形式也不太相同。

状态栏用于显示一些与当前窗口操作有关的提示信息。

帮助按钮用于提供当前应用程序的帮助信息。当用户单击该按钮时，系统将利用一个新的帮助窗口来显示相关的帮助信息。

滚动条是当工作区不能完全显示正在编辑的文档时提供的一种浏览全部内容的操作工具。滚动条分为垂直滚动条和水平滚动条两种，通过拖动滚动条上的滑块工作区将显示出对应部分的文档内容。

边框是窗口的边界，用鼠标拖动边框可以改变窗口的大小。

在 Windows 7 中，有些应用程序还是保留了传统的风格，如记事本程序，如图 1-1-15 所示。在传统风格中，使用了"菜单栏"，菜单栏包含了应用程序的所有菜单项，不同的应用程序所包含的菜单项是不同的。

菜单栏

图 1-1-15 程序窗口的菜单栏

5. 对话框

对话框是一类特殊的窗口。其主要作用不是让用户创建、编辑文档，而是在执行某些命令的过程中，让用户输入或选择一些参数，供该命令的执行所用。对话框的界面元素主要有：选项卡、标签、文本框、单选按钮、复选框、列表框、下拉列表框、按钮等，如图 1-1-16 所示为系统的"打印"对话框。

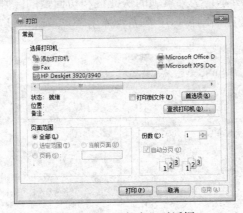

图 1-1-16 "打印"对话框

与一般窗口的主要区别在于：

（1）对话框一般不能改变大小，而一般窗口可以随意改变大小，因而对话框也没有最小化、最大化按钮。

（2）没有菜单栏，但在某些对象上可以有快捷菜单。

6. 菜单

Windows 中有各类菜单，如"开始"菜单、控制菜单、文件夹窗口菜单、应用程序菜单、快捷菜单等。

一般来说，窗口菜单栏中的菜单包含了几乎所有的命令和操作，这些菜单项按照类别进行分类，如图 1-1-17 所示。

图 1-1-17 菜单

在菜单栏中直接可以看到的菜单一般称之为"顶层菜单"，如"文件"、"编辑"等。单击该菜单项，会弹出一个子菜单列表。在菜单名的右边有一个用括号括起来的带下划线的字母，该字母称为对应菜单的"访问键"，访问键是用来利用键盘快速使用菜单的。对于顶层菜单，用"Alt+访问键"的按键组合可以弹出子菜单。子菜单的访问键是在子菜单弹出后直接在键盘上按下访问键，就相当于用鼠标单击该菜单项。

子菜单的菜单项后如果有省略号，表示该菜单项的执行会出现一个对话框，要求用户输入或选择参数，然后才能真正开始执行对应的命令。如果有一个向右的三角，则表明该菜单项还有子菜单。

有些常用菜单项后会显示一个"Ctrl+字母"形式的字符串，该字符串表示对应菜单项的快捷键，如图 1-1-18 左图所示。子菜单项的快捷键和访问键的区别是，访问键必须要弹出菜单后才可以使用，而快捷键在活动窗口中不需要弹出子菜单就可以直接使用。

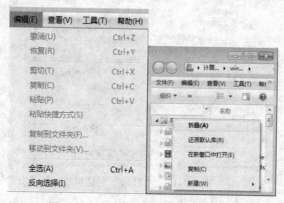

图 1-1-18　菜单的快捷键和快捷菜单

有些菜单项的使用需要在特定的情况下才被允许，在不允许执行操作的时候，这些菜单项就会以灰色方式显示，表示当前不可用。

在菜单中还可以实现单选、多选或开关操作。如图 1-1-17 中排序依据就是一组单选菜单项，被选中的菜单项之前有一个大圆点。

快捷菜单是在某些应用程序的窗体中直接单击鼠标右键出现的菜单，如图 1-1-18 右图所示。快捷菜单不是所有程序都提供，并且在同一应用程序中，鼠标在不同的对象上右击，其弹出的菜单项也不一定相同。快捷菜单弹出后，其操作方式同其他菜单的操作方法一致。

7. 快捷方式

快捷方式是 Windows 向用户提供的一种资源访问方式，通过快捷方式可以快速启动程序或打开文件和文件夹。快捷方式的实质是对系统中各种资源的一个链接，它的扩展名是.lnk。快捷方式不改变对应文件的位置，并且删除快捷方式的图标对应的文件也不会被删除。通常创建快捷方式的方法有以下 3 种：

（1）拖动法。

将鼠标指向要创建快捷方式的文件或文件夹，按住鼠标右键并往桌面上拖动，当拖到适当位置后释放鼠标，在弹出的快捷菜单中选择"在当前位置创建快捷方式"选项。

（2）使用快捷菜单。

选中要创建快捷方式的文件或文件夹并右击，在弹出的快捷菜单中选择"发送到"→"桌面快捷方式"命令。

（3）在要创建快捷方式的地方（不能在其他文件或文件夹上）右击，在弹出的快捷菜单中选择"新建"→"快捷方式"命令，弹出"创建快捷方式"对话框，如图 1-1-19 所示。

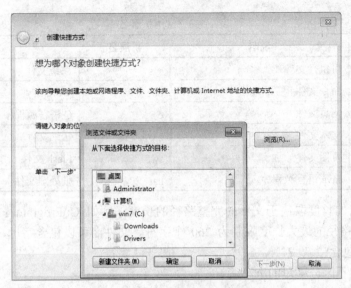

图 1-1-19　"创建快捷方式"对话框

在对话框中浏览要创建快捷方式的对象的位置，选择后单击"确定"按钮，单击"下一步"按钮，输入快捷方式的名称，然后单击"确定"按钮即完成操作。

8．剪贴板

剪贴板是 Windows 操作系统提供的一个非常有用的小工具，它是内存中一段连续的用来在应用程序之间交换数据的一个临时存储空间。可交换的数据可以是文本、图形、文件、文件夹等内容。相关的操作包括复制（Ctrl+C）、剪切（Ctrl+X）、粘贴（Ctrl+V）等。

在以前的 Windows 操作系统中，要查看剪贴板中的内容，可以借助"剪贴板查看程序"来完成，但在 Windows 7 中没有"剪贴板查看程序"，可用如下方法解决：

● 将 Windows XP 中的剪贴板查看程序 C:\Windows\System32\clipbrd.exe 复制到 System32 目录中，在命令行模式下输入 clipbrd 即可启动该程序。

● 利用如ClipMagic之类的第三方工具软件来实现。

1.5.2　文件与文件夹的管理

文件管理是操作系统的主要功能之一。在计算机系统中，任何程序和数据都是以文件的形式存在的。Windows 7 提供了"资源管理器"来管理文件和文件夹。

1．文件及文件夹概述

文件是包含信息（如文本、图像、音乐等）的项。文件打开时，非常类似在桌面上或文件柜中看到的文本文档或图片。在计算机上，文件用图标表示，这样便于通过查看其图标来识别文件类型。文件夹是一个文件容器。每个文件都存储在文件夹或子文件夹（文件夹中的文件夹）中。可以通过单击任何已打开的文件夹导航窗格（左窗格）中的"计算机"来访问所有文件夹。

2．文件和文件夹的命名

在 Windows 7 中，文件和文件夹的命名规则如下：

（1）文件的名称由文件名和扩展名组成，中间用"."字符分隔，通常扩展名说明文件的类型，如表 1-1-3 所示。

表 1-1-3　常用扩展名

扩展名	说明	扩展名	说明
exe	可执行文件	sys	系统文件
com	命令文件	doc	Word 文件
htm	网页文件	c	C 语言源程序
txt	文本文件	zip	压缩文件
bmp	位图文件	swf	Flash 文件
java	Java 语言源程序	bat	批处理文件

（2）文件名的长度取决于文件的完整路径的长度（例如 C:\Program Files\文件名.txt）。Windows 将单个路径的最大长度限制为 260 个字符。文件名可以包含字母、汉字、数字和部分符号，但不能包含\、/、?、:、*、"、>、<、|等非法字符。

（3）文件名不区分字母的大小写。

3. 资源管理器的使用

在 Windows 7 系统中提供了两种重要的资源管理工具："计算机"和"资源管理器"。本节主要介绍"资源管理器"对文件和文件夹的管理，"计算机"对文件和文件夹的管理与之类似。

（1）启动"资源管理器"。

● 单击"开始"→"所有程序"→"附件"→"Windows 资源管理器"命令，打开相应窗口。

● 在"开始"按钮上右击，在弹出的快捷菜单中选择"打开 Windows 资源管理器"命令。

（2）"资源管理器"的操作。

● 修改文件和文件夹的查看方式。单击资源管理器窗口中的"查看"菜单，在展开的下拉菜单中选定某一种显示方式，在右窗格中的对象就按选定的方式显示。

● 文件夹选项。单击资源管理器窗口中的"工具"→"文件夹选项"命令，在弹出的"文件夹选项"对话框中进行相关设置。如用户可以设置是否显示被隐藏的文件和文件夹，选择对话框中的"查看"选项卡，在"隐藏文件和文件夹"下面选中"显示隐藏的文件、文件夹和驱动器"，再单击"确定"按钮。

4. 文件及文件夹的基本操作

（1）创建文件。

一般情况下，用户可通过应用程序新建文档。另外，也可以在桌面空白处右击，在弹出的快捷菜单中选择"新建"级联菜单中的相应文件选项来实现。

（2）创建文件夹。

创建文件夹的方法很多，最简单的是在创建文件夹的目标位置右击，在弹出的快捷菜单中选择"新建"→"文件夹"选项，再编辑新建文件夹名称。

（3）选取文件和文件夹。

通常找到要选取的文件或文件夹，直接单击鼠标左键即可选中对象。如果希望同时选取多个文件或文件夹，可用以下方法实现：

- 选取连续多个对象。单击第一个要选取的文件或文件夹，然后按住 Shift 键的同时单击最后一个文件或文件夹；也可以直接拖动鼠标选取多个对象。
- 选取不连续多个对象。单击第一个要选取的文件或文件夹，然后按住 Ctrl 键的同时单击其他要选取的文件或文件夹。
- 全部选中。单击"编辑"→"全选"命令完成操作，也可以直接使用对应的快捷键 Ctrl+A。

（4）复制、移动文件和文件夹。

- 使用菜单命令。首先选定要复制或移动的文件或文件夹，若要进行移动操作，选择"编辑"→"剪贴"（Ctrl+X）命令；若要进行复制操作，选择"编辑"→"复制"（Ctrl+C）命令，然后选定目标位置，再选择"编辑"→"粘贴"（Ctrl+V）命令，即可将选定的文件或文件夹复制或移动到目标位置。
- 使用鼠标拖动复制文件或文件夹。若被复制的文件或文件夹与目标位置不在同一驱动器，则用鼠标直接拖动到目标位置即可；否则，按住 Ctrl 键再拖动文件或文件夹到目标位置。
- 使用鼠标拖动移动文件或文件夹。若被移动的文件或文件夹与目标位置在同一驱动器，则用鼠标直接拖动到目标位置即可；否则，按住 Shift 键再拖动文件或文件夹到目标位置。

（5）重命名文件或文件夹。

文件或文件夹的名字是随时可以改变的。重命名的方法有以下两种：

- 选中文件或文件夹并右击，在弹出的快捷菜单中选择"重命名"命令。
- 选中文件或文件夹，按 F2 键后对文件或文件夹名进行编辑。

（6）删除文件或文件夹。

常用的删除文件或文件夹的方法有以下 3 种：

- 选中文件或文件夹，用鼠标直接拖动到"回收站"图标上。
- 选中文件或文件夹，按 Delete 键，在弹出的"确认文件删除"对话框中单击"是"按钮，即可将文件或文件夹放入回收站中。
- 选中文件或文件夹，按 Shift+Delete 组合键可以彻底删除文件或文件夹，而不放进回收站中，不能还原。

（7）搜索文件和文件夹。

Windows 7 提供了查找文件和文件夹的多种方法。搜索方法无所谓最佳与否，在不同的情况下可以使用不同的方法。

1）使用"开始"菜单上的搜索框。可以使用"开始"菜单上的搜索框来查找存储在计算机上的文件、文件夹、程序和电子邮件，如图 1-1-20 所示。从"开始"菜单搜索时，搜索结果中仅显示已建立索引的文件。计算机上的大多数文件会自动建立索引。

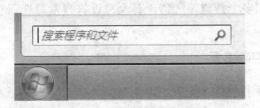

图 1-1-20　"开始"菜单中的搜索框

2）使用文件夹或库中的搜索框。如果可能知道要查找的文件位于某个特定文件夹或库中，例如文档或图片文件夹/库，浏览文件可能意味着查看数百个文件和子文件夹。为了节省时间和精力，可以直接使用已打开窗口顶部的搜索框，如图 1-1-21 所示。

图 1-1-21　资源管理器中的搜索框

在 Windows 7 中进行搜索可以简单到只需在搜索框中键入几个字母，但也有一些高级搜索技术以供使用。在搜索文件时，您不一定要了解这些技巧，但这些技巧确实能提供一些帮助，具体取决于搜索的位置和搜索的对象。

如果知道文件类型，则可以在搜索框中仅输入文件扩展名（例如 JPG），可以使用问号（？）作为单个字符的通配符，并使用星号（*）作为任意数量字符的通配符。

细化搜索的一种方法是使用运算符 AND、NOT 和 OR，如表 1-1-4 所示，当使用这些运算符时需要以全大写字母键入。

表 1-1-4　细化搜索运算符使用方法

运算符	示例	用途
AND	tropical AND island	查找同时包含 tropical 和 island 这两个单词（即使这两个单词位于文件中的不同位置）的文件。如果只进行简单的文本搜索，这种方式与键入 tropical island 所得到的结果相同
NOT	tropical NOT island	查找包含 tropical 但不包含 island 单词的文件
OR	tropical OR island	查找包含 tropical 或 island 单词的文件

搜索筛选器是 Windows 7 中的一项新功能，通过它可以更轻松地按文件属性（例如按作者或按文件大小）搜索文件。

在搜索中添加搜索筛选器的步骤如下：

1）打开要搜索的文件夹、库或驱动器。

2）单击搜索框，然后单击搜索筛选器（例如图片库中的"拍摄日期："）。

3）单击其中一个可用选项。例如，如果单击了"拍摄日期："，请选择一个日期或日期范围。

在一次搜索中可添加多个搜索筛选器，甚至可以将搜索筛选器与常规搜索词一起混合使用，以进一步细化搜索。

1.5.3　Windows 7 控制面板

控制面板是 Windows 提供的一个有关 Windows 外观和工作方式的所有设置项的集合。本质上，控制面板是 Windows 的一个重要的系统文件夹。控制面板界面如图 1-1-22 所示。

图 1-1-22 控制面板

可以通过"开始"→"控制面板"命令或者在资源管理器的导航窗格中选择"计算机",然后在工具栏中单击"打开控制面板"打开控制面板,如图 1-1-23 所示。

图 1-1-23 资源管理器中打开控制面板

由于控制面板设置项目比较多,这里仅选择一些常用设置项来讲解。

1. 更改屏幕分辨率

屏幕分辨率指的是屏幕上显示的文本和图像的清晰度。分辨率越高,图像越清晰。选择"显示"→"更改显示器设置"命令,在打开的窗口中可以执行检测、识别显示器操作,还可以设置显示器的分辨率和显示方向。

2. 更改桌面图标

在控制面板中选择"个性化"→"更改桌面图标"命令,在新对话框(如图 1-1-24 所示)中可以选择是否显示"计算机"、"回收站"、"用户的文件"、"控制面板"和"网络"等图标到桌面中,并且可以重新设置相应图标的样式。

图 1-1-24　桌面图标设置

3. 修改日期和时间

在控制面板中选择"日期和时间"，在"日期和时间"对话框中修改当天日期或时间，还可以在这里修改所在时区及时间服务器。

该操作也可以通过单击任务栏托盘区的时间来实现。

4. 设置日期和时间的显示格式

选择"区域和语言"，在"格式"选项卡中进行设置。Windows 使用如表 1-1-5 所示的表示法来指定日期和时间的显示方式。

表 1-1-5　日期时间表示法

时间、日期表示法	显示
h	小时（hh 显示具有前导零的小时）
m	分钟（mm 显示具有前导零的分钟）
s	秒钟（ss 显示具有前导零的秒钟）
tt	A.M.或 P.M.
h/H	12 或 24 小时制显示
d 和 dd	日期
ddd 和 dddd	星期几
M	月
y	年

若要进一步自定义日期、时间、货币和度量的显示方式，请单击"其他设置"。

1.5.4　Windows 7 附件

Windows 操作系统中，为了方便用户，集成了一些非常实用的小软件。对于那些没有太多专业要求的用户来说，这带来了很大的方便。这些小软件都归为 Windows 操作系统的附件。下面选取附件中比较有代表性、使用频率较高的软件进行介绍。

1. 计算器

Windows 7 提供的计算器比早期的其他 Windows 操作系统提供的计算器功能要强大得多，除了标准型外，还提供了科学型、程序员和统计信息等模式，同时还提供了单位转换、日期计算和工作表等实用功能，如图 1-1-25 所示。

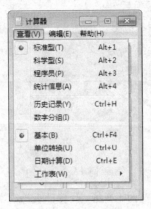

图 1-1-25 计算器

计算器中有很多按键，每个按钮完成一个特定的输入或操作。表 1-1-6 列出了部分常用按键的功能。

表 1-1-6 计算器部分按键功能表

按键	作用	按键	作用
MC	清除存储器内容	±	正负号切换
MR	调用存储器内容	√	求平方根
MS	将显示的内容存储到存储器	/	除号
M+	把目前显示的值放在存储器中，中断数字输入	%	按百分比的形式显示乘积结果
M-	从存储器中减去显示屏上的数字	*	乘号
←	清除最后一位数字	1/x	计算倒数
CE	清除当前输入，显示 0	=	查看结果或重复上两次的输入操作
C	清除未完成的操作		

可以单击计算器按键来执行计算，或者使用键盘键入进行计算。通过按 Num Lock，还可以使用数字键盘键入数字和运算符。

操作举例：

①输入"89M+20+MR="，结果为 109，即先将 89 存入存储器，然后输入 20，加上从存储器中读出的数 89。

②输入"80+40%="，结果为 112，即 80+80*40%=112。

③输入"5±-6="，结果为-11，即先将 5 改变为-5，再减 6。

④输入"25 √1/x"，结果为 0.2，即 25 的平方根求倒数。注意，"1/x"为一个按键，不是 3 个按键。

⑤进制转换。将十进制数 169 转换为八进制数。

在"查看"菜单中选择"程序员"模式，先选择"十进制"，然后输入 169，最后选择"八进制"，其结果为 AB。

⑥计算日期。在"计算"对话框中选择"计算两个日期之差"，然后选定起始日期和终止日期，单击"计算"按钮，即可查看到对话框中的计算结果，如图 1-1-26 所示。

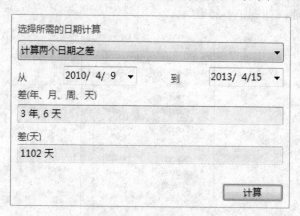

图 1-1-26　计算日期之差

2. 画图

画图程序是 Windows 提供的用于图像文件创建和编辑的一个实用程序。虽然不能和专业的大型图像处理程序如 Photoshop 相比，但对于一般的用户，画图程序提供的功能在绝大多数情况下都能够满足需要。

通过"开始"→"所有程序"→"附件"→"画图"命令可以启动画图程序，画图程序主界面如图 1-1-27 所示。

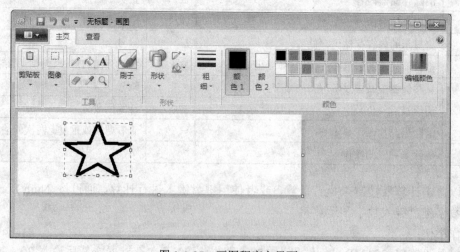

图 1-1-27　画图程序主界面

由于文件的创建和保存等操作与其他软件的操作大致相同，因此这里仅介绍专门的图像处理和创作操作。

（1）绘制线条。可以在画图中使用多个不同的工具绘制线条。使用的工具及所选择的选项决定了线条在绘图中显示的方式。使用"铅笔"工具 ✐ 可绘制细的、任意形状的直线或曲线；使用"刷子"工具，可绘制具有不同外观和纹理的线条，就像使用不同的艺术刷一样，使用不同的刷子可以绘制具有不同效果的任意形状的线条和曲线；使用"直线"工具，可绘制直线，使用此工具时可以选择线条的粗细，还可以选择线条的外观；使用"曲线"工具，可绘制平滑曲线。

在使用直线工具绘制直线时，若要绘制水平直线，需要在从一侧到另一侧绘制直线时按住 Shift 键；若要绘制垂直直线，需要在向上或向下绘制直线时按住 Shift 键。

除了可以绘制直线外，还可以利用"主页"选项卡"形状"组中的"曲线"工具，来绘制曲线，方法是：先单击"曲线"工具，再单击"尺寸"，然后单击某个线条尺寸，这将决定线条的粗细；在"颜色"组中，单击"颜色 1"，再单击某种颜色，然后拖动指针绘制直线；创建直线后，在图片中单击希望曲线弧分布的区域，然后拖动指针调节曲线。

（2）绘制其他形状。可以使用"画图"在图片中添加其他形状。已有的形状除了传统的矩形、椭圆、三角形和箭头之外，还包括一些有趣的特殊形状，如心形、闪电形、标注等。如果希望自定义形状，可以使用"多边形"工具。

（3）添加文本。在"画图"中，还可以在图片中添加文本或消息。使用"文本"工具 **A** 可以在图片中输入文本。

在"主页"选项卡的"工具"组中单击"文本"工具 **A**，在希望添加文本的绘图区域拖动指针；在"文本"工具下，在"文本"选项卡的"字体"组中单击字体、大小和样式；在"颜色"组中，单击"颜色 1"，然后单击用于文本的颜色；键入要添加的文本。

（4）选择并编辑对象。在"画图"中，要对图片或对象的某一部分进行更改，需要先选择图片中要更改的部分，然后进行编辑。可以进行修改的内容有：调整对象大小、移动或复制对象、旋转对象、裁剪图片使之只显示选定的部分。

使用"选择"工具，可以选择图片中要更改的部分。在"主页"选项卡的"图片"组中单击"选择"下面的向下箭头；若要选择图片中的任何正方形或矩形部分，单击"矩形选择"，然后拖动指针以选择图片中要编辑的部分；若要选择图片中任何不规则的形状部分，单击"自由图形选择"，然后拖动指针以选择图片中要编辑的部分；若要选择整个图片，单击"全选"；若要选择图片中除当前选定区域之外的所有内容，单击"反向选择"；若要删除选定的对象，单击"删除"。

（5）处理颜色。有很多工具专门处理"画图"中的颜色，这些工具允许在"画图"中绘制和编辑内容时使用期望的颜色。

"颜料盒"指示当前的"颜色 1（前景色）"和"颜色 2（背景色）"颜色。颜料盒的使用方式取决于在"画图"中进行的操作。

若要用选定的前景颜色绘图，按住鼠标左键拖动指针；若要用选定的背景颜色绘图，按住鼠标右键拖动指针。

使用"颜色选取器"工具，可以设置当前前景色或背景色。通过从图片中选取某种颜色，可以确保在"画图"中绘图时使用所需要的颜色，以使颜色匹配。

在"主页"选项卡的"工具"组中单击"颜色选取器"，单击图片中要设置为前景色的颜色，或者右击图片中要设置为背景色的颜色，即完成前景色或背景色的修改操作。

（6）查看图片。在"画图"中更改视图允许你选择处理图片的方式。可以根据需要放大图片的特定部分或整个图片。相反，如果图片太大，也可以缩小图片。此外，还可以在"画图"中工作时显示标尺和网格线。

使用"放大镜"工具 可以放大图片的某一部分。

在"主页"选项卡的"工具"组中单击"放大镜"图标，移动放大镜，然后单击方块中显示的图像部分将其放大。

拖动窗口底部和右侧的水平和垂直滚动栏可在图片中来回移动。

若要减小缩放级别，再次右击放大镜即可。

3．记事本

记事本是 Windows 操作系统中附件提供的用来创建和编辑文本文件的应用程序，它保存的文件不包含特殊格式代码或控制码。文本文件通常以 TXT 为扩展名，但不受限于此，也可以是其他的扩展名。

启动记事本的方法是，选择"开始"→"所有程序"→"附件"→"记事本"命令，其程序窗口如图 1-1-28 所示。

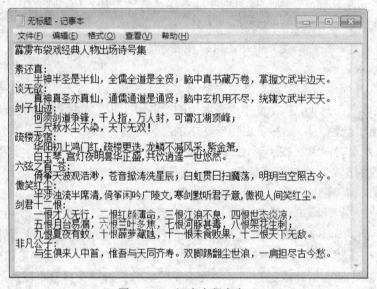

图 1-1-28　记事本程序窗口

要特别注意的是，如果编辑的文件在保存时扩展名不采用 TXT 或不需要扩展名，则在保存时需要选择"保存类型"为"所有文件"，而在输入文件名时输入完整的文件名即可。

第 2 章　计算机组装与维护基础

知识要点：

- 计算机组装：组装、维护系统的工具及技术要领。
- BIOS 设置：进入 BIOS 的方法、启动顺序设置、密码设置。
- 系统安装：Windows 7 的安装、Office 2010 的安装。
- 日常维护：硬件保养、软件维护。

计算机组装和对计算机软硬件的日常维护是计算机应用技术的基本技能。维护、保养得宜，能够降低计算机系统的故障率，使之保持良好的工作状态，提高工作效能，还可以延长计算机使用寿命。

2.1　计算机硬件组装

2.1.1　工具与配件

组装计算机，准备一些工具是必要的。常用的工具有以下几种：

（1）螺丝刀。

螺丝刀是用于安装或松开螺丝钉的，通常可以准备两把螺丝刀，一把一字型的，一把十字型的，如图 1-2-1 所示。同时，尽量选用带磁性的螺丝刀，便于组装与维护操作。螺丝刀在计算机硬件组装中主要用于固定主板、固定机箱盖等操作。但现在的一些新型机箱，无需借助螺丝刀，而是直接用手就可以固定机箱盖。

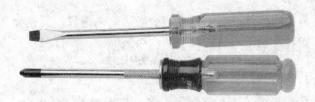

图 1-2-1　螺丝刀

（2）尖嘴钳。

尖嘴钳如图 1-2-2 所示，可以用它的尖头来拔一些小的组件，如跳线等。

（3）除尘工具。

由于计算机机箱并不是处于密封状态，在计算机的使用过程中，灰尘会在机箱内不断积累，从而影响计算机的正常工作。小毛刷是用于清理机箱内部灰尘的工具。小毛刷对于主板、电源、硬盘表面的除尘非常有用，但对于散热器内部的灰尘就无能为力了。这时候，可以准备一个吹气球，或者使用家用吹风机效果也不错，但要注意不要使用热风。

（4）扎带。

扎带用来将机箱内的电源线、数据线、信号线等分类、整理后扎在一起，避免机箱内各类线交叉，使之整齐、有序。扎带如图 1-2-3 所示。

图 1-2-2　尖嘴钳

图 1-2-3　扎带

计算机配件有电源、机箱、主板、内存、CPU、散热器、显卡、声卡、网卡、硬盘、光驱、数据线、信号线等。显卡、声卡和网卡一般都集成在主板上，在有特殊需要时可以采用独立的声卡或独立的显卡。光驱目前已不再是必需配件，可以根据实际需要来决定是否配置光驱。

2.1.2　计算机硬件组装的注意事项

（1）环境要整洁，无关的物件要清理。

在组装过程中，需要用到一些小螺钉，为了避免弄丢这些小零件，保持环境整洁、清理无关的物件是非常必要的。

（2）注意保护配件，尤其是 CPU。

组装过程中，用到的配件要注意正确放置，不要使用重物压住配件，避免因放置不当而损坏配件。如对于针脚式接口的 CPU，要使针脚朝上，否则有可能导致针脚压弯，无法正确安装，甚至导致 CPU 无法继续使用的严重后果。

（3）不带电操作。

组装过程中，不要带电操作。注意，这里讲的不带电操作，不是指不开机，而是彻底地断开电源，如拔下电源插头。

（4）胆大、心细。

计算机是一个高科技的产物，对于没有组装经历的人来说，可能会有一种神秘感。其实，计算机组装是一件比较容易做的事情。对于初次组装的人，要打破对它的神秘感，做到胆大、心细，既不怕这怕那，也不盲目自信，切忌"野蛮施工"。

（5）注意保护自己。

对配件、连接线的拔插要注意逐渐用力，不能拼爆发力，这样做一方面可以避免损坏数据线、电源线，另一方面，也能避免手部撞到机箱或其他已经安装好的配件上，引起手部受伤。对于比较紧的部件，要借助工具，慢慢操作，切忌使用指甲抓、抠，避免指甲受伤。

2.1.3　计算机组装过程

当准备好所有的工具和所需配件后，就可以开始计算机的硬件组装工作了。

组装计算机的一般步骤如下：将 CPU 安装到主板，并安装散热器；安装主板到机箱；安装内存条；安装显卡；拆封机箱并安装电源；安装光驱、硬盘；连接数据线、电源线和信号线；连接鼠标、键盘和显示器；加电测试。

上述步骤并不是绝对的，某些步骤可以根据自己的习惯进行调整。下面详细介绍计算机组装的实际操作。

1. 拆封机箱

机箱是计算机主机各配件的栖息地，提供各配件的安装场所并规划安装位置。机箱内部包括驱动器托架、电源固定架、挡片和槽口、信号线、前面板等。机箱内部结构如图 1-2-4 所示。

图 1-2-4　台式机机箱内部结构

2. 安装 CPU 到主板

主板是计算机中各种硬件设备的连接中枢，它能使 CPU、硬盘、内存、声卡、显卡等成为一个有机整体，协同工作。

主板上一般有 CPU 插槽、内存插槽、PCI-E 插槽、SATA 接口、鼠标接口、键盘接口、串口、并口等设备连接接口。

目前的主板在连接硬盘时，基本都采用 SATA 接口，而早期的 IDE 接口则面临淘汰，因此在新主板上也许会见不到 IDE 接口。

如图 1-2-5 所示是一款主板。

图 1-2-5　主板

图 1-2-6 所示是采用了 LGA 775 接口的 Intel Core i7 处理器，它的接口是触点式的，可以避免针脚折断的问题。触点式的 CPU 在安装时，先轻轻地压下用于固定 CPU 的压杆，同时稍用力往外推压杆使其脱离卡扣，然后即可顺利地将压杆拉起。该操作如图 1-2-7 所示。

图 1-2-6   采用 LGA 775 接口的 i7 CPU

图 1-2-7   拉起 CPU 插槽的压杆

接下来将固定用的盖子打开，如图 1-2-8 所示。

图 1-2-8   打开 CPU 插槽的盖子

为了正确识别 CPU 的安装方向，CPU 上一般都设计有一个标识，用于确定 CPU 的安装方向。在图 1-2-9 中，左图的 CPU 一角印有一个三角形标识，在 CPU 插槽的一角也能找到一个三角形标识。保持两个标识对齐，慢慢将处理器轻压到位，盖好盖子，扣下处理器压杆。这样，CPU 就安装好了。整个过程如图 1-2-9 和图 1-2-10 所示。

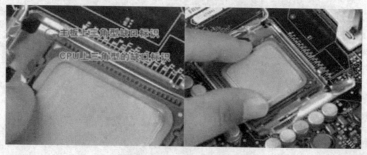

图 1-2-9   安装 CPU

图 1-2-10　合上盖子并压下压杆

3. 安装散热器

CPU 是发热量较大的配件，因此对散热要求较高。图 1-2-11 所示为 Intel LGA 775 CPU 的专用散热器。

图 1-2-11　LGA 775 CPU 专用散热器

安装前，要先在 CPU 表面均匀地涂上一层导热硅脂。安装散热器时，先将散热器的四角对准主板的相应位置，然后压下四角扣具即可。不同的散热器，其固定、安装方式不同，需要先认真分析。固定好散热器后，将风扇的电源插头接到主板的供电接口上。主板上的风扇供电接口一般标有 CPU_FAN 或类似字样，并且采用了防呆设计，如图 1-2-12 所示。

图 1-2-12　散热器安装

4. 安装内存条

在安装内存条时，要注意断电操作。

目前的内存条主要为 DDR 内存，并发展了 DDR、DDR2、DDR3、DDR4 四代内存。这四代互不兼容，因此必须保证主板内接口与内存条接口一致，否则无法安装。现在市面上使用最多的是 DDR3 内存，而 DDR 和 DDR2 已被市场淘汰。

内存条的双通道功能需要在主板上对应的插槽内安装两个规格相同的内存条。

　　内存条在安装时，先将内存插槽两端的扣具向外打开，然后将内存条平行放入内存插槽中，用两拇指均匀用力轻压两端，听到"啪"的一声轻响，其插槽两端的扣具卡入内存两端的缺口内，则说明内存条已安装到位。内存条的安装如图 1-2-13 所示。

图 1-2-13　安装双通道内存条

5. 安装主板

　　安装主板时，先将机箱平放，然后将机箱提供的主板垫脚螺母安放到机箱主板托架的对应位置，处理好机箱后挡板；将主板平行放入机箱中，并注意主板后输出孔要与机箱后挡板输出孔对齐，如图 1-2-14 和图 1-2-15 所示。

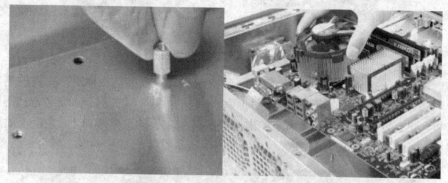

图 1-2-14　垫脚螺母及主板安装

图 1-2-15　机箱后挡板与主板对齐

　　确定主板安放到位后拧紧螺钉，固定好主板。需要说明的是，在拧螺钉时，先不要一次性将螺丝钉拧紧，而是先将每颗螺钉安装到位，再逐一拧紧每颗螺钉，以方便在此过程中随时对主板的位置进行调整，如图 1-2-16 所示。

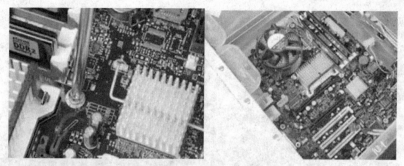

图 1-2-16 用螺钉固定主板

6. 安装硬盘

硬盘是安装在硬盘托架上的，机箱内的硬盘托架有些是可以拆卸的，有些是不可以拆卸的。本例中的硬盘托架是可以拆卸的。将硬盘托架拆下来后，放入硬盘，并用螺钉固定在托架上，如图 1-2-17 所示，最后重新将托架装入机箱并固定好，如图 1-2-18 所示。

图 1-2-17 取下托架并将硬盘插入托架内

图 1-2-18 固定硬盘并将托架安装到机箱内

7. 安装电源

电源的安装比较简单，将电源放置于机箱后上端的电源托架上，并用 4 颗螺钉从机箱外部将电源固定好，如图 1-2-19 所示。电源的安装是有方向的，安装反了，可能无法固定螺钉，或者能固定螺钉，但看起来、用起来都很别扭。

8. 安装独立显卡

显卡插槽有 AGP、PCI-E 等类型。目前，AGP 类型的很少见了，一般都是 PCI-E 类型的。安装显卡时，两

图 1-2-19 安装电源

手轻拿显卡两端，垂直对准主板上的显卡插槽向下轻按，到位后用螺钉固定，如图 1-2-20 所示。

图 1-2-20　PCI-E 插槽及独立显卡的安装

9. 连接数据线、电源线、信号线

（1）硬盘连接。

机箱内的数据线主要有 3 类：SATA 数据线、IDE 数据线和软驱数据线。随着软驱被淘汰，IDE 接口正在被淘汰，越来越多的主板上已经没有了软驱接口、IDE 接口的身影。图 1-2-21 所示的主板接口中，最左边的 D 形接口为 SATA 接口，中部白色有缺口的为 IDE 接口，右上部白色有缺口的为软驱接口。在它们附近，分别有 SATA、IDE、FDD 等字符标识。IDE 接口与软驱接口最明显的区别是 IDE 接口比软驱接口宽。

图 1-2-21　主板接口

图 1-2-22 和图 1-2-23 分别展示了 SATA 和 IDE 硬盘的接口以及电源线、数据线，它们都采用了防呆设计，反方向无法插入。

图 1-2-22　SATA 硬盘接口及电源线、数据线

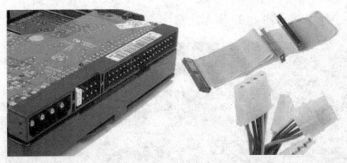

图 1-2-23　IDE 硬盘接口及电源线、数据线

连接 IDE 硬盘数据线时，要注意数据线端口有方向性，一般在数据线的中部一侧有一个小凸块，对应在硬盘和主板的 IDE 接口中部一侧有一个缺口，使之一致即为正确方向。将数据线端口平行于插槽对齐，逐渐用力向下压，即可完成连接。若下压无效果，需要重新对齐。切忌在数据线端口与插槽不平行时下压，这样容易将 IDE 接口中的针脚压弯。

如果数据线中间没有小凸块，则判别方向的原则是：使数据线的红色一边与电源线的红线靠在一起。

（2）主板电源连接。

主板上由多个方形孔组成的长的插槽为主板电源插槽，一般有 24 针和 20 针两种，如图 1-2-24 所示。主板电源插槽在中部的一侧也有一个小凸块，在电源的供电接口上对应的一侧采用了卡扣式设计，如图 1-2-25 所示。这样设计的目的，一方面是为了防止用户插反，另一方面也可以使连接更加牢固，避免在使用中出现松动现象而导致突然中断供电现象的发生。

图 1-2-24　主板 24 针电源插槽与 20 针电源插槽

图 1-2-25　24 针电源接口

（3）CPU 电源连接。

为了给 CPU 提供更强更稳定的电压，目前主板上均提供一个给 CPU 单独供电的接口（有

4针、6针和8针3种），如图1-2-26所示。

图1-2-26　主板供电插槽与电源提供的供电接口

安装方法与主板电源安装方法相同，要求卡扣正确扣上，如图1-2-27所示。

图1-2-27　连接好的CPU插槽及供电接口

（4）前置USB接口连接。

目前，USB接口被广泛使用。大部分主板提供了高达8个USB接口，但一般在背部的面板中仅提供4个，剩余的4个需要我们安装到机箱前置的USB接口上，以方便使用。目前主板上均提供前置的USB接口，如图1-2-28所示。

图1-2-28　主板上的前置USB接口的接线柱

以图1-2-28中的右图为例，这里共有两组USB接口，每一组可以外接两个USB接口，分别是USB4、5与USB6、7接口，总共可以在机箱的前面板上扩展4个USB接口，前提是机箱也提供4个USB接口的支持，一般情况下机箱仅提供两个前置的USB接口。

USB前置接口的接线方法如图1-2-29所示。

图 1-2-29 前置 USB 接线与主板扩展前置 USB 接口的接法

为了方便用户安装，很多主板 USB 接口的设置相当人性化，如图 1-2-30 所示。图中的 USB 接口有些类似于 PATA 接口的设计，采用了防呆设计，只有以正确的方向才能插入 USB 接口，方向不正确是无法接入的，大大提高了工作效率，同时也避免了因接法不正确而烧毁主板的现象发生。

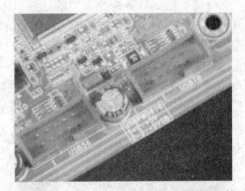

图 1-2-30 主板上的扩展前置 USB 接口插槽

（5）前置音频接口连接。

如今的主板上均提供了集成的音频芯片，并且性能上完全能够满足绝大部分用户的需要。为了方便用户的使用，目前大部分机箱也具备了前置的音频接口，为使机箱前面板上的耳机和话筒能够正常使用，还应该将前置的音频线与主板进行正确的连接。

图 1-2-31 所示便是扩展的音频接口。其中 AAFP 为符合 AC'97 音效的前置音频接口，ADH 为符合 ADA 音效的扩展音频接口，SPDIF_OUT 是同轴音频接口。

图 1-2-31 扩展前置音频接口与接法

图 1-2-32 所示为机箱前置音频插孔与主板相连接的扩展插口，前置的音频接口一般为双

声道,L 表示左声道,R 表示右声道。其中 MIC 为前置的话筒接口,对应主板上的 MIC,HPOUT-L 为左声道输出,对应主板上的 HP-L 或 Line out-L（视采用的音频规范不同,如采用的是 ADA 音效规范,则接 HP-L,下同）,HPOUT-R 为右声道输出,对应主板上的 HP-R 或 Line out-R, 按照对应的接口依次接入即可。

图 1-2-32　机箱前置音频插孔与主板相连接的扩展插口

（6）开机键、重启键、指示灯等的连接。

连接机箱上的电源键、重启键、指示灯等操作是组装计算机的一个重要步骤。主板上提供的相关接口如图 1-2-33 所示。图 1-2-34 所示为机箱提供的相关接线及其连接方法。其中, PWR SW 是电源接口,对应主板上的 PWR SW（POWER SW）接口；RESET 为重启键的接口, 对应主板上的 RESET 插孔；SPEAKER 为机箱的前置报警喇叭接口,它是一个四针的结构, 其中红线为+5V 供电线,与主板上的+5V 接口相对应,其他的三针也就很容易插入了；IDE _LED（或 HDD_LED）为机箱面板上的硬盘工作指示灯,对应主板上的 IDE_LED；剩下的 PLED 为计算机工作的指示灯,对应插入主板即可。需要注意的是,硬盘工作指示灯与电源指示灯需要区分正负极,一般情况下红色代表正极。

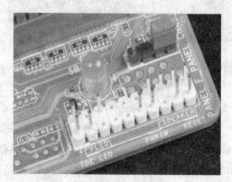

图 1-2-33　主板电源、重启键、指示灯、喇叭等接口

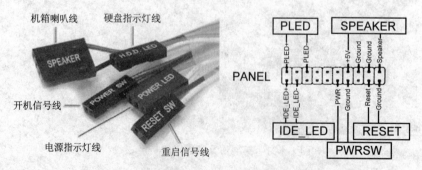

图 1-2-34　主板电源、重启键等接口与接线方法示意图

（7）散热器电源连接。

CPU_FAN 是 CPU 散热器的电源接口。目前 CPU 的散热器接口采用了四针设计，与其他散热器相比明显多出一针，这是因为主板提供了 CPU 温度监测功能，风扇可以根据 CPU 的温度自动调整转速。CPU 散热器接口如图 1-2-35 左图所示。

图 1-2-35　主板提供的散热器电源接口

另外主板上还有一些 CHA_FAN 的插座，这些都是用来给散热器供电的，如果用户另外添加了散热器，可以通过这些接口来为风扇供电，如图 1-2-35 右图所示。这些接口均采用了防呆设计，安装比较简单。

10. 整理连接线

将机箱内的各种连接线进行分类、整理，利用扎带扎好，目的是让机箱内整齐，不要像个蜘蛛网似的，尤其是要理顺不用的电源线。连接线可以按信号线、电源线、数据线等进行分类，并按它们的具体安装位置进行捆扎。

11. 连接外部设备

主机组装好后，还需要把键盘、鼠标、显示器连接到主机上。

（1）鼠标、键盘的连接。

常用的鼠标、键盘接口有 PS/2 接口和 USB 接口，目前基本都采用 USB 接口，如图 1-2-36 所示。USB 接口的连接方法比较简单，下面介绍一下 PS/2 接口的连接方法。

图 1-2-36　鼠标、键盘的 PS/2 插头与主板提供的 PS/2 接口

PS/2 接口是有方向性的，方向不正确，无法插入。鼠标与键盘的接口在外观上是一致的，但却不能交换使用。正确识别的方法有两个：一是通过颜色识别，让鼠标或键盘的插头插入主板上具有相同颜色的接口中；二是通过图标识别，有些主板提供的 PS/2 接口旁边有代表鼠标或键盘的图标。有时候这两种方法都用不上，则可以随便接，接反了，除了不能正常工作外，不会损坏硬件。一旦发现接反，可关机后重新连接。

（2）显示器的连接。

目前的显示器大多采用 VGA 接口，也有部分采用 DVI 或 D-SUB 接口，甚至提供了 S 端子、HDM、DP 等视频接口。如图 1-2-37 所示，某款独立显卡提供了 VGA、HDMI、DP、DVI 四种接口。

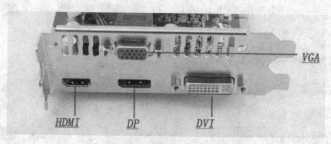

图 1-2-37   某款独立显卡提供的接口

集成显卡提供的接口一般为 VGA 接口，因此这里仅介绍 VGA 接口的连接方法。图 1-2-38 所示为主板提供的 VGA 接口和显示器提供的 VGA 插头。

图 1-2-38   主板提供的 VGA 接口和显示器提供的 VGA 插头

VGA 接口也是有方向的，方向不正确，无法插入。在连接显示器的时候，不要用力过猛，以免弄坏插头中的针脚。把信号线插头插入显卡插座后拧紧插头上的固定螺栓。

（3）连接主机电源线。

计算机电源提供的接口如图 1-2-19 所示，图 1-2-39 所示为计算机使用的电源线，将电源线的一端插入到计算机电源接口中，另一端插入到电源插线板上。

图 1-2-39   计算机电源线

（4）连接其他外部设备。

如果系统中需要接入其他的外部设备，则按照该外部设备提供的说明书完成数据线和电源线的连接。

12. 开机自检

所有配件组装、连接完成后，就可以启动计算机了。按下电源键，可以发现电源风扇开始转动，并可能听到硬盘启动时发出的声音，伴随着"嘟"的一声响，计算机正常启动，显示器出现开机画面。

如果启动计算机失败，没有点亮显示器，则可以通过风扇是否转动、数据线是否连接正确且牢固、电源线是否连接正确、内存和显卡安装是否正确等进行排查。

要正常使用组装好的计算机，还必须要对硬盘进行分区、格式化，然后安装操作系统、驱动程序和应用软件等。

2.2 BIOS 设置

BIOS 是 Basic Input/Output System 的缩写，翻译为"基本输入输出系统"，它是固化在 BIOS 芯片上的一组程序，包括基本输入输出程序、系统设置程序、自检程序和系统自举程序。BIOS 的版本很多，但基本的设置项和设置要求很相似，由于在兼容机中广泛使用的是 Award BIOS，因此这里先以 Award BIOS 为例简单介绍传统 BIOS 的基本设置，再详细介绍最新的 UEFI BIOS 的设置。

2.2.1 BIOS 参数设置

1. 传统 BIOS 设置

打开计算机电源，进入开机画面，按 Delete 键或 Del 键（对于笔记本电脑，大多数按 F2 键）即可进入 Award BIOS 的主菜单，如图 1-2-40 所示。具体菜单项及功能如表 1-2-1 所示。

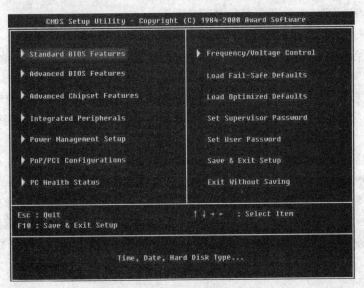

图 1-2-40 Award BIOS 主菜单

表 1-2-1 Award BIOS 主菜单项

设置项	说明
Standard CMOS Features（标准 CMOS 设置）	查看系统硬件信息、内存信息，可检测驱动器、磁盘，对基本的系统配置进行设定，例如时间、日期
Advanced BIOS Features（高级 BIOS 设置）	对系统的高级特性进行设定
Advanced Chipset Features（高级芯片组设置）	修改芯片组寄存器的值，优化系统的性能表现
Integrated Peripherals	可对外围设备进行特别的设定
Power Management Setup（电源管理设定）	对系统电源管理进行设定

续表

设置项	说明
PnP/PCI Configurations（PnP/PCI 配置）	此项仅在系统支持 PnP/PCI 时才有效
PC Health Status（PC 当前状态）	显示 PC 的当前状态，如温度、风扇转速、电压等
Frequency/Voltage Control（频率/电压控制）	设定和查看频率和电压的设置
Load Fail-Safe Defaults	载入工厂默认值作为稳定的系统使用
Load Optimized Defaults	载入最好的性能但有可能影响稳定的默认值
Set Supervisor Password（设置管理员密码）	设置管理员密码
Set User Password（设置用户密码）	设置用户密码
Save & Exit Setup（保存后退出）	保存对 CMOS 的修改，然后退出 Setup 程序
xit Without Saving（不保存退出）	放弃对 CMOS 的修改，然后退出 Setup 程序

目前，普通用户对 BIOS 的设置主要为硬件检测、开机启动顺序和密码设置等操作。而其他一些设置，要求用户对设置项要比较熟悉，掌握各项参数的意义和作用，因此普通用户很少直接到 BIOS 中来进行操作。而且即使要修改这些参数，也可以在 Windows 中利用其他更加人性化的软件来实现。

下面简单介绍一下开机启动顺序和密码的设置。

（1）设置开机启动顺序。

在 BIOS 主菜单中选择 Advanced BIOS Features，回车，进入对应设置界面。在该界面中，可以看到如下 3 个设置项：First Boot Device、Second Boot Device 和 Third Boot Device，分别代表第一启动设备、第二启动设备和第三启动设备。这个顺序也是系统在启动时查找启动设备的顺序。如果第一启动设备能够正常启动计算机，则第二启动设备和第三启动设备是不起作用的。

每个启动设备中的候选设备，不同的 BIOS，其选项不同，但其主要的几个选项是差不多的。其中 CDROM 或 CD/DVD 表示光驱，即从光盘启动；HDD0～3 代表硬盘，到底选 0～3 中的哪一个，需要看操作系统安装的具体位置，一般选择 HDD0；以字符串"USB"开始的代表 USB 设备，如 USB-HDD 为 USB 移动硬盘，USB-CDROM 代表外置光驱等。到底选择哪一项，是根据任务来决定的。如安装操作系统时存储介质为光盘，则需要设置 First Boot Device 为 CDROM。

（2）密码设置。

密码分为管理员密码和用户密码两种。在设置方法上是一致的，选择相应的菜单项，回车后要求输入新的密码并验证，通过后密码设置即成功。取消密码的方法和设置密码相同，只要在输入新密码后直接回车即可。

对于遗忘密码的情况，一般可通过取下主板上的纽扣电池，一会儿之后再重新安上电池的方法清除密码。

设置好密码，还需要在 Advanced BIOS Features 中设置 Security Option，其值为 Setup 和 System 之一。Setup 表示只在进入 BIOS 时需要密码，而 System 表示开机即需要密码。本例将之设置为 System，保存并退出即完成操作。

重新开机时，就可以看到要求输入密码的对话框出现。这个输入的密码通常被称为"开机密码"。

管理员密码和用户密码均可以用来作为开机密码。不同的是，如果以用户密码进入 BIOS 设置程序，绝大多数设置项无法修改，只能查看，而管理员密码则可以对所有选项进行重新设定。

需要注意的是，开机密码和 Windows 登录账号密码是不一样的。没有 Windows 密码，只是不能使用当前操作系统，但还可以通过其他方法来使用当前计算机，如使用 PE 系统来操作该计算机上的资源。没有开机密码，则当前计算机完全无法使用。

更多的关于 BIOS 设置的内容和操作方法请参阅相关书籍和资料。

2. UEFI BIOS 设置

UEFI（Unified Extensible Firmware Interface，统一可扩展固件接口）是一种详细描述全新类型接口的标准。UEFI BIOS 设置程序拥有一个图形化的操作界面，同时还提供对鼠标的支持，使得设置操作变得方便、快捷。目前很多主板都采用了 UEFI BIOS，正在逐渐取代传统的 BIOS 程序。

图 1-2-41 所示为华擎 UEFI 设置程序的主界面，其顶部有一行表示菜单选项的按钮。具体菜单及功能如表 1-2-2 所示。

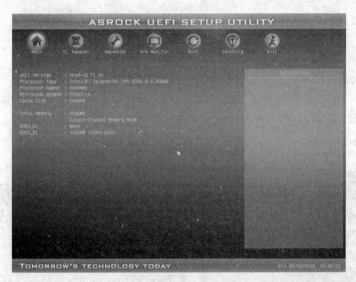

图 1-2-41　ASROCK UEFI SETUP UTILITY 主界面

表 1-2-2　UEFI 设置程序主菜单

菜单项	说明
Main	查看系统信息，设置日期、时间
OC Tweaker	CPU 超频设置
Advanced	高级 UEFI 功能设置
H/W Monitor	显示当前硬件的状态
Boot	设置启动项目
Security	安全设置
Exit	退出当前界面或 UEFI 设置程序

通过左右方向键或鼠标单击操作可以改变菜单项的选择，回车确认，进入子菜单。

（1）Main 菜单。

Main 菜单界面如图 1-2-41 所示，通过该界面可以查看一些系统信息，如 UEFI 版本、处理器相关信息、内存信息等。

如要修改系统日期或时间，则单击右下角的日期时间数据，系统弹出如图 1-2-42 所示的对话框，可以通过该对话框修改系统日期和时间。

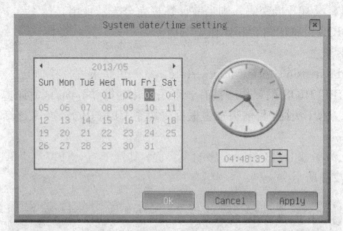

图 1-2-42　修改系统日期和时间

（2）OC Tweaker 菜单。

该项主要对 CPU、内存等参数进行设置。在修改这些参数之前，请详细了解各参数的意义以及可用值的作用、对系统性能的影响，否则有可能导致系统性能下降或无法正常工作。其设置界面如图 1-2-43 所示。

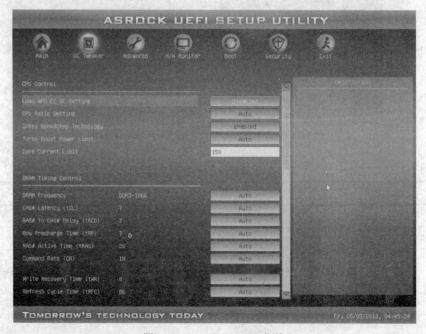

图 1-2-43　OC Tweaker 菜单

部分设置项的说明如表 1-2-3 所示。

表 1-2-3 OC Tweaker 设置项

设置项	说明
Load GPU EZ OC Setting	载入 GPU 的超频设置
CPU Ratio Setting	CPU 倍频设置
Intel SpeedStep Technology	启用或禁用 Intel 睿频技术
Turbo Boost Power Limit	自动睿频功耗限制
Core Current Limit	内核电流限制
DRAM Frequency	内存频率
CAS# Latency	列地址选通脉冲时间延迟
RAS# to CAS# Delay	R/W 延迟
Row Precharge Time	内存行地址控制器预充电时间
RAS# Active Time	内存行有效至预充电的周期
Write Recovery Time	写恢复延时
Refresh Cycle Time	刷新周期时间

（3）Advanced 菜单。

该部分可以设置以下项目：CPU Configuration（中央处理器设置）、North Bridge Configuration（北桥设置）、South Bridge Configuration（南桥设置）、Storage Configuration（存储设置）、SuperIO Configuration（高级输入输出设置）、ACPI Configuration（ACPI 电源管理设置）和 USB Configuration（USB 设置）等，如图 1-2-44 所示。

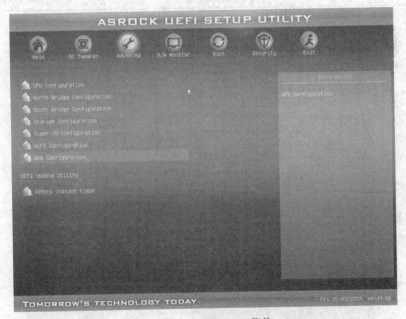

图 1-2-44 Advanced 菜单

（4）H/W Monitor 菜单。

该项可以查看 CPU 温度、风扇转速和电压等信息，如图 1-2-45 所示。其设置项及意义如表 1-2-4 所示。

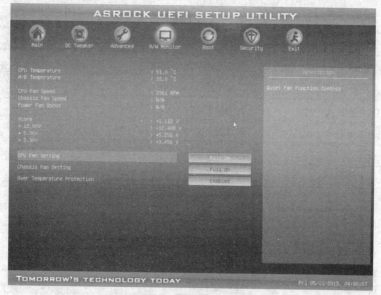

图 1-2-45　H/W Monitor 菜单

表 1-2-4　H/W Monitor 设置项

设置项	说明
CPU Fan Setting	设置 CPU 风扇工作模式为全开或自动模式
Chassis Fan Setting	设置机箱风扇工作模式为全开、手动或自动模式
Over Temperature Protection	启用或禁用高温保护功能

（5）Boot 菜单。

该菜单项可以设置计算机启动的相关参数。在 Boot Option #1 和 Boot Option #2 设置项中，可以选择系统可用的启动设备。这类似于传统 BIOS 中的第一启动设备和第二启动设备，如图 1-2-46 所示。其他设置项的意义如表 1-2-5 所示。

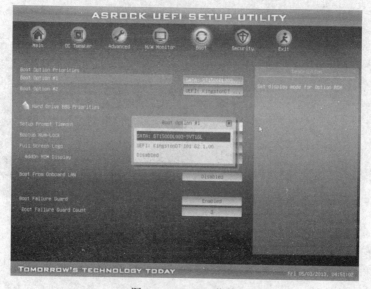

图 1-2-46　Boot 菜单

表 1-2-5 Boot 设置项

设置项	说明
Setup Prompt Timeout	设置提示超时时间，单位为秒，设置为 65535 表示无限等待
Bootup Num-Lock	启动后 Num-Lock 的状态
Full Screen Logo	启用或禁用 OEM 标识
AddOn ROM Display	是否开启附件软件信息显示功能，前提是启用 OEM 标识
Boot Failure Guard	启用或禁用启动失败恢复功能
Boot Failure Guard Count	启用或禁用启动失败恢复的计数功能
Boot From Onboard LAN	启用或禁用网络启动功能

（6）Security 菜单。

该菜单可以设置或清除管理员密码和用户密码，其基本内容及设置方法同传统的 BIOS 差不多，如图 1-2-47 所示。

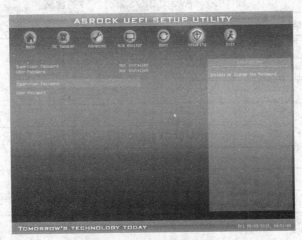

图 1-2-47 Security 菜单

（7）Exit 菜单。

Exit 菜单如图 1-2-48 所示，其设置项及作用如表 1-2-6 所示。

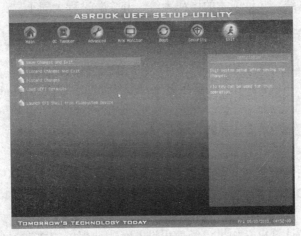

图 1-2-48 Exit 菜单

表 1-2-6　Exit 设置项

设置项	说明
Save Changes and Exit	保存更改并退出
Discard Changes and Exit	放弃更改并退出
Discard Changes	放弃更改
Load UEFI Defaults	加载 UEFI 默认值
Load UEFI Shell from filesystem device	从文件系统设备启动 UEFI Shell 应用程序，文件名为 Shell64.efi

2.2.2　主板 BIOS 报警信号的含义

如果计算机系统出现故障，不能正常启动，则计算机的开机自检程序会通过喇叭发出一些提示声音，以帮助用户判断故障发生的部位。Award BIOS 部分响铃的含义如表 1-2-7 所示。

表 1-2-7　Award BIOS 部分响铃的含义

响铃	含义
1 短	系统正常启动
1 长 1 短	内存或主板错误
1 长 2 短	显卡或显示器错误
1 长 3 短	键盘控制器错误
1 长 9 短	BIOS 芯片损坏
不断长响	内存损坏或没安装好
不停地响	显卡与显示器未连接好
重复地短响	电源故障

2.3　操作系统的安装

计算机硬件组装好测试没有问题之后，就要安装操作系统。本节以安装 Windows 7 为例介绍如何安装操作系统。其他版本的操作系统，其安装过程大同小异。

2.3.1　准备工作

1. 硬件要求

安装 Windows 7，需要先了解该操作系统对硬件的配置要求。Windows 7 对硬件的最低要求如下：

（1）1GHz 32 位或 64 位处理器。

（2）1GB 内存（基于 32 位）或 2GB 内存（基于 64 位）。

（3）16GB 可用硬盘空间（基于 32 位）或 20GB 可用硬盘空间（基于 64 位）。

（4）带有 WDDM 1.0 或更高版本驱动程序的 DirectX 9 图形设备。

2. 数据备份

安装操作系统的计算机，如果已经使用过并有需要保留的数据，则要先进行数据的备份操作。安装操作系统，目标分区的数据将完全丢失，备份数据是将目标分区的有用数据复制到其他分区，或者复制到移动存储设备中。

备份操作一般可以通过光盘或 U 盘启动计算机并启动 PE 系统，在 PE 系统中完成数据的复制操作。

对新硬盘则不存在数据备份的需求。

3. 规划

安装系统的规划，是对硬盘分区数量、大小、文件系统、系统安装方式等进行规划。目前对硬盘的分区多数采用 4 个分区，即系统分区、软件分区、数据分区和数据备份分区，大小则根据整个硬盘的总容量来决定。但这种分区方法并不是一成不变的，尤其是现在的 TB 级的硬盘，采用这种分区方法，显然单个分区的容量就会很大，不一定符合要求，所以在实际操作中需要根据具体的情况进行分析处理。硬盘分区的文件系统选用 NTFS。

对于已安装有操作系统的计算机，在 Windows 7 的安装过程中有两个选项供选择：

- "升级"安装。使用此选项可以将当前使用的 Windows 版本替换为 Windows 7，同时保留计算机中的文件、设置和程序。
- "自定义"安装。使用此选项可以将当前使用的 Windows 版本替换为 Windows 7，但不会保留计算机中的文件、设置和程序。因此，这种安装有时称为清理安装。

4. 安装程序

准备有 Windows 7 安装程序的光盘。系统安装光盘可以到软件零售商处购买，也可以到微软官方网站下载安装程序刻盘。Windows 7 安装光盘盒同时包含 32 位和 64 位版本的 Windows 7。如果是从微软官方网站下载 Windows 7，则需要在 32 位版本和 64 位版本之间作出选择。需要注意的是，若要运行 64 位版本的 Windows 7，计算机必须具有支持 64 位的处理器。

当计算机上安装有大容量的随机存取内存（RAM，通常为 4GB 的 RAM 或更多）时，使用 64 位操作系统的优势最为显著。在这种情况下，因为 64 位操作系统较 32 位操作系统而言能够更加高效地处理大容量的内存，所以当有多个程序同时运行且需要频繁切换时，64 位系统的响应速度更快。

2.3.2 Windows 7 安装

将光盘放入光驱，启动计算机。启动安装程序，几秒钟后屏幕出现如图 1-2-49 左图所示的界面。单击"下一步"和"现在安装"按钮。

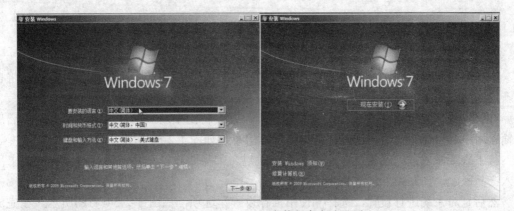

图 1-2-49 Windows 7 安装程序启动界面

在许可条款对话框中，选择"我接受许可条款"复选框，单击"下一步"按钮，如图 1-2-50 左图所示。

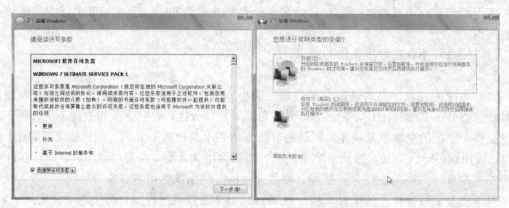

图 1-2-50　许可条款及安装类型对话框

接着选择安装类型，即"升级"安装和"自定义"安装，如图 1-2-50 右图所示。对于已经安装过 Windows 早期版本的计算机，如果要保留原来的系统文件、设置和程序，则可以选择"升级"安装；如果想要完全覆盖原来的安装或者是在新的计算机上安装，则选择"自定义"安装。本例中选择"自定义"安装。

选择安装系统的目标位置。一般情况下，有两个步骤：第一步是选择硬盘，安装程序会把计算机中的所有硬盘列出，以供选择；第二步是选择分区。对于新硬盘，需要先进行分区、格式化操作；对于已经使用过的硬盘，则可以直接选择原有系统分区。安装程序提供了新建分区、删除分区、格式化分区等操作功能，如图 1-2-51 所示。

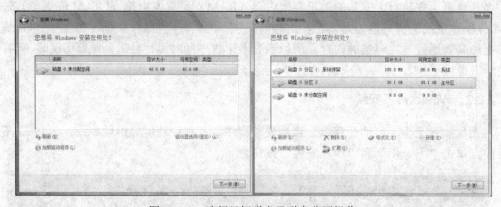

图 1-2-51　选择目标磁盘及磁盘分区操作

选择好目标分区后，系统会真正开始安装工作，在自动完成一系列操作后计算机将自动重新启动，如图 1-2-52 所示。

计算机重新启动后，安装程序将继续安装，并会再次重新启动计算机。第二次重启后需要输入用户名、计算机名、密码、密码提示等信息，如图 1-2-53 所示。

接下来要求输入产品密匙，也可以选择跳过。如果跳过，在系统激活时会再次要求用户输入产品密匙，如图 1-2-54 左图所示。

然后是对系统进行设置，选择"使用推荐设置"选项，如图 1-2-54 右图所示。在完成一系列的设置后，系统完成安装，进入到 Windows 7 的桌面。

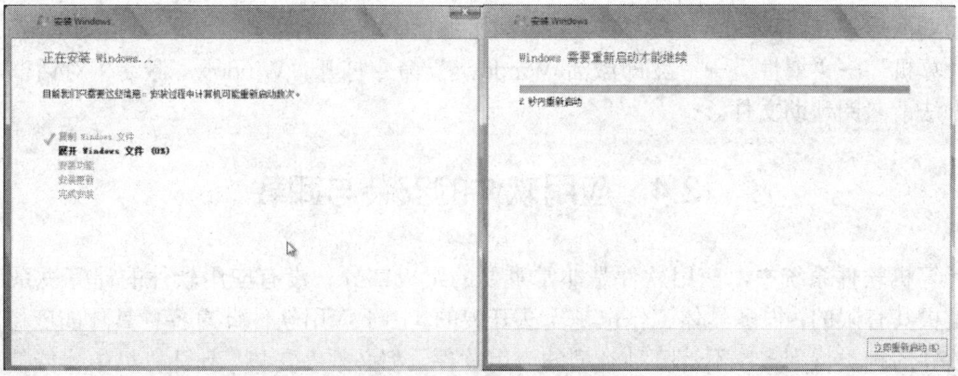

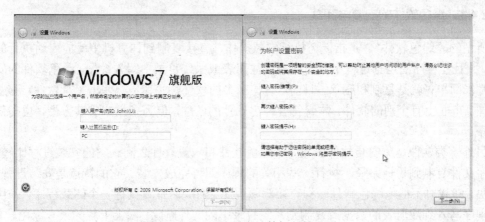

图 1-2-52　正式安装

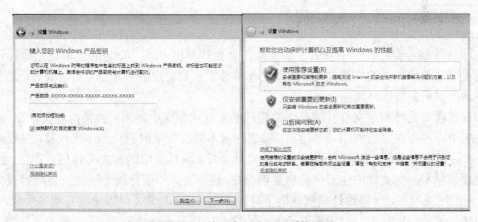

图 1-2-53　两次重启计算机后的界面

图 1-2-54　输入产品密匙及系统设置

　　这样操作系统就安装好了。接下来就是安装驱动程序和根据每个用户的不同需要安装各种应用软件到计算机中。对于大多数硬件来说，都不需要单独安装驱动程序，操作系统自带的驱动程序即可满足需要。如有不兼容的情况，可单独安装相关硬件设备的驱动程序。驱动程序一般在购买硬件时会附带提供。如果没有，也可以到网络上下载对应的驱动，或者借助第三方软件，如驱动精灵来完成驱动程序的安装。这里不再详细介绍驱动程序的具体安装方法和过程。如有需要，请查阅相关资料。

需要注意的是，Windows 7 需要激活，如不激活，只能使用 30 天。要激活则单击"开始"→"计算机"→"属性"→"立即激活 Windows"命令打开"Windows 激活"对话框，具体操作方法请参阅帮助文件。

2.4   应用软件的安装与卸载

计算机软件系统中，应用软件是非常重要的组成部分。没有应用软件的计算机系统，其功能是极其有限的，很多具体工作也是无法开展的。由于应用软件针对各种具体的应用，所以应用软件的种类特别多。不管哪种类型的应用软件，都必须"安装"到计算机中才能使用；当不再使用某些软件时，为了节约磁盘空间和节省维护开支，就要将它们从计算机中"卸载"掉。

2.4.1   绿色软件的安装与卸载

所谓的"绿色软件"，是指无需执行安装操作，直接复制到计算机中就能启动执行的应用程序，并且在程序的运行过程中不会向系统注册表或系统目录中写入数据。绿色软件的安装与卸载都很简单，就是复制和删除。目前，有相当多的软件，尤其是一些小工具软件，都属于绿色软件。市面上有个别的软件，本身符合绿色软件的条件，但为了用户安装方便，也提供了安装程序。

另外一类软件是免安装软件，它介于绿色软件和一般软件之间。它的安装过程比较简单，将程序文件复制到目标路径，执行一些相关的程序即可完成安装。它的特点是安装过程简单、速度快。卸载时不能像绿色软件一样直接删除程序文件，而是要执行一个卸载程序，作用是把绿化程序写入到注册表的数据或复制到系统目录中的文件删除。网上下载的很多绿色软件，其实有相当一部分属于这种免安装软件。

2.4.2   Office 2010 的安装与卸载

多数软件都是要通过一个安装过程才能部署到计算机中的。安装的过程就是将经过压缩处理的程序文件和相关的数据文件、辅助文件等解压缩到特定的目录，并对系统进行配置，保证程序运行时所需要的环境。

卸载过程则是将程序文件、数据文件和辅助文件从系统中删除，并清除相关的配置信息，使得系统中不再存在该软件的相关信息。卸载过程不能用简单的删除操作来代替，主要原因在于，一般的删除操作只能删除安装目录下的文件，而系统目录中的相关文件仍然存在，注册表中的配置信息和一些文件的注册信息也继续存在。这些文件和信息因无法继续使用而成为系统垃圾。系统垃圾增多，会导致计算机性能下降，出现运行不稳定、运行速度变慢等现象。因此，正确安装和卸载应用程序，对于保证计算机的稳定运行是十分必要的。

下面介绍非绿色软件的安装方法。

安装程序是执行软件安装的起点，常见的安装程序文件名一般有 setup.exe、install.exe、setup.msi 等，当然一些软件也可能采用其他的文件名。

将程序光盘放入光驱，找到 setup.exe 并执行。

最先看到的是安装程序的启动界面，这时安装程序正在为安装的正常进行做准备，当安装程序准备好后，程序进入到许可证条款界面，如图 1-2-55 所示。选中"我接受此协议的条款"复选框，单击"继续"按钮。

图 1-2-55　Office 2010 安装启动界面及许可条款

选择安装方式。Office 2010 提供了两种安装方式："立即安装"，即安装的内容、路径等采用系统默认的设置值进行安装，一般对系统不熟悉，没有太高要求的用户可以选择此项；"自定义"安装，采用该安装方式，用户可以对安装选项、安装位置、用户信息等进行设置，要求用户对 Office 2010 的组件比较熟悉，并能够对自己的安装选项等信息进行规划。本例采用"自定义"安装方式，如图 1-2-56 和图 1-2-57 所示。

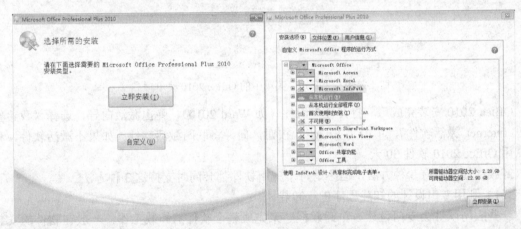

图 1-2-56　安装类型选择及安装选项更改

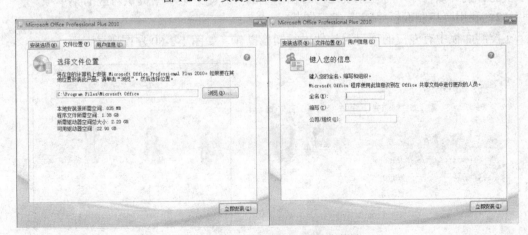

图 1-2-57　文件位置、用户信息修改

　　设置完成后，单击"立即安装"按钮，安装程序开始正式将 Office 2010 安装到计算机中，如图 1-2-58 左图所示。当安装过程完成后，关闭安装程序，完成安装操作，如图 1-2-58 右图所示。这时查看 Windows 7 的"开始"菜单，可以看到添加了 Office 2010 相关的新菜单项，如图 1-2-59 所示。

图 1-2-58　安装进度

图 1-2-59　"开始"菜单中的 Office 2010 菜单项

　　Office 2010 安装完成后，打开任一组件（如 Word 2010），弹出激活向导，选择"我希望通过 Internet 激活软件"，单击"下一步"按钮，向导将联网激活软件；如果不激活软件，只能试用 Office 2010 软件 30 天。

　　卸载程序一般有 3 种方法，但不是每个应用软件都会同时支持这 3 种方法。

　　（1）利用专门设计的卸载程序进行卸载。

　　一些应用软件会专门设计一个卸载程序来完成整个软件的卸载工作，一般在软件的安装目录下能够找到该程序，有些系统还同时在系统的"开始"菜单中提供对应的菜单项。

　　（2）利用"控制面板/程序"进行卸载。

　　在控制面板中有专门的项目对软件进行卸载操作，如图 1-2-60 左图所示。

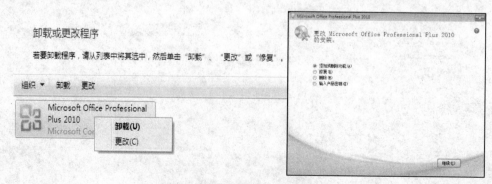

图 1-2-60　卸载 Office 2010

（3）利用安装程序进行卸载。

一些应用软件可以利用再次运行安装程序来实现软件的卸载。Office 2010 也提供了这种方式。当执行安装程序时，安装程序会首先检查系统中是否已安装了本软件，如果安装了，则后续操作会让用户选择操作类型。如 Office 2010 提供的选项有：添加或删除功能、修复、删除、输入产品密匙。只要选择"删除"单选项，安装程序就将执行软件的卸载操作，如图 1-2-60 所示。

其他应用软件的安装、卸载与此过程类似，只要在安装过程中注意查看相关的说明信息，就能顺利地将应用程序安装到计算机中。

2.5 计算机的日常维护

计算机系统是由硬件系统和软件系统组成的有机体，在平常的使用中，可能会发生各种各样的软硬件故障，导致计算机系统性能下降或工作不稳定，甚至系统崩溃，不能继续使用。因而，做好计算机的日常维护工作，保证计算机系统处于正常工作状态，降低计算机系统的故障率，就显得非常重要。

2.5.1 计算机硬件的日常维护

计算机硬件是计算机系统的重要组成部分，对计算机硬件的维护，主要是保证有良好的工作环境，从而让计算机正常工作并延长使用寿命。

1. 正常开关机

计算机在加电和断电的瞬间会产生较大的电流冲击，会给主机发送干扰信号，导致主机无法正常启动或出现异常。因此，在开关机操作中应该注意以下几点：

（1）开机时先开显示器，再开主机。

（2）关机时，不要直接关闭电源，而是通过操作系统提供的关机操作来关机。如果计算机死机，则可尝试按 Reset 键重启。这样可以避免硬盘磁头不能归位，损坏硬盘。

（3）如果 Reset 键重启计算机失效，则可以按住电源键数秒钟，实现关机操作。

（4）不要频繁开关机，一般要求在关闭计算机后等待 10 秒钟以上再重新开机，这是因为关机后立即加电会使电源产生突发的大冲击电流，可能造成电源装置中的器件损坏。

2. 防尘

环境中的灰尘对计算机的影响比较大。灰尘在主机内长期积累，将会腐蚀配件和电路板。显示器内部也是灰尘容易聚集的地方。当灰尘积累太多，空气变潮湿时，容易导致电路板短路。所以，需要定期对计算机中的灰尘进行清扫。

灰尘对鼠标、键盘的影响用户很容易直接感受到。不注意对键盘、鼠标的防尘处理，会使鼠标、键盘看起来很脏，且容易滋生病菌。

3. 温度

计算机在运行过程中，电源、CPU、显卡等部件会产生大量的热，导致计算机主机箱中的温度升高。电子元器件都有一个工作温度的指标，当环境温度不在该指标内时就会影响到电子元器件的性能。尤其是 CPU、显卡芯片本身，发热量大，升温快，所以对散热的要求比较高。

4. 湿度

计算机工作的合适湿度环境是相对湿度 30%～80%。湿度太高会影响配件性能的发挥，湿度太低则容易累积静电。因此，在使用计算机的过程中，喝水要特别注意，避免将水洒到显示器、主机或键盘上。

5. 静电

在空气干燥的环境中，计算机使用过程中产生的静电无法及时导走，导致静电不断积累，会影响计算机的正常使用。同时，用户自身也可能存在静电，因此要注意对自身静电的放电处理。

6. 防震

计算机工作时，不要搬动计算机主机或使其受到冲击震动，如突然撞击，这样有可能导致硬盘磁头与碟片碰撞，造成磁头损坏，降低硬盘使用寿命甚至直接报废硬盘。

7. 防磁

磁场会对计算机的显示器、磁盘等造成严重影响。电磁干扰的来源主要是音箱、大功率电器等。当然，其他磁性物质靠近显示器等也会直接影响到显示器，尤其是 CRT 显示器受影响的程度更甚，使显示器色彩异常。

2.5.2　计算机软件的日常维护

除了要对计算机的硬件进行日常维护外，要使计算机性能正常发挥，使用起来舒畅，还要对软件进行日常维护。对软件系统的维护主要有以下方面：

（1）保持系统处于良好的工作状态。

为了保持系统的良好工作状态，在日常维护中需要注意：

- 使用系统维护工具如优化大师等对系统进行优化。
- 定期清理系统垃圾，对系统中的无用文件以及注册表中的无用信息等执行清理操作。
- 及时更新系统补丁。
- 对免安装软件、安装软件采用正确的卸载方法，不能直接删除安装文件所在的目录。

（2）数据安全与防护。

数据安全是日常维护中需要重点保障的，尤其是重要数据、不可恢复的数据一定要采取适当的措施来保证其安全。一般来说，保障数据的安全可以从以下几个方面着手：

- 做好数据的备份工作，包括对重要数据以及系统的备份。
- 安装杀毒软件和防火墙软件。
- 不随便使用移动存储设备与其他计算机进行数据交换，尤其是公共环境下的计算机，如网吧中的计算机。
- 不随便使用来路不明的文件，不随便到网站上下载软件，不乱安装软件。
- 不访问不明网站和不熟悉的网站。
- 管好好奇心，不要对奇怪的文件、邮件进行打开操作。
- 管理好系统账号，尽量不要开启远程功能。

2.5.3　常备工具及软件

1. 拆卸、组装、清洁等所用的工具

在计算机的日常维护中，涉及到硬件的问题，需要打开机箱、拆卸器件，因此相关的工具是必须准备的，如前面提到的螺丝刀、尖嘴钳、小刷子、吹气球等。

2. 启动盘、工具软件

当系统崩溃时，启动盘是不能少的。启动盘是用来启动计算机的工具，可以是启动光盘，

也可以是启动优盘，目前用启动优盘来启动计算机的比较多。这些启动盘一般都带有用于系统数据备份、解决相关故障的工具软件。比较典型的是各种不同内核的 WIN PE 系统。

另外还要准备一些其他的工具软件，如解压缩软件 WinRAR、驱动精灵、动态分区软件、杀毒软件、系统备份软件等。这些小工具软件在系统维护时非常有用，但建议大家尽量使用绿色版。在现今的网络时代，还要准备好网络拨号程序。

3. 操作系统安装程序、软件安装程序

操作系统是计算机运行必需的系统软件，当系统因各种原因崩溃后，重装系统是不可避免的。因此，手里必须要有某个版本的操作系统安装程序，如 Windows XP、Windows 7、Linux 等操作系统的安装程序，其存储形式可以是光盘，也可以是 ISO 文件。

还要准备常用的应用软件，如通用的 MS Office、WPS 等办公软件，专业领域使用的软件就要根据自己的实际需要来准备了。一般这些软件相对于工具软件来说个头都比较大，如图像处理软件 Photoshop、数学软件 Matlab 等。

第 3 章　计算机网络及应用基础

知识要点:

- 基本概念: 计算机网络、局域网、城域网、广域网、OSI 参考模型、TCP/IP 参考模型、IP 地址、Internet 的常用服务、信息检索、网络安全、网络安全威胁、网络安全技术等。
- 浏览器的操作: 浏览网页、设置浏览器等。
- 文件上传/下载的操作: FTP 客户端软件的操作、网络下载软件的操作等。
- 收发电子邮件的操作: Outlook 收发电子邮件、IE 浏览器收发电子邮件。
- 网络电子图书馆的操作: CNKI 的文献检索、SpringerLink 的文献检索。
- 网络搜索引擎的操作: 搜索单个关键词、搜索复合关键词、图片搜索、利用搜索命令进行搜索等。

计算机网络是计算机技术与通信技术相结合的产物,它让计算机之间能够方便地进行协作运行和资源共享。近年来,以互联网为代表的计算机网络得到了迅猛发展和广泛普及,大大提高了人们的工作效率,改变了人们的生活娱乐方式,促进了信息社会的快速发展,对人类社会的进步做出了巨大贡献。为了在互联网中搜索信息,人们提出了信息检索技术,它方便了人们在海量的网络数据中快速定位自己需要的信息。互联网在快速发展的同时,也面临着严峻的网络安全问题,这已引起社会各界的高度重视。本章概要介绍计算机网络、信息检索、网络安全的基本理论和应用基础知识。

3.1　计算机网络

3.1.1　计算机网络概述

计算机网络是由地理位置分散的、具有独立运行能力的多个计算机系统,利用通信设备和传输介质互相连接,并通过相应的网络软件进行控制,以实现数据通信和资源共享的系统。简单地讲,计算机网络由多台计算机、通信设备、传输介质和软件等组成,它通过通信设备和传输介质将不同的计算机终端连接在一起,实现不同计算机终端之间的相互通信,从而达到数据通信和资源共享的目的。通信设备是连接不同计算机终端的枢纽,包括路由器、交换机、集线器等设备,使得计算机数据能按正确的方向传输并传输得更远,是实现数据通信的关键设备。传输介质是连接计算机终端和通信设备的媒介,计算机数据信号以传输介质为载体进行传输,包括有线传输介质和无线传输介质,有线传输介质包括光纤、双绞线、同轴电缆等,无线传输介质包括微波、电磁波等。网络软件运行于计算机终端或通信设备上,用于控制计算机网络的运行。

3.1.2　计算机网络的分类

计算机网络可以按照拓扑结构、数据传输带宽、网络的交换方式、传输介质和网络的覆盖范围等进行分类。按照采用的拓扑结构，可以将计算机网络分为星型网络、总线型网络、环型网络、树型网络和网状型网络等；按照数据传输带宽，可以将计算机网络分为窄带网络和宽带网络；按照交换方式，可以将计算机网络分为电路交换网络、报文交换网络和分组交换网络；按照传输介质，可以将计算机网络分为有线网络和无线网络。通常，人们将计算机网络按照网络覆盖范围进行分类，所谓覆盖范围，就是计算机网络所连接的地域范围的大小，一般我们用距离来进行衡量。具体地，按照计算机网络的覆盖范围，可以将其分为局域网、城域网和广域网。

1. 局域网

局域网（Local Area Network，LAN）是在十几千米的地域范围内构建的计算机网络，通俗地讲，局域网就是在局部地区范围内构建的计算机网络，它所覆盖的地域范围较小，其典型特征是连接范围小、用户数少、配置容易、连接速率高。局域网常见于一个房间、一幢建筑物和一个企业的厂区内，它的规模较小。局域网的硬件设备相对简单，网络结构也不复杂，容易实现，它在计算机数量的配置上没有太多的限制，最简单的局域网可以只有两台计算机。另外，由于局域网的传输距离比较近，所以数据传输速率相当高，误码率较低，可用于构建高可靠性的计算机网络。目前，随着计算机网络技术的发展、网络硬件设备成本的降低、网络管理和配置的简单化，局域网已成为最常见、应用最广的一种计算机网络，小到一个家庭，大到一个大型企业，都可以构建自己的局域网。

2. 城域网

城域网（Metropolitan Area Network，MAN）是在十几千米至一百千米左右的地域范围内构建的计算机网络，一般来说，它是在一个城市或大型社区范围内，为了实现城市和大型社区不同区域范围内的计算机设备互联而构建的计算机网络。城域网大大扩展了局域网的网络连接距离，在某种意义上讲，我们可以将城域网看成是局域网的延伸，它采用高速传输介质（如光纤）将多个局域网连接起来，实现局域网之间的高速和高可靠互联，典型的城域网如连接政府部门、电信运营商等机构局域网的计算机网络。另外，城域网具有可伸缩性，人们可以根据城市的大小，采用合理的网络结构，构建适当规模的城域网。但是，由于城域网连接的地域范围要大于局域网，并且要求实现计算机网络的高速连接，导致其网络设备、传输介质和网络系统软件的性能要高，因此其实现成本很高。

3. 广域网

广域网（Wide Area Network，WAN）是在几百至几千千米的地域范围内构建的计算机网络，它覆盖的地域范围比城域网更大，它连接不同城市、不同地区，甚至不同国家的计算机网络，可以让数量众多的用户实现互联。广域网的通信传输设备和传输介质一般由电信运营商提供，在过去相当长的一段时期内，广域网常常租用传统的公共传输网（如公众电话网）进行数据传输，这使得以前的广域网的传输速率比较低，误码率也较高。但是，随着电信运营商对广域网传输系统的不断改造，广域网的骨干传输能力在迅速提升，用户连接广域网的带宽也在不断提高，而用户为每单位比特所付的费用却在不断降低。但是，由于广域网的传输距离相当长，其数据传输的可靠性比局域网和城域网要低，相信随着远距离传输技术的大力发展，其传输可靠性将不断得到提高。

3.1.3　计算机网络的体系结构

计算机网络连接了不同的计算机和计算机子网络，这些计算机和计算机子网络可能来自于不同的生产厂商，这就意味着它们的数据处理方式和封装格式可能存在着差别。但是，计算机网络的目标就是要让网络内的计算机和子网络能够相互通信和共享数据，如果它们采用自己独有的数据处理方式和封装格式，就无法相互识别对方的数据，根本不能达到相互通信和数据共享的目标。为了让计算机网络内的计算机和计算机子网络之间能够互联在一起，网络内的软硬件在处理通信数据时就必须遵守相同的规则，亦即需要制定一个统一的标准体系，为此提出了计算机网络体系结构的概念。计算机网络体系结构将网络的功能进行了分层，并对各层的功能和各层间的数据关联协议进行了定义。概括地讲，计算机网络体系结构就是计算机网络的层次结构模型和层间协议的集合。

计算机网络体系结构通过对网络的功能进行分层和层次定义将网络的功能进行了细化，每个层次都具有明确的任务，网络内的软硬件可以遵循这些分层功能来处理和封装通信数据，从而实现全网通信数据的统一。一些大型计算机厂商和国际性的标准组织推出了自己的计算机网络体系结构，但许多网络体系结构只局限于某一种或某些计算机网络，不能将全球性的计算机网络连接起来，未能实现标准的统一。为了建立起国际范围内统一的计算机网络体系结构，相关组织和机构设计并发布了两个通用的计算机网络体系结构参考模型：OSI 参考模型和 TCP/IP 参考模型，前者为计算机网络体系结构的统一奠定了理论基础，后者在实际应用中取得了巨大成功，下面就对这两种计算机网络体系结构的参考模型进行介绍。

1．OSI 参考模型

为了建立一个开放互连的计算机网络体系结构，使得按该体系结构建立的计算机网络之间可以相互通信，国际标准化组织（International Standards Organization，ISO）成立了一个专门委员会，于 1981 年发表了第一个草拟的开放系统互连参考模型（Open System Interconnection Reference Model，OSI/RM）的协议书，并最终于 1983 年将该参考模型正式批准为国际标准。OSI 参考模型如图 1-3-1 所示。

图 1-3-1　OSI 参考模型

OSI 参考模型将计算机网络划分为功能上相对独立的 7 个层次，分别是：物理层、数据链路层、网络层、传输层、会话层、表示层和应用层，如图 1-3-1 所示。处于 OSI 参考模型下的网络节点都具有相同的层次，不同节点的同等层次具有相同的功能，例如在图 1-3-1 中，节点 A 和节点 B 的网络层都具有路由、流量控制和拥塞控制等功能。在同一个节点内，相邻层次之间通过接口进行通信，上层通过接口向下层提供服务请求，下层通过接口向上层提供服务。在不同的节点之间，除了物理层以外，其余各层次之间均不存在直接的通信关系，而是通过对等层按照协议实现对等层之间的通信。

在 OSI 参考模型中，不同网络节点之间的通信过程为，发送端的各层从上至下逐步加上各层的控制信息，这种控制信息一般称为包头，然后将加上包头的数据传递到传输介质，并传输到接收端的物理层，接收端经过从下至上逐层去掉相应层的包头信息，最终将原始数据传递到接收端的应用层。

下面介绍 OSI 参考模型各个层次的功能。

（1）物理层。

物理层为计算机通信提供物理链路，它定义了传输媒介以及接口硬件的机械、电气、功能和规程等特性，实现了数据信号（比特流）的透明传输。物理层为数据链路层提供服务，它从数据链路层接收数据，并按标准规定的格式发送数据，同时，它还向数据链路层提供数据和电路标识、故障状态和服务质量参数等。

（2）数据链路层。

数据链路层中的数据传输单位是帧，该层用于提供网络中相邻节点间可靠、透明的信息传输，主要功能是传输管理和流量控制。数据链路层为网络层提供服务，从数据发送节点的网络层向数据接收节点的网络层传输数据，它屏蔽了物理层的特征。

（3）网络层。

网络层提供从数据发送端到数据接收端数据走向的路径选择，它处理的数据对象为数据分组，处理与数据分组的寻址和传输有关的管理问题，功能包括：路由选择与中断、控制分组传送系统的操作、流量控制、对传输层屏蔽低层的传输细节、对数据分组进行分段合并及差错检测和恢复、根据传输层的要求来选择服务等。

（4）传输层。

传输层处理的数据传输对象是报文，它为不同系统内部的会话实体建立端到端的连接，并执行端到端的差错、顺序和流量控制，同时它选择合适的网络层服务，并提供数据的编号、排序、拼接以及重同步功能。

（5）会话层。

会话层用于对通信双方节点的两个进程间互相通信的过程进行管理和协调，负责两个进程之间会话连接的建立、维护和结束等，它在两个互相通信的应用程序之间对数据传输进行管理，并建立、组织和协调它们之间的交互。

（6）表示层。

表示层将不同系统的数据表示转换成标准形式，为应用进程之间协商信息的表示方法，同时，它负责对传输数据进行转化，将信息转换成使用者看得懂的内容，它负责的操作包括格式化、加/解密和压缩/解压缩等。

（7）应用层。

应用层为网络用户提供服务，是用户访问计算机网络的接口层，并是 OSI 参考模型中直接面向用户的一层。应用层为用户提供的服务体现在包含了若干个独立的服务协议模块，为用户提供一个交换信息的接口。应用层为用户提供的常用服务有文件传输、远程登录、电子邮件和网页服务等。

2. TCP/IP 参考模型

OSI 参考模型为计算机网络体系结构的国际标准化奠定了理论基础，但是，其服务和协议的定义相当复杂，层次之间存在着交叉和重复，在实际操作中系统效率不高，因此它在实际网络中没有得到真正有效的应用。鉴于以上原因，在大规模的互联网应用中，普遍采用了另外一种计算机网络体系结构——传输控制协议/互联网协议参考模型（Transmission Control Protocol/Internet Protocol，TCP/IP）。TCP/IP 参考模型是互联网的基础，一般将其简称为 TCP/IP，它已成为事实上的互联网工业标准，并成为互联网的代名词。TCP/IP 参考模型采用了著名的 TCP 和 IP 协议体系，采用这两种协议体系为 TCP/IP 参考模型命名也体现了这两种协议的重要性。TCP/IP 参考模型如图 1-3-2 所示。

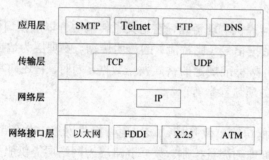

图 1-3-2　TCP/IP 参考模型

TCP/IP 的分层并不完全符合 OSI 参考模型，它对 OSI 参考模型进行了精简，只采用 4 层结构，这 4 层分别是：网络接口层、网络层、传输层和应用层，这样的分层模型使得 TCP/IP 易于实现，更容易商业化。

（1）网络接口层。

网络接口层负责与物理网络的连接，但 TCP/IP 没有详细定义网络接口层的功能，只是指出通信主机必须采用某种协议连接到网络上，并且能够传输网络数据，它也没有规定具体使用哪种协议。

（2）网络层。

网络层处理来自传输层的分组发送请求，选择分组的传输路径，然后将数据发往适当的网络接口，同时它还具有流量控制和拥塞控制等功能。网络层包含 IP（Internet Protocol）、ICMP（Internet Control Message Protocol）、ARP（Address Resolution Protocol）和 RARP（Reverse Address Resolution Protocol）等协议，以实现该层的所有服务。

（3）传输层。

传输层提供应用程序间的通信，主要实现信息流格式化和提供可靠传输等功能。传输层包含两个重要协议：TCP（Transmission Control Protocol）和 UDP（User Datagram Protocol）。TCP 是面向连接的传输控制协议，它要求服务提供者要完成连接的建立、维护和撤除等工作，数据传输的单位是报文或数据流，优点是可靠性高，能够保证数据按顺序传输，缺点是需要额外的开销；UDP 是无连接的用户数据报协议，数据传输的单位是数据报文，即分组，无连接的服务不需要维护连接的额外开销，优点是协议开销小，缺点是服务不可靠。

（4）应用层。

应用层向用户提供一组常用的应用程序，直接向用户提供服务，如文件传输服务、电子邮件服务和远程登录服务等。应用层中常用的应用程序对应着用户服务协议，常用的应用层协议包括：FTP（File Transfer Protocol）、SMTP（Simple Message Transfer Protocol）、Telnet、HTTP（HyperText Transfer Protocol）和 DNS（Domain Name System）等。

3. OSI 参考模型与 TCP/IP 参考模型的比较

OSI 参考模型来自于国际标准化组织，而 TCP/IP 产生于互联网的研究和应用实践中，它们存在着一些联系和区别。OSI 参考模型与 TCP/IP 参考模型的比较如图 1-3-3 所示。

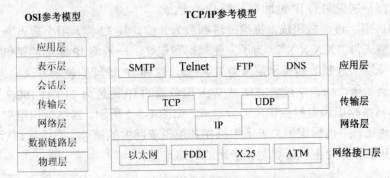

图 1-3-3　OSI 参考模型与 TCP/IP 参考模型的比较

在 TCP/IP 参考模型中，网络接口层实现了 OSI 参考模型物理层的全部功能和数据链路层的部分功能，网络层对应于 OSI 参考模型的网络层和部分数据链路层的功能，为了使得 TCP/IP 在实际应用中更加容易实现，它将 OSI 的会话层和表示层功能并入应用层中，避开了服务和协议的复杂化，尽量降低了层间功能的交叉和重复，这使得 TCP/IP 更加容易实现，用其构建的网络系统的运行效率也更高。

3.1.4　Internet 基础知识

Internet 是当前规模最大的计算机网络，中文名称为"互联网"或"国际互联网"，根据其英文名称的谐音，人们又称其为"因特网"。Internet 通过一定的通信协议将全球的各种计算机终端和计算机网络连接在一起，使得全球范围内的计算机用户可以实现互联，成为全球最大的通信网络和资源网络。Internet 是基于 TCP/IP 协议体系设计和构建的全球性计算机网络，采用了 TCP/IP 参考模型和先进的计算机技术与通信技术，并通过通信介质和网络设备将全世界不同国家和地区的不同类型的计算机和计算机网络连接在一起。

Internet 始于美国军方的阿帕网（ARPAnet），阿帕网是由美国国防部高级研究计划署（ARPA）开发的计算机网络，最初是用于军事目的，于 1969 年正式启用。此后，Internet 得到了许多国家和机构的高度重视，大量的实验网络和商用网络逐渐被建立起来，这使得 Internet 得到了不断壮大。Internet 发展至今，已不再只用于军事目的，它已成为一个平等互利的网络社会团体，不属于任何国家和个人，也没有专门的机构和严格的管理软件来进行管理，其维护和管理都是松散的。

经过多年的发展，Internet 已经成为一个国际性的计算机网络，计算机网络的通信和资源共享功能在 Internet 上也得到了不断延伸，通过 Internet，人们不仅可以实现简单的网页浏览、文件传输和电子邮件通信等功能，而且可以进行远程办公、购物、实时通信、游戏等与工作生活密切相关的活动。下面介绍 Internet 的几个重要知识：IP 地址、Internet 的常用服务和浏览器，它们都是与使用 Internet 密切相关的。

1. IP 地址

为了能有效区分 Internet 上的每台计算机，Internet 上的每台计算机都拥有自己的地址标识，我们将计算机在 Internet 上的地址称为 IP 地址。当前，实际应用的 IP 地址主要有两种版本：IPv4 和 IPv6，IPv4 是目前在 Internet 上应用最为广泛的一种 IP 地址系统，IPv6 是为了克服 IPv4 的地址数量不足和安全性等问题而设计的一种 IP 地址系统，它在 Internet 上正在被推广使用，并正在不断发展中，但其应用范围还远没有 IPv4 那么大。下面主要介绍 IPv4 地址的知识，后面未作特别说明的 IP 地址都是指 IPv4 地址。

IP 地址由四组二进制数组成，每组二进制数为 8 位，共 32 位，用小数点"."将每组二进制数区分开，格式为"X.X.X.X"。为了方便理解和记忆，一般将 IP 地址的每组二进制数转换成十进制数，每组十进制数的表示范围为 0～255，这种 IP 地址的表示方法称为 IP 地址的十进制表示法，例如乐山师范学院官方网站 Web 服务器的 IP 地址为 210.41.160.7。

IP 地址由网络标识和主机标识两部分组成，如图 1-3-4 所示。网络标识用来表示主机所属的逻辑子网的地址，主机标识用来表示主机在其逻辑子网内的地址。网络标识后加上"0"，补足 32 位后的 IP 地址即为主机所属逻辑子网的网络地址。

图 1-3-4　IP 地址的组成

Internet 通过 IP 地址的网络标识先找到计算机所属的逻辑子网，然后在其逻辑子网内通过其主机标识查找到计算机，因此需要一种将 IP 地址拆分为网络标识和主机标识的方法。在 Internet 上，通过子网掩码来计算 IP 地址对应的网络标识和主机标识，每个逻辑子网都拥有一个子网掩码。子网掩码也由 32 位二进制数组成，其表示格式与 IP 地址相同，在子网掩码中，用"1"表示网络标识部分，用"0"表示主机标识部分。使用子网掩码和 IP 地址计算网络标识和主机标识的方法为：用子网掩码和 IP 地址进行对比，IP 地址中与其子网掩码为"1"的部分相对应的部分即为网络标识，IP 地址的其余部分为主机标识。例如，已知一台计算机的 IP 地址为 192.168.0.1，子网掩码为 255.255.255.0，则可以计算其网络标识和主机标识，计算方法如图 1-3-5 所示，首先将子网掩码转换为二进制表示，即 11111111.11111111.11111111.00000000，则 IP 地址 192.168.0.1 与掩码地址"1"对应的部分为 192.168.0，192.168.0 即为该 IP 地址的网络标识，同时可以得到该计算机所属子网的网络地址为 192.168.0.0，IP 地址 192.168.0.1 的剩余部分"1"即为主机标识。

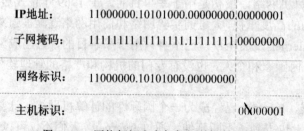

图 1-3-5　网络标识和主机标识的计算方法

根据 IP 地址的用途以及所属子网的规模，IP 地址分为 A、B、C、D 和 E 五大类，如图 1-3-6 所示。在 IP 地址的五大类中，A、B 和 C 三大类 IP 地址对 Internet 用户来说比较常见，D 和 E 两大类由系统保留，对用户透明。

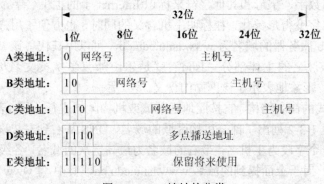

图 1-3-6　IP 地址的分类

A 类地址适用于较大规模的计算机网络，其最高位为 "0"，第一个字节的 8 位表示网络标识，后三个字节的 24 位表示主机标识。A 类地址的十进制表示方法中，第一段地址的范围为 1~127，该类地址包含两类特殊的 IP 地址：0.0.0.0 为保留的 IP 地址，127.X.X.X 是保留作回路测试的 IP 地址。

B 类地址适用于中等规模的计算机网络，其最高两位为 "10"，前两个字节的 16 位表示网络标识，后两个字节的 16 位表示主机标识。B 类地址的十进制表示方法中，第一段地址的范围为 128~191。

C 类地址适用于较小规模的计算机网络，如局域网等，其最高三位为 "110"，前三个字节的 24 位表示网络标识，最后一个字节的 8 位表示主机标识。C 类地址的十进制表示方法中，第一段地址的范围为 192~223。

D 类地址由网络保留，使用该类地址可以将数据包发往多个多点播送主机，最高四位为 "1110"，其十进制表示方法中，第一段地址的范围为 224~239。

E 类地址由网络保留，用于实验和开发，最高五位为 "11110"，其十进制表示方法中，第一段地址的范围为 240~247。

2. Internet 的常用服务

Internet 提供的服务多种多样，满足了人们工作、生活和娱乐等多方面的需要，常用的服务包括 WWW 服务、域名服务、远程登录服务、文件传输服务、电子邮件服务和电子公告板服务等，这些服务对普通 Internet 用户来说都比较常见，下面对其进行简要介绍。

（1）WWW 服务。

WWW（World Wide Web）服务一般称为 "万维网" 或 "全球信息网" 服务，也简称为 Web 或 3W，它为 Internet 用户提供信息查询和浏览服务。WWW 服务基于 HTTP（超文本传输协议），以网页的形式向用户提供服务，用户通过网址可以找到所需要的网页，网页里包含了带有格式的文本、图片、动画、声音和视频等信息，同时网页里还可以含有超级链接，用户点击网页上的超级链接，可以实现在不同网页、文档和 WWW 服务器之间的跳转。WWW 服务为 Internet 用户提供了便捷的访问方式，一般情况下，用户通过浏览器使用 WWW 服务，用户在不具有专业的计算机和计算机网络知识的前提下，就可以方便地通过浏览器查询到 WWW 服务器提供的文本、图片、声音和视频等数据。

（2）域名服务。

IP 地址主要采用不形象的数字来标识网络地址，使得 Internet 用户难以记忆。为了解决这个问题，Internet 为用户提供了域名（Domain Name）服务，提供域名服务的系统称为 DNS（域名系统）。DNS 采用数字、字母和其他字符来标识 Internet 上的主机名字，由于加入了字母等字符，可以让主机名字变得形象化，在标明主机含义的同时，也方便了用户记忆，例如乐山师范学院官方网站 Web 服务器的域名为 www.lsnu.edu.cn，可以用其代替该 Web 服务器的 IP 地址 210.41.160.7，该域名的主体部分"lsnu"就是乐山师范学院英文名称"LeShan Normal University"的缩写，形象地表示了该网站的含义。

DNS 采用层次式的命名结构，它按照地理区域或机构区域进行分层，表 1-3-1 列举了部分地理区域的域名，表 1-3-2 列出了部分机构区域的域名。DNS 从右到左依次为顶级域名、第二层域名等，最左的一个字段为主机名，最右的域名为最高层次的域名，各级层次的域名采用圆点"."分隔。例如，对于上面提到的域名 www.lsnu.edu.cn，其中，"www"为 Web 服务器主机，"lsnu"为乐山师范学院的英文名称缩写，edu 为教育机构域名，cn 为地理区域域名（中国国家域名）。

表 1-3-1　部分地理区域的域名

地理区域域名	地理区域名称	地理区域域名	地理区域名称
cn	中国	jp	日本
au	澳大利亚	se	瑞典
de	德国	uk	英国
fr	法国	us	美国

表 1-3-2　部分机构区域的域名

机构区域域名	机构的含义	机构区域域名	机构的含义
com	盈利性商业机构	int	国际组织
edu	教育机构	mil	军事机构
firm	商业或公司	net	网络支持机构
gov	政府部门	org	非盈利性组织

（3）远程登录服务。

远程登录服务让用户通过 Internet 登录到远程的计算机系统，并可以实时地访问远程计算机提供的资源。远程登录服务基于 Telnet 协议，它让进行远程登录的用户计算机通过 Internet 暂时成为远程计算机的终端，享受类似于远程计算机本地用户能够访问的资源。Internet 用户可以通过远程计算机的 IP 地址或域名进行远程登录，但必须提供正确的用户名和密码后，远程计算机才允许用户成功登录，用户名和密码一般由远程计算机的系统管理员为用户分配。只有成功登录远程计算机后，用户才能使用远程计算机提供的资源。

（4）文件传输服务。

文件传输服务（File Transfer Service）实现了用户在 Internet 上将一台计算机上的文件传送到另一台计算机上，它采用 FTP（文件传输协议），是一种实时的联机服务，并可以传送任何类型的文件。提供文件传输服务的主机安装了 FTP 服务器系统，在进行文件传输时，用户需要使用 FTP 客户端软件或程序先登录到 FTP 服务器上，然后执行简单的命令或操作就可以将一台计算机上的文件传送到另一台计算机上。在 Internet 上，许多 FTP 服务器提供了"匿名文件传输服务"（Anonymous FTP Service），用户在登录时，只需使用 Anonymous 作为用户名，即可登录到 FTP 服务器上进行文件传输操作。

（5）电子邮件服务。

电子邮件（E-mail）服务是用户在 Internet 上使用较多的一种通信服务，它让用户可以通过 Internet 传递信件，是一种高速、简易、低廉、畅通全球的信息交流方式。电子邮件为 Internet 用户提供了一种邮政式的通信服务，不过它投递邮件的速度要比常规的邮政快得多，只要电子邮件系统和通信网络正常，用户发出的电子邮件能够瞬间到达。如同普通邮政信件的地址一样，电子邮件也需要发件人或收件人地址，它们都被称为电子邮件地址。电子邮件地址由一系列字符组成，书写格式为：用户名@邮件服务器的域名，@符号的意思是"位于"，例如有电子邮件地址 zhangyan@163.com，其中"zhangyan"为电子邮件拥有者的用户名，"163.com"为提供电子邮件服务的服务器的域名，相当于电子邮局名称，该电子邮件地址的含义为：电子邮件用户 zhangyan 位于 163 电子邮件服务器上。电子邮件既可以传送文本信息，也可以传送图片、声音、动画和视频等多媒体信息，除此之外，电子邮件的附件功能还可以让电子邮件附带上任何的数据文件进行传送，这大大提高了电子邮件服务的功能。在 3.1.7 节中还将详细介绍电子邮件的收发方法。

（6）电子公告板服务。

电子公告板服务（Bulletin Board Service，BBS）是 Internet 提供的一种在线的信息交流服务，目前使用得较为广泛。一般地，将提供电子公告板服务的系统称为 BBS 系统，人们也常将 BBS 系统称为"论坛"。在 BBS 上，用户可以发布信息和阅读他人发布的信息，也可以通过回复的方式发表针对其他用户信息的看法。早期的 BBS 是一种基于 Telnet 协议的 Internet 应用，提供 BBS 服务的主机安装了一种 BBS 服务器软件系统，用户端通过 Telnet 客户端软件登录到 BBS 服务器上，然后才能阅读和发表信息。当前，BBS 系统广泛采用了 WWW 服务，用户只需利用浏览器，通过访问网页的方式即可轻松地享用 BBS 服务。

3.1.5　浏览器

浏览器（Browser）是网络用户访问 WWW 服务的一种软件，它可以显示 Web 服务器或普通文件系统上的网页文件，而且可以让用户与网页文件进行交互，它可以算得上是用户访问 Internet 时使用得最为频繁的网络客户端软件。通过浏览器，用户可以浏览网页中嵌入的文本、图片、声音、动画和视频等内容。浏览器通过 HTTP 协议与 Web 服务器进行交互，它根据 Internet 用户提供的 Web 服务器的 IP 地址或域名获取 Web 服务器提供的网页。大部分浏览器除了能访问基于 HTTP 的网页以外，还支持 HTTPS、FTP 和 Gopher 等协议提供的数据内容。

常用的浏览器软件有微软公司（Microsoft）的 Internet Explorer（简称 IE）、苹果公司（Apple）的 Safari、谷歌公司（Google）的 Chrome 和 Mozilla 公司的 Firefox 等，对于国内用户，比较常用的浏览器软件还有傲游浏览器（Maxthon）和 360 安全浏览器等。下面对以上常用的浏览器进行简要介绍。

1. Internet Explorer

IE 浏览器是微软公司推出的一款网页浏览器，目前 IE 在 Internet 用户中使用得较为普遍。IE 浏览器的主界面如图 1-3-7 所示。

图 1-3-7　IE 浏览器的主界面

IE 浏览器的主界面由标题栏、地址栏、搜索栏、菜单栏、主窗口、常用按钮和状态栏组成。地址栏为用户提供了输入网页地址的地方，用户在输完地址后，按回车键即可让浏览器连接并打开指定的网页；搜索栏提供了搜索引擎的功能；菜单栏提供了与网页浏览相关的功能和浏览器的配置功能等；主窗口用于显示网页的内容，在主窗口中可以打开多个选项卡，用于显示不同的网页；常用按钮分散在整个界面的上方，它采用按钮的方式实现了菜单栏中比较常用的功能，如返回、前进、刷新、停止、收藏夹和快速导航等功能；状态栏用于显示浏览器当前的动作，如正在打开网页等。

2．Safari

Safari 浏览器是苹果计算机的操作系统 Mac OS 中的默认浏览器，也是 iPhone 手机、iPodTouch、iPad 平板电脑中 iOS 操作系统指定的默认浏览器，它与苹果公司生产的计算机相关设备具有很好的兼容性。从 2007 年开始，苹果公司开始推出适用于 Windows 系列操作系统的 Safari 浏览器。Safari 浏览器界面比较简单，主要由前进/后退/书签/添加书签按钮、地址栏、搜索栏、标签栏、浏览区域组成。Safari 浏览器的主界面如图 1-3-8 所示。

图 1-3-8　Safari 浏览器的主界面

3. Chrome

Chrome 浏览器全名为 Google Chrome，也称谷歌浏览器，是由谷歌公司推出的浏览器软件，它具有适用于 Windows、Mac OS 和 Linux 等操作系统的版本，与 Safari 浏览器一样，它也不仅适用于计算机，还适用于手机和平板电脑等便携式电子设备。

4. Firefox

Firefox 浏览器全名为 Mozilla Firefox，也称火狐浏览器，是由 Mozilla 基金会采用开放源代码和社区共同开发的，它具有适用于 Windows、Mac OS 和 Linux 操作系统的版本，同时它可以运行在基于安卓系统（Android）的手机和平板电脑上。

5. 傲游浏览器

傲游浏览器（Maxthon）具有适用于 Windows、Android、Mac OS 和 iOS 操作系统的版本，并支持基于 Android 系统的手机和平板电脑、iPhone 和 iPad 等便携式设备。傲游浏览器具有多功能、个性化、多标签等特性，支持各种外挂工具及插件。2012 年底，傲游浏览器发布了支持多平台的云浏览器，该版本的傲游浏览器开始支持云推送、云下载和云引擎等功能。

6. 360 安全浏览器

360 安全浏览器是一款由 360 安全中心推出的基于 IE 内核的浏览器软件，它也拥有适用于手机和平板电脑的版本，其特色在于采用了有效的恶意网址拦截技术，拥有恶意网址库，可自动拦截挂马、欺诈、网银仿冒等恶意网页，并能自动提醒用户正在访问的网站存在的安全风险。

3.1.6　文件的上传和下载

资源共享是 Internet 的重要功能之一，为了达到资源共享的目的，在 Internet 上经常需要在计算机之间传送文件，人们将这种传送文件的操作称为文件的上传和下载。一般地，文件的上传是指在 Internet 上将本地计算机内的文件复制到其他计算机的过程，文件的下载是指在 Internet 上将其他计算机内的文件复制到本地计算机的过程。随着计算机软件技术的不断发展，能够执行文件上传和下载功能的软件也越来越多，使用的方法也多种多样，常用的文件上传和下载工具有 FTP 客户端、浏览器、迅雷、FlashGet 等。下面以常用工具软件为例介绍文件的上传和下载方法。

1. 利用 FTP 客户端软件实现文件的上传和下载

FTP 客户端软件可以将本地计算机的文件上传至 FTP 服务器，或将文件从 FTP 服务器下载至本地计算机，常用的 FTP 客户端软件有 LeapFTP、CuteFTP、FlashFTP 等，下面以 LeapFTP 软件为例介绍利用 FTP 客户端软件实现文件上传和下载的方法。

LeapFTP 软件的主界面如图 1-3-9 所示，它由菜单栏、工具栏、地址栏、用户信息栏、本地资源窗口、服务器资源窗口等组成，其中本地资源窗口显示本地磁盘中的文件目录，服务器资源窗口显示 FTP 服务器上的文件目录。

在地址栏中，输入 FTP 服务器的地址，并输入用户名、口令和端口号，然后单击地址栏右侧的"转到"按钮，LeapFTP 就自动连接上 FTP 服务器，服务器资源窗口将显示出 FTP 服务器上的文件目录，如图 1-3-10 所示。

在本地资源窗口中，在指定的文件上右击，在弹出的快捷菜单中选择"上传"选项即可把本地文件上传至 FTP 服务器。

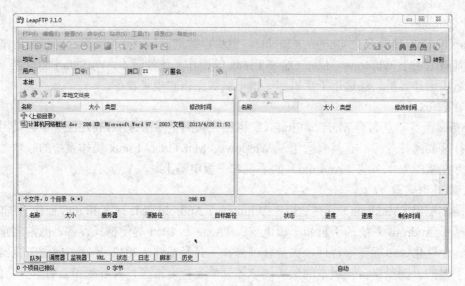

图 1-3-9　LeapFTP 的主界面

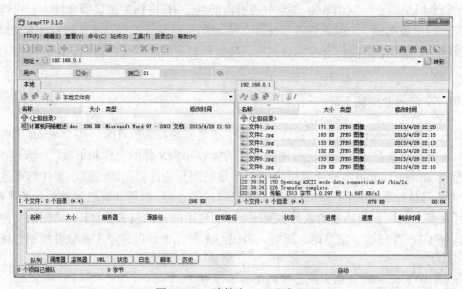

图 1-3-10　连接上 FTP 服务器

在服务器资源窗口中，在指定的文件上右击，在弹出的快捷菜单中选择"下载"选项即可把 FTP 服务器上的文件下载至本地。

单击 FTP→"断开"命令，本地计算机将与 FTP 服务器断开，本地计算机不能再使用 FTP 服务器上的文件资源。

2. 利用浏览器实现文件的上传和下载

下面以 163 网络磁盘为例介绍在 IE 浏览器中上传文件的方法。网络磁盘是网络服务商为 Internet 用户提供的数据存储托管业务，用户通过 Internet 将本地的文件上传到网络磁盘上，可以减少本地磁盘空间的占有量，也可以提高数据使用的方便性。

163 邮箱中附带了网络磁盘功能，在使用该功能前，需要申请一个 163 电子邮箱。163 网络磁盘的首页如图 1-3-11 所示。

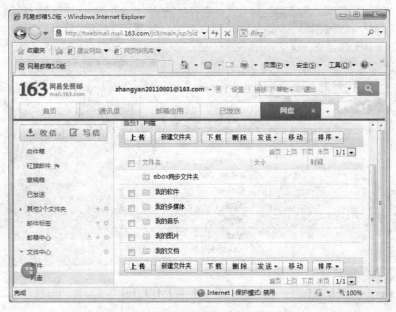

图 1-3-11　163 网络磁盘的首页

　　单击"上传"按钮，弹出"选择要上载的文件"对话框，选择好要上传的文件后单击"打开"按钮，弹出"上传文件"对话框，如图 1-3-12 所示，在其中可以看到文件上传的进度。

图 1-3-12　文件上传进度

　　上传完毕后，单击"确定"按钮，在网络磁盘的主页上即可看到新上传的文件，如图 1-3-13 所示。

　　下面以下载 Cubase 软件为例介绍在 IE 浏览器中下载文件的方法。在 Internet 上找到下载 Cubase 软件的链接后，在该链接上右击，在弹出的快捷菜单中选择"目标另存为"选项，如图 1-3-14 所示，浏览器会弹出"文件下载"对话框，如图 1-3-15 所示，单击"保存"按钮，浏览器弹出"另存为"对话框，由用户选择文件的存储路径。

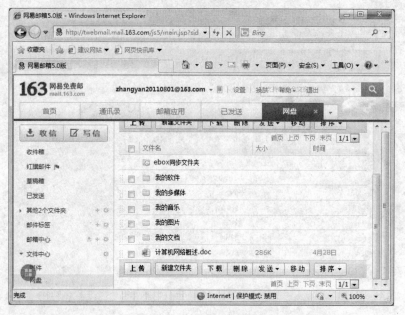

图 1-3-13 文件上传成功

图 1-3-14 用 IE 浏览器下载链接指定的文件

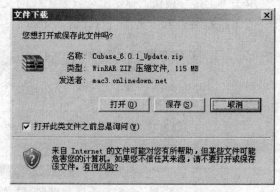

图 1-3-15 "文件下载"对话框

单击"另存为"对话框中的"保存"按钮，浏览器开始下载文件并弹出文件下载进度对话框，如图 1-3-16 所示，选中"下载完毕后关闭该对话框"复选框，当文件下载完成后浏览器会自动关闭文件下载进度对话框。

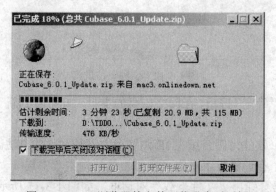

图 1-3-16 IE 浏览器的文件下载进度对话框

3. 利用迅雷实现文件的上传和下载

迅雷软件是当前比较常用的一种客户端下载软件，用户在安装迅雷软件后，在浏览器的快捷菜单中将自动集成迅雷下载功能，因此用户可以不必事先打开迅雷软件，而是通过浏览器的快捷菜单视情况来调用迅雷软件的下载功能。

通过浏览器找到要下载的文件的链接地址后，在超级链接上右击，在弹出的快捷菜单中选择"使用迅雷下载"选项，如图 1-3-17 所示。随即迅雷软件自动启动，并弹出选择文件存储路径的对话框，如图 1-3-18 所示。

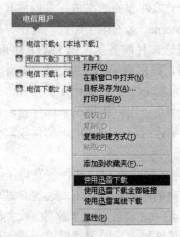

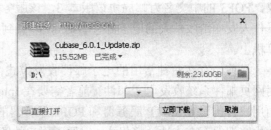

图 1-3-17　使用迅雷下载文件　　　　　　图 1-3-18　选择文件存储路径

文件的存储路径选择完成后单击"立即下载"按钮，出现迅雷软件的主界面，如图 1-3-19 所示，此时可以看到文件的下载进度。

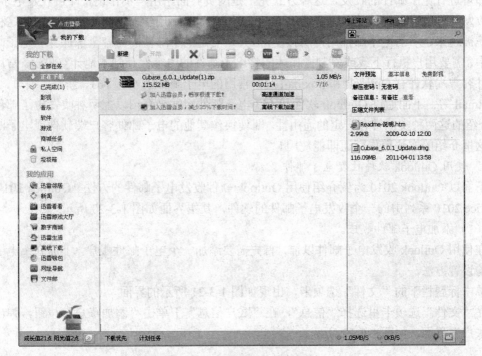

图 1-3-19　迅雷软件的主界面

　　如果已经知道文件的下载地址，需要在迅雷软件中直接进行下载，则单击迅雷软件主界面中的"新建"按钮，然后输入或粘贴文件的下载地址，也可以完成文件的下载操作。

3.1.7　收发电子邮件

　　电子邮件的出现与普及改变了人们传统的通信方式，改善了人们的信息交流方法，通过Internet 收发电子邮件也成为了许多人的日常工作。通常，将发送电子邮件的一方称为发件人，将接收电子邮件的一方称为收件人，一般地，人们也将发送方和接收方的电子邮件地址分别称为发件人和收件人。在 Internet 上，有一些专门提供电子邮件服务的主机，人们称其为电子邮件服务器，类似于现实生活中的邮局。一般情况下，Internet 上的电子邮件系统中存在两种电子邮件服务器：发送邮件服务器和接收邮件服务器。发送邮件服务器采用 SMTP 协议，SMTP的中文名为简单邮件传输协议，该服务器的作用是为用户提供电子邮件发送服务，并将发件人的邮件投递到收件人的电子邮箱中；接收邮件服务器采用 POP3（Post Office Protocol 3）协议，POP3 的中文名为邮局协议版本 3，该服务器的作用是为用户提供电子邮件接收服务，将发件人发送给收件人的电子邮件暂时寄存，直到用户从邮件服务器上将电子邮件收取到本地计算机上。

　　目前，存在两种常用的电子邮件收发方式：使用电子邮件客户端软件收发电子邮件和使用网页邮件系统收发电子邮件。前者需要在 Internet 用户的本地计算机上安装客户端软件，并由用户自己设置 SMTP 服务器和 POP3 服务器的地址，然后才能收发电子邮件，收发的电子邮件内容都保存在本地计算机上，方便了用户的阅读，但是这种收发的方式要求电子邮件用户需要懂得一些电子邮件收发的简单原理和客户端软件的设置方法，对使用电子邮件的初学者来讲存在一定的困难。后者只需要用浏览器，并通过用户的电子邮件账号和密码登录到电子邮件系统，即可进行电子邮件的收发，这种方式完全是网页界面，用户不作设置即可收发电子邮件，并且收发邮件的过程也很简单，普通的 Internet 用户几乎不用学习就可以操作，因此这种方式目前正被越来越多的电子邮件用户所接受，但其缺点是电子邮件的内容全部保存在电子邮件服务器中，需要用户执行下载或复制操作才能将电子邮件的内容保存到本地计算机上。常用的电子邮件客户端软件有 Outlook 和 Foxmail 等，常用的电子邮件网站有 163、新浪、搜狐、Gmail和 Hotmail 等。下面通过 Outlook 软件和 163 电子邮件网站来介绍以上两种收发电子邮件的方法，介绍的这两种实例带有一定的通用性，即使换作其他的电子邮件客户端软件或电子邮件网站，这里介绍的方法稍作变通即能使用。

　　1. 使用 Outlook 软件收发电子邮件

　　下面以 Outlook 2010 为例介绍使用 Outlook 软件收发电子邮件的方法。Outlook 2010 是微软 Office 2010 系列中的一个收发电子邮件的软件，其主界面如图 1-3-20 所示。

　　（1）添加电子邮件账户。

　　在使用 Outlook 收发电子邮件以前，首先需要添加一个电子邮件账户，下面介绍电子邮件账户的设置方法。

　　单击标题栏下的"文件"选项卡，出现如图 1-3-21 所示的界面。

　　在"文件"选项卡里选择"信息"，在"账户信息"下单击"添加账户"按钮，弹出"添加新账户"界面，如图 1-3-22 所示。

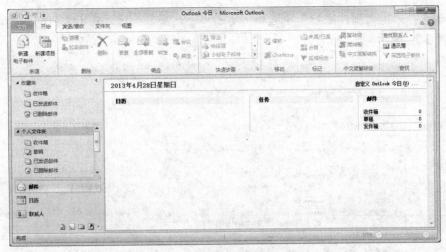

图 1-3-20　Outlook 软件的主界面

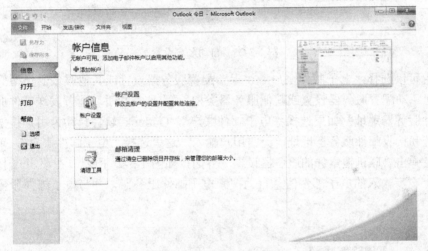

图 1-3-21　"文件"选项卡

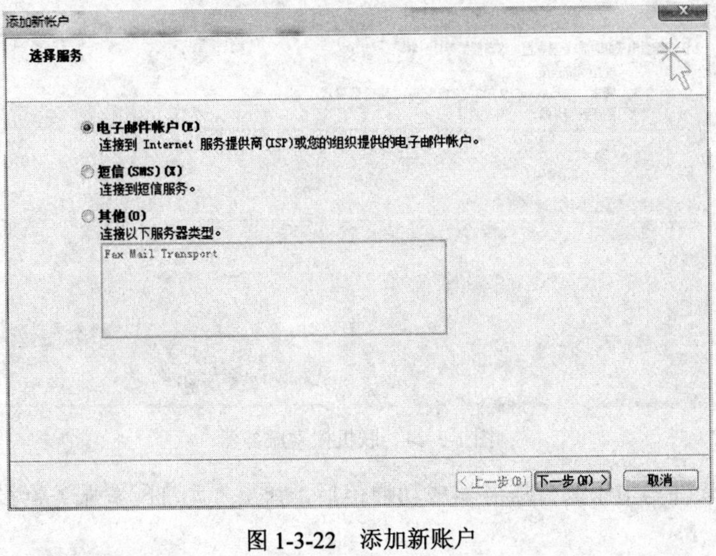

图 1-3-22　添加新账户

在其中选择"电子邮件账户"单选项，单击"下一步"按钮，弹出"自动账户设置"界面，如图 1-3-23 所示。

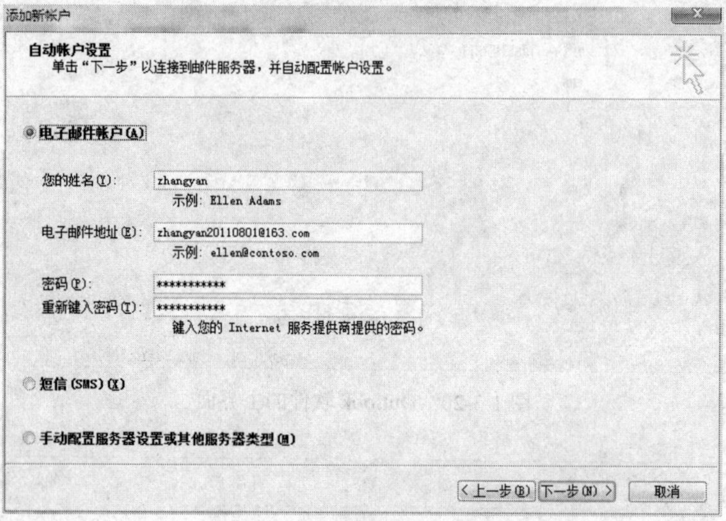

图 1-3-23　自动账户设置

在其中可以选择"电子邮件账户"、"手动配置服务器设置或其他服务器类型"等选项。如果选择"手动配置服务器设置或其他服务器类型"，需要用户手动配置发送邮件服务器地址和接收邮件服务器地址；如果选择"电子邮件账户"，Outlook 软件自动为用户搜索发送邮件服务器地址和接收邮件服务器地址，无需用户输入。这里选择"电子邮件账户"，单击"下一步"按钮，弹出"联机搜索您的服务器设置"界面，如图 1-3-24 所示。在该步骤中，Outlook 会根据在上一步输入的电子邮件信息自动搜索电子邮件服务器，并与电子邮件服务器进行通信。

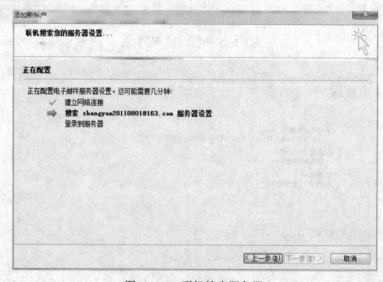

图 1-3-24　联机搜索服务器

当 Outlook 软件与电子邮件服务器成功通信后，弹出"允许配置服务器设置"界面，如图 1-3-25 所示。

图 1-3-25　允许配置服务器设置

单击"允许"按钮，Outlook 软件自动返回到图 1-3-24 所示的界面，并登录到电子邮件服务器发送一封测试邮件，发送成功后提示用户电子邮件账户配置成功，如图 1-3-26 所示。

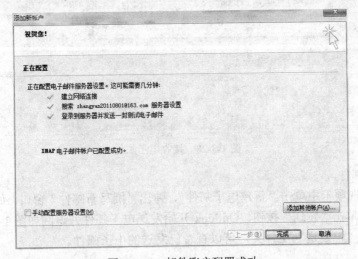

图 1-3-26　邮件账户配置成功

如果要设置多个电子邮件账户，单击"添加其他账户"按钮；否则，单击"完成"按钮，回到 Outlook 的主界面，如图 1-3-27 所示。单击左侧的"收件箱"文件夹，可以浏览该电子邮件账户里的邮件标题列表，双击邮件标题即可浏览该邮件的具体内容。

图 1-3-27　添加电子邮件账户完成后的主界面

（2）接收邮件。

在"发送/接收"选项卡中单击"发送/接收所有文件夹"，弹出"发送/接收进度"窗口，如图 1-3-28 所示。完成接收电子邮件后，返回如图 1-3-27 所示的主界面。

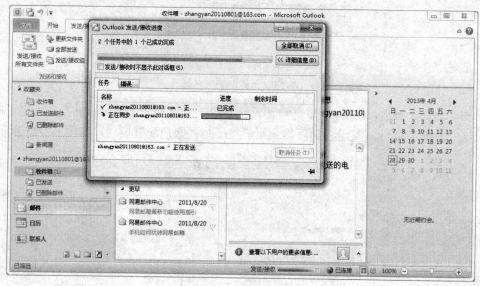

图 1-3-28　接收电子邮件

（3）发送邮件。

在"开始"选项卡中单击"新建电子邮件"，弹出"撰写新邮件"窗口，如图 1-3-29 所示。邮件撰写完成后单击"发送"按钮，Outlook 开始发送电子邮件并返回如图 1-3-27 所示的主界面。单击左侧的"已发送"文件夹，可以查看已发送的电子邮件。

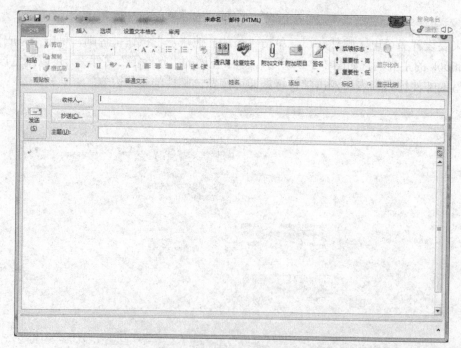

图 1-3-29　撰写并发送新邮件

2. 使用 163 电子邮件网站收发电子邮件

在 IE 浏览器的地址栏中输入 163 电子邮件网站的网址 http://mail.163.com，打开网页即可看到输入电子邮件账号和密码的地方，如图 1-3-30 所示。

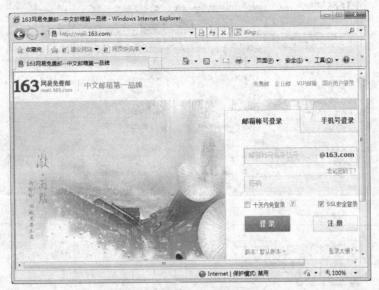

图 1-3-30　163 电子邮件网站的首页

输入电子邮件的账号和密码，单击"登录"按钮，浏览器中出现用户电子邮箱的主页界面，如图 1-3-31 所示。

图 1-3-31　用户电子邮箱的主页界面

单击左侧导航栏中的"收件箱"超级链接，进入查看已收到电子邮件的界面，如图 1-3-32 所示。在"收件箱"界面里，用户可以查看到包含未阅读的新邮件和已阅读的旧邮件在内的邮件标题列表，其中标题加黑的电子邮件为新邮件。

在图 1-3-32 中，单击邮件的标题即可进入查看该电子邮件内容的界面，如图 1-3-33 所示。

单击左上角的"写信"按钮，进入到发送邮件的页面，如图 1-3-34 所示。

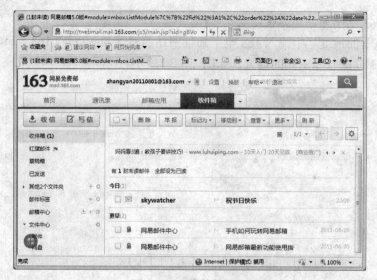

图 1-3-32　收件箱界面

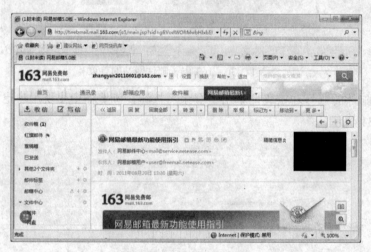

图 1-3-33　查看邮件内容

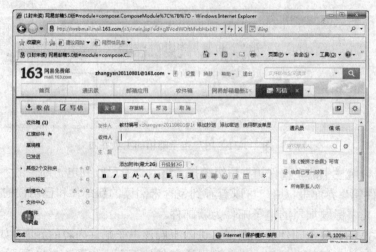

图 1-3-34　发送电子邮件

在"收件人"框里输入收件人的电子邮件地址,在"主题"框中填入电子邮件的标题,在下面的大文本框中输入电子邮件的内容,如果需要在电子邮件里发送其他文件,则单击"添加附件"进行操作。输入完电子邮件的信息后单击"发送"按钮即可完成电子邮件的发送工作,电子邮件系统会返回一个发送成功页面,如图 1-3-35 所示。目前大多数电子邮件网站系统都提供了丰富的电子邮件内容编辑功能,用户可以在"内容"框中插入图片、动画、声音和视频等多媒体内容,让用户可以发送丰富多彩的电子邮件。

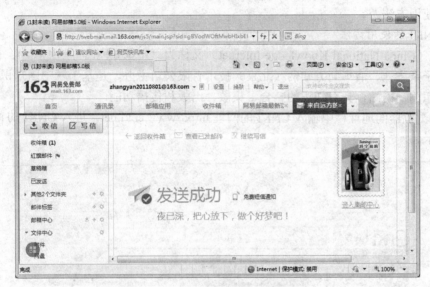

图 1-3-35 发送成功后返回的页面

3.2 信息检索

3.2.1 信息检索概述

信息检索(Information Retrieval)是指根据用户的需要找出相关信息的过程和技术,它把用户想要的信息按一定的方式组织起来,然后提供给用户。信息检索起源于图书馆的参考咨询和文摘索引工作,以前的检索手段主要为手工检索、机械检索和计算机检索。

随着计算机技术和 Internet 技术的不断发展和推广,图书馆的信息检索逐渐变得信息化和网络化,出现了许多通过 Internet 进行访问的电子图书馆,需要检索信息的用户在家里、办公室或其他能访问 Internet 的地方都能通过 Internet 进入到电子图书馆系统,不需要图书馆管理员的帮助就可以随意检索自己想要的信息。目前,国内高校基本上都建立了自己的电子图书馆,但一般只对本校内部师生开放。国内对公众开放的常见电子图书馆有 CNKI、维普、超星图书馆等,普通 Internet 用户一般可以在这些电子图书馆中查询到文献的摘要信息,只有在支付一定的费用后才能下载到文献的全文。

当前,信息检索技术不再局限于图书馆的文献咨询和检索,而是延伸到 Internet 上海量信息的检索。Internet 发展到今天,各种以网页形式出现的信息每天都在大量地增加,如果普通用户只是靠记忆网址或逐个点击链接的方式去检索互联网上的信息,那将变得异常困难。为了满足 Internet 用户的这种信息检索需求,许多专业的搜索网站应运而生了,人们也称其为搜索引擎，一般地，将在搜索引擎上检索信息称为"搜索"信息。各种搜索引擎的功能正变得越来越强大，用户不但可以搜索常规的网页，还可以按照文件类型搜索文件、图片等。目前，常用的搜索引擎网站有百度、谷歌（Google）、搜狗等。

3.2.2 网络电子图书馆

本节以中文的 CNKI 电子图书馆和英文的 SpringerLink 电子图书馆为例介绍网络电子图书馆的基本使用方法。

1. CNKI 的使用方法

CNKI（China National Knowledge Internet）又称为"中国知网"，它由中国学术期刊（光盘版）电子杂志社、清华同方知网（北京）技术有限公司主办，是基于《中国知识资源总库》的中文知识门户网站，具有知识的整合、集散、出版和传播功能。

在 IE 浏览器的地址栏中输入 CNKI 的网址 http://www.cnki.net，进入 CNKI 的首页，如图1-3-36 所示。

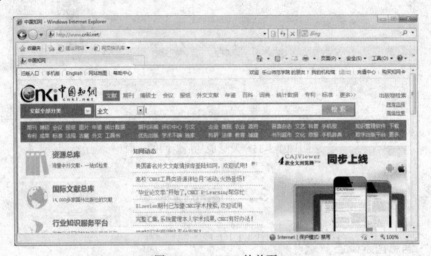

图 1-3-36 CNKI 的首页

单击左侧的"资源总库"超级链接，进入选择文献所在数据库的页面，如图 1-3-37 所示。

图 1-3-37 资源总库页面

　　CNKI 的资源数据库包括期刊数据库、学位论文数据库等，用户可以根据待检索文献的类型选择合适的资源数据库进行文献的检索。下面以检索期刊文献为例介绍 CNKI 的文献检索方法。

　　单击"中国学术期刊网络出版总库"进入文献检索页面，如图 1-3-38 所示。

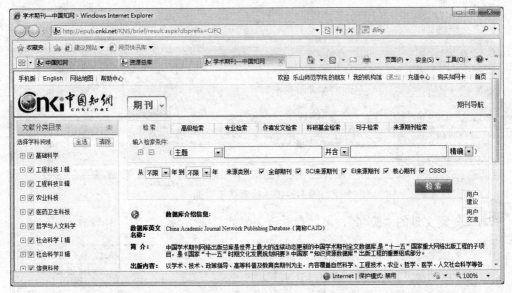

图 1-3-38　文件检索页面

　　可以在检索页面右侧的文本框里输入文献检索条件。如果要增加检索条件，单击"主题"左面的田将增加一套检索条件输入框，如图 1-3-39 所示。在左侧的下拉列表框里还可以选择检索条件。

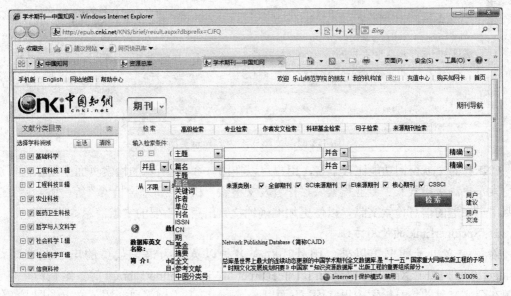

图 1-3-39　选择检索条件

　　输入完检索条件后单击"检索"按钮，进入检索结果页面，如图 1-3-40 所示。其中显示了检索出的文献的篇名、作者、刊名等信息。

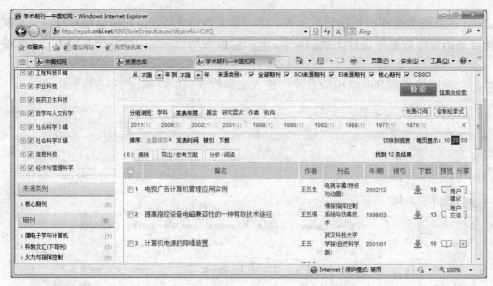

图 1-3-40　检索结果页面

单击某一篇文献的"篇名"，可以查看该文献的详细信息，如图 1-3-41 所示。

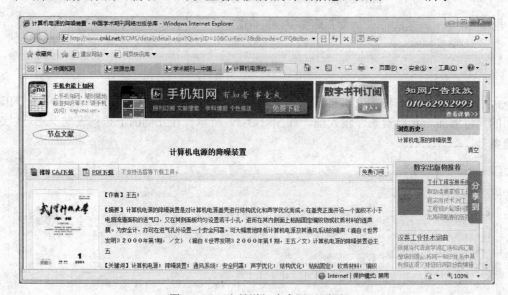

图 1-3-41　文献详细内容显示页面

　　CNKI 的文献查询功能比较丰富，用户可以在图 1-3-38 所示的检索页面中根据需要选择"检索"、"高级检索"、"专业检索"、"作者发文检索"和"科研基金检索"等检索功能，然后按照用户知道的信息检索文献，以便更加准确地检索出用户需要的文献信息。

　　2. SpringerLink 的使用方法

　　除了中文电子图书馆以外，国外还存在多种以英文为语言载体的电子图书馆，如 SpringerLink、IEEE Xplore、ElsevierScienceDirect、Wiley Online Library 等，这些网络电子图书馆在英文文献的信息检索中很常用。下面以 SpringerLink 为例简要介绍英文电子图书馆的使用方法。SpringerLink 是德国 Springer-Verlag（斯普林格）公司通过 Internet 发行的电子全文期刊检索系统，它包含了多种英文期刊，并涉及到多个学科。SpringerLink 的网址是

http://www.springerlink.com/，其首页如图 1-3-42 所示，通过该页面的信息检索框用户可以实现一些简单的信息检索功能。

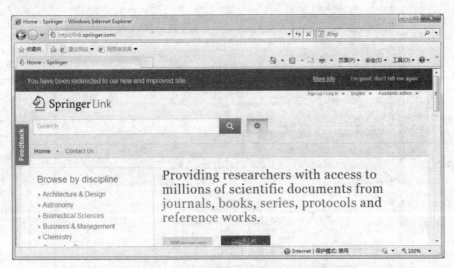

图 1-3-42　SpringerLink 的首页

如果用户需要在 SpringerLink 中进行复杂的信息检索，可以单击信息检索框旁边带有齿轮图案的按钮，然后单击 Advanced Search 打开高级检索页面，如图 1-3-43 所示。

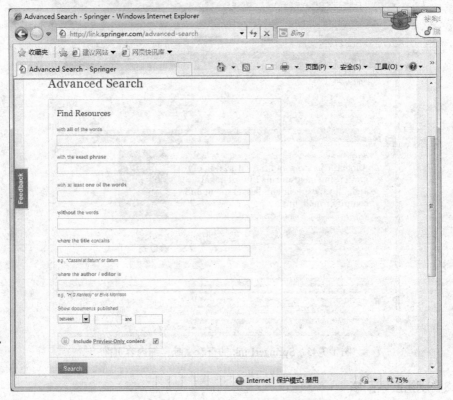

图 1-3-43　SpringerLink 的高级检索页面

输入检索信息后单击 Search 按钮，进入检索结果页面，如图 1-3-44 所示。

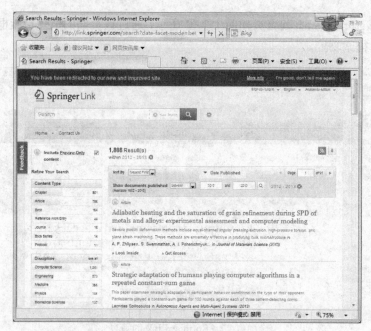

图 1-3-44　SpringerLink 的检索结果页面

在其中单击文献的篇名，进入查看文献详细内容的页面，如图 1-3-45 所示。

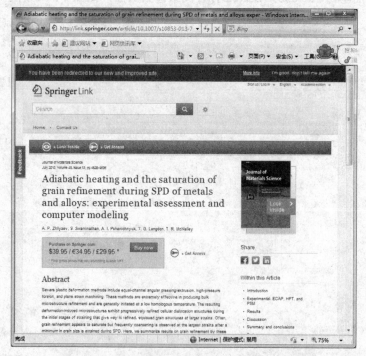

图 1-3-45　SpringerLink 的查看文献详细内容页面

3.2.3　网络搜索引擎

目前常用的网络搜索引擎有百度、谷歌和搜狗等，其首页分别如图 1-3-46 至图 1-3-48 所示。

图 1-3-46 百度首页

图 1-3-47 谷歌首页

图 1-3-48 搜狗首页

本节以百度为例介绍网络搜索引擎的使用方法。

百度是全球最大的中文搜索引擎，它为 Internet 用户（尤其是中文用户）提供了功能多样的网络搜索产品，除了常规的网页搜索外，还提供了以贴吧为主的社区搜索、针对各区域和行业所需的垂直搜索、音乐搜索等，基本覆盖了中文网络世界的信息搜索需求。用户只需将待搜索的关键词输入到图 1-3-46 所示的搜索框中，然后单击"百度一下"按钮，系统将返回与该关键词相关的信息，用户单击相关信息的标题即可进入相关的网页。

在百度里实现的最简单的搜索就是搜索单个关键词，例如搜索关键词"计算机"相关的信息，搜索的结果如图 1-3-49 所示。

为了更加准确地搜索到用户想要的信息，有时需要提供多个关键词进行搜索，例如搜索与"计算机"和"百科"两者相关的信息，需要将这两个关键词都输入到搜索框中，并且用空格分开，搜索的结果如图 1-3-50 所示。

另外，还可以指定信息搜索结果的类型，如图片、音乐等，只需在图 1-3-49 所示搜索结果的基础上单击页面顶端的"图片"超级链接，即可获得与"计算机"相关的图片搜索结果，如图 1-3-51 所示。

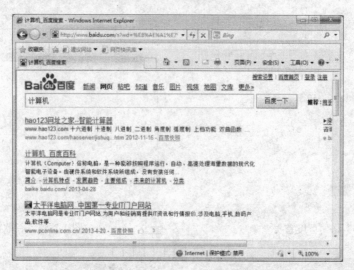

图 1-3-49　单个关键词的搜索结果

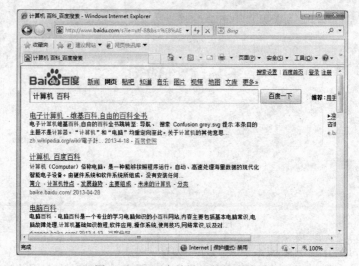

图 1-3-50　两个关键词的搜索结果

图 1-3-51　图片搜索结果

通过在关键词中加入特殊的命令可以在百度中搜索出更加精确的结果，下面列举 3 种常用的搜索命令。

在搜索框中输入 filetype:doc 命令和关键词，则可以搜索出与关键词相关的 Word 文档类型的文件，如图 1-3-52 所示。

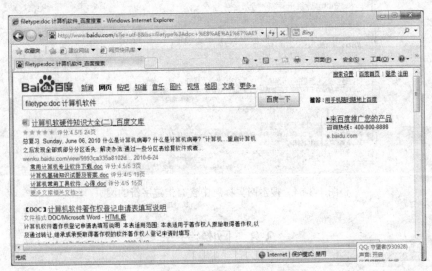

图 1-3-52　搜索指定类型的文件

在搜索框中输入 inurl:www.lstc.edu.cn 命令和关键词，则可以搜索出与关键词相关的、网址中含有 www.lstc.edu.cn 的网页，如图 1-3-53 所示。

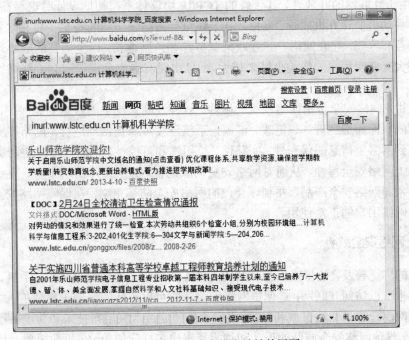

图 1-3-53　搜索含有指定地址的网页

在搜索框中输入"intitle:乐山师范学院"命令和关键词，则可以搜索出与关键词相关的、网页标题中含有"乐山师范学院"的网页，如图 1-3-54 所示。

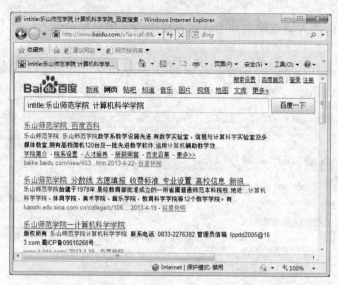

图 1-3-54   搜索网页标题中含有指定字符的网页

3.3   网络安全

3.3.1   网络安全概述

计算机网络本身存在一定的复杂性，在其设计、建设和应用的过程中难免会存在各种漏洞，同时，由于互联网的开放性，其依赖的 TCP/IP 协议体系在初期设计时也存在诸多的缺陷，这些都为各种动机的计算机病毒、网络攻击、蠕虫等网络安全威胁提供了可乘之机。随着互联网的不断普及和推广，互联网用户和互联网业务都在急剧增长，以上提到的威胁带来的网络安全问题对广大互联网用户的影响也越来越大，一旦出现网络安全问题就会给网络用户带来一定的损失。

一般来讲，网络安全是指网络系统的硬件、软件及其系统中的数据受到保护，不会因偶然的或者恶意的原因而遭到破坏、更改、泄露，系统连续可靠正常地运行，网络服务不中断。网络安全涉及到网络上信息的保密性、完整性、可用性和可控性，网络安全威胁利用网络存在的漏洞破坏以上网络安全特性，从而对网络安全构成危害。为了保障网络安全，需要选择适当的网络安全技术和网络安全产品，并制订合理的网络安全防御策略，在保障网络安全的同时，也尽量不干扰网络用户的正常使用。

3.3.2   网络安全威胁

互联网的广泛普及，使得接入互联网的工具不再局限于传统的计算机，手机、平板电脑等便携式设备也可以访问互联网，这使得网络安全威胁可以破坏的范围正逐渐扩大。为了从数量庞大的互联网用户那里非法谋取利益，网络安全威胁制造者利用新技术和新设备不断产生出新的威胁方法，导致网络安全威胁的形式和种类呈现出多样化的趋势，下面简要介绍一些常见的网络安全威胁。

1. 计算机病毒

计算机病毒在《中华人民共和国计算机信息系统安全保护条例》中被定义为：编制者在

计算机程序中插入的破坏计算机功能或者破坏数据,影响计算机使用并且能够自我复制的一组计算机指令或者程序代码。计算机病毒是一组非法的指令集或程序代码,它利用计算机软硬件或计算机网络系统存在的缺陷,通过存储介质或计算机网络,由一台计算机传染给另一台计算机,进而破坏被感染计算机的系统或数据,或者影响被感染计算机的正常工作。许多计算机病毒还会影响被感染计算机所在的本地计算机网络,导致网络通信速度变慢,甚至引起网络拥塞,使本地计算机网络完全丧失通信的能力。

计算机病毒具有传染性、非授权可执行性、破坏性、隐蔽性、可触发性和潜伏性等特性,这些特性使得普通用户难以发现和清除计算机病毒,甚至用户完全不知道计算机病毒已经对其计算机系统造成了损害。某些计算机病毒具有相同的特性,一般将特性相同的计算机病毒归为一类。目前,已存在多个种类的计算机病毒,可以按照不同的方式对计算机病毒进行分类。按照传染方式,计算机病毒分为引导型病毒、文件型病毒和复合型病毒;按照破坏性,计算机病毒分为良性病毒和恶性病毒;按照寄生媒介,计算机病毒分为入侵型病毒、源码型病毒、外壳型病毒和操作系统型病毒。

随着互联网的不断普及和互联网业务的不断推广,计算机病毒通过互联网进行传播的态势正在加剧。与此同时,互联网用户也在不断增多,互联网用户之间通过电子邮件、即时通信软件、文件传输软件等工具在互联网上传递文件的时候越来越多,同时,一些用户也会在形形色色的网站上下载各种免费资源,或者浏览一些带有诱惑性的网页,计算机病毒往往就隐藏在这些文件、资源和网页中,这无疑提高了计算机病毒的传染速度,并扩大了计算机病毒的影响范围。为了最大限度地降低计算机病毒对计算机系统的影响,计算机用户应养成良好的计算机使用习惯,提高防病毒意识,多关注媒体发布的流行病毒预告,尽可能多地了解一些计算机病毒的防治知识。对于普通计算机用户而言,只靠自己的防毒常识还不足以抵挡计算机病毒的侵袭和破坏,一般还需要依赖于防御和清除计算机病毒的专业软件。

2. 网络攻击

网络攻击是指利用计算机网络存在的漏洞和安全缺陷对网络和计算机系统的硬件、软件及系统中的数据进行的攻击。总体上讲,网络攻击包括两种方法:被动攻击和主动攻击。被动攻击采用搭线窃听、无线截获、嗅探数据和流量分析等手段来获取有用信息,它收集信息但不访问他人的系统,只是通过监听、分析数据流与数据模式来获得有价值的信息,它一般为主动攻击做准备,不易被发现。主动攻击一般在被动攻击的基础上进行,包括欺骗攻击、口令攻击、拒绝服务攻击(DoS)、后门攻击和恶意代码攻击等,主动攻击利用网络或计算机系统存在的漏洞或缺陷破坏系统数据的完整性或可用性。

一般地,我们将利用网络攻击破坏或窃取计算机网络资源的人称为黑客。黑客一词来源于英文单词 Hacker 的音译。实际上,黑客这个称呼最初并不带有贬义,它指那些精通计算机编程语言和系统、热衷于计算机技术、爱好研究和编写计算机程序的人员,他们对计算机以及计算机网络有着狂热的兴趣和执着的追求,他们乐于挑战计算机难题,善于研究、发现和修补计算机和网络漏洞。但是,在当今,黑客已被普遍地认为是专门利用计算机和互联网技术制造恶作剧和破坏的恶意入侵者,他们虽然有高超的计算机技术,却往往利用计算机网络或他人计算机系统的漏洞肆意妨碍计算机网络的正常运行或破坏他人的计算机系统,窃取别人的机密,以满足自己的虚荣心及经济利益,因此黑客这个词在现在一般带有贬义。当前,黑客攻击事件每年都在不断递增,由此带来的损失也在不断加大。

网络攻击已成为影响网络安全的最显著问题之一,它带来的经济损失和社会不良影响难以估计，已引起社会各个层面的高度重视。

3. 蠕虫

蠕虫（Worm）是能够自己复制自己的一个或一组恶意程序，它与计算机病毒的最大区别在于，蠕虫不需要宿主程序，其本身是一个独立的程序。蠕虫程序是独立存在的，它不需要附着在其他程序上就能够通过计算机网络进行自我传播。当网络内的计算机大规模地感染蠕虫程序后，传播速度极快的蠕虫程序会大量消耗网络带宽资源，从而导致计算机网络大面积拥塞甚至瘫痪。计算机感染蠕虫后，其系统行为显得极不寻常，运行速度变慢。

4. 特洛伊木马

特洛伊木马程序（Trojan horse）简称"木马"，是一种恶意程序，以希腊传说中的"特洛伊木马"而得名，它由服务器程序和远程控制程序组成。木马程序利用病毒、黑客入侵、欺骗或使用者的疏忽将其服务器程序安装到用户系统中，它一般没有自我复制能力，但具有很强的伪装性，普通网络用户难以发现其踪迹。木马程序渗透进网络用户的计算机系统后，便利用其远程控制程序窥探、窃取或破坏用户的数据，为其控制者谋利。国内比较出名的木马程序主要有冰河（Trojan.BingHe）、灰鸽子（Hack. Huigezi）等。

5. 钓鱼程序

钓鱼程序通过各种方式伪装成正规网络服务提供商来骗取受害人的账号、密码等敏感隐私信息，是存在于互联网中的一种恶意诈骗手段。典型的钓鱼程序隐藏于钓鱼网站中，它通过构造与某一目标网站高度相似的页面来达到欺骗网络用户的目的，例如它伪装成某银行网站，仿冒网站的外观或网址，骗取用户输入网银账号和密码，给用户造成经济损失。

6. 垃圾邮件

垃圾邮件（Spam）一般指未经用户许可就强行发送到用户邮箱中的或与用户不相关的电子邮件。垃圾邮件最初并未引起人们的重视，但随着互联网的大量普及，垃圾邮件逐渐带来了许多负面的影响，如消耗网络带宽、泄漏隐私信息、增加维护费用和时间、损坏电子邮件中转站的名誉等，这些问题越来越引起互联网用户的担忧，也引起了网络安全界的普遍关注。

3.3.3 网络安全技术

为了应对网络安全威胁，保障网络安全，出现了多种网络安全技术。目前，常见的网络安全技术有反病毒技术、防火墙技术、入侵检测技术、漏洞扫描技术、密码技术、数字签名、公约基础设施（PKI）技术、入侵防御技术、风险评估技术、虚拟专用网（VPN）等，这些技术都有相关的网络安全产品或商业解决方案，普通用户一般使用具体的网络安全产品或解决方案去保障自己的网络安全。

1. 反病毒技术

反病毒技术与计算机病毒技术作为一对相互对抗的技术将一直长期存在，两种技术都在随着计算机技术和互联网技术的发展而不断发展。一般地，将利用反病毒技术防御、查找和清除计算机病毒的软件称为反病毒软件或防病毒软件，人们也通俗地将其称为杀毒软件。

目前，市场上已涌现出多种杀毒软件，各种杀毒软件的反病毒技术各有所长。常见的国产杀毒软件有：360杀毒软件、江民杀毒软件、瑞星杀毒软件和金山毒霸等，常见的国外杀毒软件有：卡巴斯基（Kaspersky）、迈克菲（MacAfee）、赛门铁克诺顿和 ESET NOD32 等。随着可以安装软件的智能手机及平板电脑等便携式电子设备的普及，出现了可以在手机、平板电脑之间进行传播的病毒，为了防御病毒对手机系统的破坏，部分杀毒软件厂商还开发出了针对手机的杀毒软件，如 360 手机卫士、瑞星手机杀毒软件、金山手机卫士等。

　　杀毒软件一般具有病毒监控识别、病毒扫描清除、病毒库自动升级等功能，一些杀毒软件还集成了防火墙和数据恢复等功能，但是市场上的杀毒软件品种繁多，普通用户一般难以判断杀毒软件的反病毒能力的高低。为了检测和评估各种杀毒软件的反病毒能力，出现了一些杀毒软件测评机构，例如 AV-Comparatives、VB100 等，这些机构对市场上出现的杀毒软件的反病毒能力进行测试并发布测试报告，普通计算机用户可以参考这些测试报告选择合适的杀毒软件。

　　2. 防火墙技术

　　防火墙技术是指通过部署网络安全策略（允许、拒绝、监视或记录），从而控制进出计算机网络的访问行为，它主要包括包过滤技术、状态包监测技术和代理服务器技术。防火墙技术按照事先规定好的配置和规则监测并过滤所有通向外部网络或从外部网络传来的信息，只允许授权的数据通过，但是它只能抵御来自外部网络的网络攻击，而对内部网络的安全却无能为力。集成了防火墙技术的产品称为防火墙（Firewall），它是一种网络访问控制软件或设备，是置于不同网络安全域之间的一系列部件的组合，是不同网络安全域间通信的唯一通道。按照防火墙的实现方式，防火墙分为硬件防火墙和软件防火墙。当前的防火墙产品主要有：华三公司的 SecPath 防火墙、华为公司的 USG 防火墙、思科公司的 ASA 防火墙、东软公司的 NetEye 防火墙、Juniper 公司的 NetScreen 防火墙、天融信公司的 NGFW 防火墙等。

　　3. 入侵检测技术

　　入侵检测技术是监视网络入侵或入侵企图的技术，它是一种主动的网络安全技术，也被称为防火墙的补充技术，它可以对来自网络内部和外部的攻击或其他网络资源滥用行为进行监测。入侵检测技术一般只对网络入侵行为进行报警，而不对网络数据包进行拦截、过滤等响应操作，因此它不影响计算机网络的性能。入侵检测系统（Intrusion Detection System，IDS）是集成了入侵检测技术的软件或硬件设备，它对网络数据包进行实时检查，并将网络特征信息与 IDS 中的入侵特征数据库比较，一旦发现有网络入侵的迹象，立刻通过各种方式进行报警或联动其他网络安全产品进行处理。常见的入侵检测系统产品有：启明星辰公司的天阗系列入侵检测系统、华为公司的 NIP 系列入侵检测系统等。

　　4. 漏洞扫描技术

　　漏洞扫描技术是检测网络系统中安全漏洞的一种网络安全技术，它可以扫描本地或远程系统中的安全配置和运行的服务是否存在安全脆弱性，利用漏洞扫描技术可以及时发现存在的网络安全漏洞，然后由网络安全管理员对网络系统的安全进行风险评估并采取相应的弥补措施，防范网络安全事件于未然。漏洞扫描技术可以和防火墙、入侵检测等网络安全技术相配合，综合提高网络安全保障能力。

第4章 Word 2010 基础及高级应用

知识要点:

- 文档的操作:新建、保存、打开、关闭。
- 文本录入及编辑:汉字、英文、特殊符号、日期和时间的录入;文本的选定、复制、移动、删除。
- 文档格式化:字符格式(字体、字号、加粗、倾斜等)的设置、复制;段落格式(对齐方式、缩进方式、行距、间距、边框、底纹等)的设置、复制;特殊格式(首字下沉、分栏、文字方向、项目符号和编号、中文版式等)的设置;模板的创建、使用。
- 查找与替换:简单的字符查找、替换;带格式的字符查找、替换;特殊字符的查找、替换。
- 图文混排:各种对象(图片、图形、文本框、艺术字、公式)的插入及编辑(选定、调整大小、移动、复制、删除、设置文字环绕方式、设置叠放次序)。
- 表格处理:表格的建立、移动、复制、删除、缩放,表格对象(单元格、行、列、表格)的选定,表格编辑(调整行高、列宽,行、列、单元格的插入、删除,单元格的合并、拆分),表格格式化(单元格文字及表格的对齐方式、边框、底纹;表格的文字环绕方式),表格的计算、排序,表格与文本的相互转换。
- 高级应用:批注、修订、文档保护;自动生成目录、目录更新;邮件合并。
- 版面设计:页眉页脚的创建、编辑、删除;设置页码;分页符与分节符的使用;页面设置(页边距、纸张大小及方向、页眉页脚的位置等)。
- 打印预览及文档打印。

Word 2010 是 Microsoft Office 2010 套装软件中的文字处理软件,主要用于日常的文字处理工作,如书写编辑信函、公文、简报、报告、学术论文、个人简历、商业合同等,能够处理各种图、文、表混排的复杂文件,实现类似杂志的排版效果。

4.1 Word 文档基本操作

4.1.1 Word 的启动和退出

1. 启动 Word

启动 Word 有多种方法,常用的有如下 4 种:

(1)单击"开始"→"所有程序"→Microsoft Office→Microsoft Word 2010 命令。

(2)双击桌面上的 Word 快捷方式图标 W。

(3)直接在"资源管理器"或"计算机"窗口中双击指定的 Word 文件名。

(4)单击"开始"→"运行"命令,在弹出的对话框中使用"浏览"按钮找到 Word 文件或者输入文件名 winword（包含绝对路径）。

2. 退出 Word

退出 Word 的常用方法有如下几种：

（1）单击 Word 窗口右上角的"关闭"按钮。

（2）单击"文件"→"退出"命令。

（3）双击 Word 窗口左上角的控制按钮 W。

（4）直接按 Alt+F4 组合键。

在执行退出操作时，如果没有对文件进行修改，则可立即关闭并退出 Word；如果有未保存的修改，则会弹出对话框询问是否对修改进行保存，在给出选择后才可以退出 Word。

4.1.2 Word 的主窗口

启动 Word 后，窗口界面如图 1-4-1 所示。

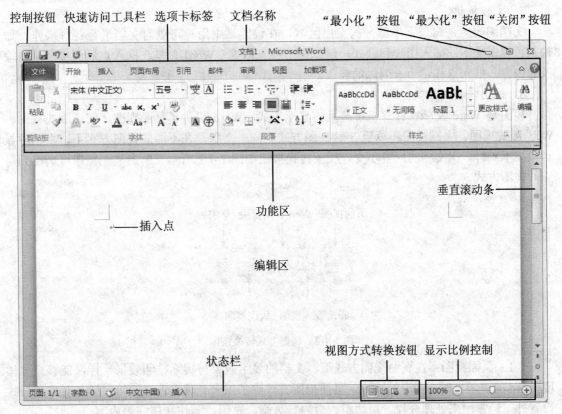

图 1-4-1　Word 的窗口界面

从图中可以看到，Word 主窗口由标题栏、功能区、状态栏、文档窗口等几部分组成。为了更好地使用 Word，下面分别对窗口的各个组成部分进行详细介绍。

1. 标题栏

标题栏位于窗口的最上方，由三部分组成：左端有一个 Word 的标志 W，也是控制菜单图标，单击它就会打开一个下拉菜单，其中包含一些控制窗口的命令，如对窗口最大化、最小化、还原和关闭等；控制菜单的后面显示的是快速访问工具栏，包含"保存"按钮 、"撤消"按

钮 🔄、"重做"按钮 ↻；标题栏中部显示的是正在编辑的文档的名称；右端有 3 个按钮："最小化"按钮 ▬（将当前文件窗口缩小成为任务栏上的一个按钮）、"最大化"按钮 ▢（用于在满屏幕与非满屏幕之间进行切换）、"关闭"按钮 ✕（用于关闭 Word 窗口）。

2．功能区

功能区位于标题栏之下，包含"文件"、"开始"、"插入"、"页面布局"、"引用"、"邮件"、"审阅"、"视图"和"加载项"9 个选项卡，每个选项卡包含不同的工具按钮组，提供常用命令的直观访问方式。

3．滚动条

滚动条位于窗口的右边（垂直滚动条）和下边（水平滚动条）。当窗口的可视区域变小时，可以通过滚动条来浏览区域以外的信息。

4．状态栏

状态栏位于窗口的底部，用于显示当前正在编辑的文档的相关信息，如文档的页号、行号和列号，以及在工作时的一些操作提示信息。

5．文档编辑区

文档编辑区是窗口下半部分的空白区域，在该区域中用户可以对文档进行各种操作，如输入、编辑文本，插入图片和公式，绘制图形和表格等。Word 总是在插入点后面接受用户输入的内容，插入点标记为一闪烁的竖条。

6．视图转换按钮

视图是 Word 文档在计算机屏幕上的显示方式。Word 提供了页面视图、阅读版式视图、Web 版式视图、大纲视图和草稿 5 种视图方式。同一文档，在不同的视图方式下，文档的显示效果不一样，但文档的内容不变。视图转换按钮如图 1-4-2 所示。单击某一按钮可切换到对应的视图方式。

图 1-4-2　视图方式转换按钮

（1）页面视图：在页面视图方式下，文档的显示效果与实际打印效果一样，能够充分体现 Word 的"所见即所得"的特点。页面视图方式除了用来处理输入、编辑、插入对象和格式设置外，经常用来处理分栏、页边距、页眉、页脚、页码、脚注和尾注等内容。

（2）阅读版式视图：该视图的最大特点是便于用户阅读。它模拟书本阅读的方式，让用户感觉是在翻阅书籍，它同时能将相连的两页显示在一个版面上，使得阅读文档十分方便。

（3）Web 版式视图：Web 版式视图用于创建和编辑 Web 页面。在 Web 版式视图方式下编辑文档，可以更准确地看到其在 Web 浏览器中显示的效果。

（4）大纲视图：在此视图方式下，可以显示文档的层次结构，如章、节、标题等，这对于长文档来说，可以让用户清晰地看到它的概况简要，可以很方便地修改标题内容、复制或移动大段的文本内容。

（5）草稿：在此方式下，简化了文档的页面布局，只显示文档的正文格式，是一种最干净的屏幕方式，它显示所有的字符和段落格式，但显示不出非正文的内容，如页眉、页脚、页码、页边距等。这种视图方式通常用于录入文档。但在处理图形对象时有一定的局限性，而且它不显示文档的页边距。因而，当用户要进行版面调整或者是进行图形操作时，需要切换到"页面视图"方式下进行。

4.1.3　创建新文档

Word 2010 创建新文档的方法有很多，常用的有如下几种：

（1）自动方式。

启动 Word 后，系统会自动建立一个空文档，并以"文档 1"作为新文件名，这时用户可直接进行文档的输入。

注意："文档 1"是系统的默认文件名，采用这种方式输入文档后必须以另外的文件名存盘，当在输入结束后进行存盘时，系统要求用户给出存盘的文件名，如果用户不给文件名，Word 将以文档的第一个自然段的字符作为文件名存盘。

（2）使用"文件"选项卡。

单击"文件"→"新建"命令，显示如图 1-4-3 所示的窗口。在"新建"面板中，双击选中需要创建的文档类型，例如可以选择"空白文档"、"博客文章"、"书法字帖"等；也可以先选中文档类型，然后单击"创建"按钮。

图 1-4-3　"新建"面板

（3）使用工具栏按钮或快捷键。

单击快速访问工具栏中的"新建"按钮 ▯（需要事先自定义快速访问工具栏，让该按钮显示出来）或者按 Ctrl+N 组合键，会直接产生一个基于"空白文档"模板的新文档。

4.1.4　输入文本

文本是数字、字母、符号和汉字等内容的总称。文档创建好后，接下来的工作就是输入文本。输入的途径有多种，有键盘输入、语音输入、联机手写体输入、扫描仪输入等。这里介绍最常用的键盘输入方法。

1. 汉字/英文的录入

操作要点：

（1）插入文字时，先将鼠标移动至需要插入文字处并单击。

（2）选择输入法。刚启动 Word 后的输入状态一般是英文状态，可直接输入英文。要输入中文，有以下方法：①按 Ctrl+Shift 组合键在英文和各种中文输入法之间进行切换；②单击任务栏右侧的输入法图标，在打开的菜单中选择需要的中文输入法；③按 Ctrl+空格键在英文和系统首选中文输入法之间进行切换。选好中文输入法（如搜狗拼音输入法）后，将会有一个如图 1-4-4 所示的输入法状态栏出现在文档窗口下方，此时可直接输入汉字。

2. 特殊符号的录入

特殊符号是指无法从 PC 键盘上直接输入的符号，输入特殊符号的方法有以下两种：

（1）在输入法状态栏中的"软键盘"图标上右击，在弹出的快捷菜单中单击需要的符号类型。关闭软键盘只需要单击"软键盘"图标。

（2）单击"插入"选项卡中的"符号"按钮，屏幕上会出现如图 1-4-5 所示的"符号"面板，单击任一符号图标即可输入相应符号。单击"其他符号"，则出现如图 1-4-6 所示的"符号"对话框，在其中选择字体，然后从相应的符号子集中选定要插入的字符，单击"插入"按钮，或者直接双击要插入的符号完成输入。

图 1-4-4　"输入法"状态栏

图 1-4-5　"符号"面板

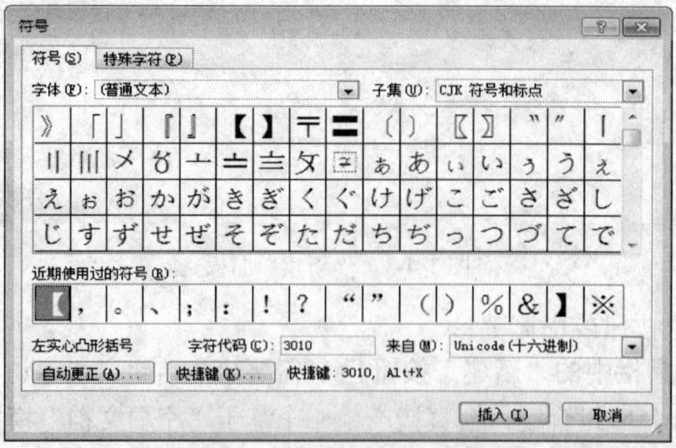

图 1-4-6　"符号"对话框

3. 日期和时间的录入

日期和时间可以直接手动输入，如果需要在文档中快速加入各种标准格式的日期和时间，则单击"插入"选项卡中的"日期和时间"按钮 📅 日期和时间，弹出如图 1-4-7 所示的"日期和时间"对话框，选择需要的日期时间格式并单击"确定"按钮，也可直接双击需要的日期时间格式进行输入。如果希望每次打开文档时，时间自动更新为打开文档的时间，需要选定"自动更新"复选框。

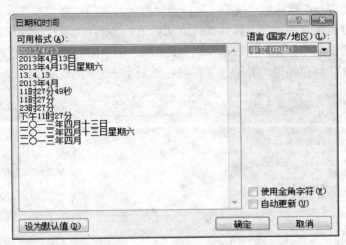

图 1-4-7 "日期和时间"对话框

4. 从另一文档插入文字

有时需要将另一个文件的全部内容插入到当前文档的光标处。操作方法如下：将光标定位到欲插入文档的位置，单击"插入"选项卡"对象"按钮 对象 右侧的下拉按钮 ▾，选择"文件中的文字"，在弹出的"插入文件"对话框中选择需要插入的文件，然后单击"插入"按钮。

说明：

①由于 Word 具有自动换行功能，因此在录入文档时不用理会是否已满一行。只有需要开始新的段落时，才能按 Enter 键。按 Enter 键后，在段末产生一个段落的标记。Word 里面的段落是以段落标记来判定的，即有多少个段落标记，就有多少个段落。

②输入文字的状态有两种：插入和改写。在插入状态下（状态栏中显示"插入"），输入的字符插在光标后的字符前；在改写状态下（状态栏中显示"改写"），输入的字符将替代光标后的字符。Word 一般默认为插入状态。用户可以通过按键盘上的 Insert 键或单击状态栏中的状态标识（"插入"或"改写"）来切换插入和改写状态。

③如果不小心输入了错误的字符，可以用 BackSpace 键或 Delete 键来删除。前者删除光标之前的字符，后者删除光标之后的字符。如果删除的是段落结束标记，会将这个段落与后面一个段落合并成一个段落。如果出现误操作，可随时使用快速访问工具栏中的"撤消"按钮 ↻ 取消前面的操作。

④如果输入的内容中不仅有中文还有英文字符，可按 Ctrl+空格键循环切换中/英文输入状态。

⑤在输入文本时段落的开头不要按空格键空出两个字符，而是在段落格式设置时将段落的开头缩进两个字符，方法见 4.2.2 节段落格式化。

4.1.5　保存文档

文档输入或修改后，屏幕上看到的内容只存在于计算机的内存中，一旦退出 Word 程序、关机或断电，内存中的所有资料就会丢失。为了永久地保存文档以便将来使用，必须将文档保存在磁盘上。

1．保存新文档

新文档是指用 Word 默认的"文档 1"作为文件名的文档，即启动 Word 后直接进行编辑而没有经过任何方式保存的文档。具体操作方法如下：选择"文件"→"保存"命令，或者单击快速访问工具栏中的"保存"按钮，弹出如图 1-4-8 所示的"另存为"对话框，在其中设置文件保存位置、文件保存类型，并输入文件名，然后单击"保存"按钮。

图 1-4-8　"另存为"对话框

2．保存已有的文档

如果当前编辑的文档已经保存过，后来编辑之后想再次保存，则只需要单击快速访问工具栏中的"保存"按钮，或者单击"文件"→"保存"命令，或者按 Ctrl+S 快捷键，这样便可按照已经设置的位置和文件名进行保存，不再出现"另存为"对话框。

若对已经存在的文档进行了修改后并不想覆盖原有文件，应以不同的文件名或不同的保存位置进行保存，则单击"文件"→"另存为"命令，按照"另存为"对话框的提示设置文件存放位置、文件类型，并输入文件名，然后单击"保存"按钮。

注意："保存"和"另存为"命令的区别在于："保存"是用新编辑的文档取代原有的文档，而"另存为"则不影响原文档，更换文件名（或位置）保存新编辑的文档。

3．文档的自动保存

为了避免断电等意外事故导致文档内容的丢失，Word 提供了按照某一固定的时间间隔自动保存文档的功能。具体操作方法是：单击"文件"→"选项"命令，在弹出的"选项"对话框中单击"保存"标签，如图 1-4-9 所示，选定"保存自动恢复信息时间间隔"复选框，并设置自动保存的时间间隔，然后单击"确定"按钮。

图 1-4-9　"选项"对话框

4.1.6　关闭文档

关闭文档的方法有很多种，常用的方法如下：
（1）单击标题栏右侧的"关闭"按钮。
（2）选择"文件"→"关闭"命令。
（3）选择控制菜单中的"关闭"命令。
（4）按 Alt+F4 组合键。

不管采用哪种方法关闭文档，若此文档是未存盘的新文档或经过修改而未保存的已有文档，则会弹出一个提示对话框，询问是否保存对该文档的修改。单击"保存"按钮，则保存对文档的修改；单击"不保存"按钮，则此文档中修改的内容会丢失；单击"取消"按钮表示不进行关闭文档的操作。

图 1-4-10　提示对话框

4.1.7　打开文档

要对一个已经保存在磁盘上的文档进行编辑，可以按照下面的方法之一打开它：

（1）单击快速访问工具栏中的"打开"按钮。

（2）单击"文件"→"打开"命令。

（3）按 Ctrl+O 或 Ctrl+F12 组合键。

不论哪一种方式，操作后都将弹出如图 1-4-11 所示的"打开"对话框，可以从中选择指定位置的指定文件，然后单击"打开"按钮（也可直接双击文档名称）完成打开操作。如果不知道文档的具体位置和文件名，可以在"打开"对话框左部选择"计算机"，然后在右上角"搜索文档"文本框中键入"*"，即可显示相关文档名称。

图 1-4-11　"打开"对话框

如果是最近使用过的文档，可以快捷打开。单击"文件"→"最近所用文件"，在出现的面板中可以看到最近使用过的 Word 文档的名称，单击文档名字打开相应文档。Word 2010 默认的最近所用文件数目是 25，可以在"选项"对话框的"高级"选项卡中更改。Word 允许同时打开多个文档，实现多文档之间的数据交换。每打开一个文档，系统便在 Windows 桌面任务栏上建立一个对应按钮，便于在各文档间切换，要对某个文档操作，直接单击任务栏上的对应按钮即可，不用的窗口应及时关闭。

4.1.8　文档的编辑

对于已有文档经常要进行插入、删除、移动、复制、替换等编辑工作，这些操作都是针对当前插入点的位置或已选定的内容来讲的。文档编辑遵守的原则是：先选定，后操作。

1. 文本的选定

在对某一内容进行编辑之前，必须先选中相应的对象，使其变为"反白"显示。选定文本可以用键盘或鼠标来实现。

（1）利用键盘选定文本。

将插入点移动到要选定文本的起始位置，按住 Shift 键的同时利用光标移动键将插入点移动到要选定文本的结尾，松开 Shift 键。表 1-4-1 列出了常用的键盘选定文本的方法。

表 1-4-1 键盘选定文本的方法

选定范围	操作键	选定范围	操作键
向右选取一个字符或汉字	Shift+ →	至段落末尾	Ctrl+Shift+↓
向左选取一个字符或汉字	Shift+ ←	至段落开头	Ctrl+Shift+↑
向右选取一个单词	Ctrl+ Shift+ →	上一屏	Shift+PgUp
向左选取一个单词	Ctrl+ Shift+ ←	下一屏	Shift+PgDn
至行末	Shift+End	至文档末尾	Ctrl+Shift+End
至行首	Shift+Home	至文档开头	Ctrl+Shift+Home
下一行末	Shift+↓	整个文档	Ctrl+5（小键盘上）或 Ctrl+A
上一行	Shift+↑	整个表	Alt+5（小键盘上）

（2）利用鼠标选定文本。

文本编辑区的左边界空白处是文本的选定栏，如图 1-4-12 所示，移动鼠标指针到选定栏会变成一个向右倾斜的空心箭头。这时，用户可以按表 1-4-2 所示的方法选定文本。

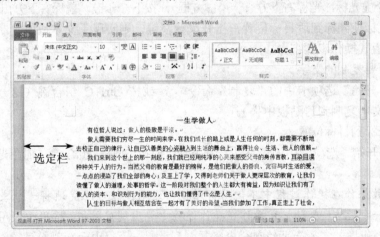

图 1-4-12 Word 中的选定栏

表 1-4-2 鼠标选定文本的方法

选定内容	操作方法
任意文本	从要选定文本的起始位置拖动鼠标到结尾处
一个单词	双击该单词
一行文字	在选定栏中单击该行
多行文字	选定首行后向上或向下拖动鼠标
一个句子	按住 Ctrl 键后在该句的任何地方单击
一个段落	双击该段最左端的选定栏或者三击该段落的任何地方
多个段落	选定首段后向上或向下拖动鼠标
连续区域文字	单击所选内容的开始处，按住 Shift 键，然后单击所选内容的结束处
整篇文档	三击选定栏中的任意位置或按住 Ctrl 键后单击选定栏中的任意位置
矩形区域文字	按住 Alt 键然后拖动鼠标

2. 文本的删除

删除文本的操作步骤如下：

（1）选中要删除的文本内容。

（2）按 Delete 键或 Backspace 键，或者单击"开始"选项卡中的"剪切"按钮，或者按 Ctrl+X 组合键。

3. 文本的复制和移动

文本的复制是指将一个地方的文本块创建副本到另外一个地方去，移动是指将一个文本块从一个地方移动到另外一个地方。前者在操作后，原来所选中的文本块没有什么变化，而后者在操作后，会使原来选中的文本块删除。

复制和移动文本都有两种方法：拖放式和使用剪贴板式。

（1）复制操作。

拖放式操作步骤：

1）选中所要复制的文字。

2）将鼠标指向选中的文字（将光标放在所选中的文字中），然后按住鼠标左键，直到出现拖放指针（一个虚光标，光标右下方有一个虚方框），按下 Ctrl 键，鼠标右下方出现一个加号。

3）拖动鼠标使光标到达目标位置，松开鼠标左键，则实现了文本块的复制。

使用剪贴板式操作步骤：

1）选中所要复制的文字。

2）单击"开始"选项卡中的"复制"命令，或按 Ctrl+C 组合键（这一步操作的目的是将所选中的文字复制到剪贴板中去）。

3）移动光标到目标位置。

4）单击"开始"选项卡中的"粘贴"命令，或按 Ctrl+V 组合键，则在光标处会出现所复制的文字。

说明：拖放操作在操作过程中不使用剪贴板，适用于较近距离地将一个文本块从一个地方移动到另外一个地方；剪贴板式操作在操作过程中要用到剪贴板，适用于使用拖放式操作不适用的场合，比如将文章第一页的部分内容复制到最后一页，由于距离较远，使用拖放式操作不方便，而使用剪贴板式操作则很容易实现。

（2）移动操作。

拖放式操作步骤：

1）选中所要移动的文字。

2）将鼠标指向选中的文字（将光标放在所选中的文字中），按下鼠标左键，直到出现拖放指针。

3）拖动鼠标使光标到达目标位置，松开鼠标左键，则可以实现文本块的移动。

使用剪贴板式操作步骤：

1）选中所要移动的文字。

2）单击"开始"选项卡中的"剪切"命令，或按 Ctrl+X 组合键（这一步操作的作用是将所选中的文字移动到剪贴板中去）。

3）移动光标到所要移动的位置。

4）单击"开始"选项卡中的"粘贴"命令，或按 Ctrl+V 组合键，则在光标处会出现所选中的文字，实现了文字的移动。

关于复制和移动，必须注意如下几点：

- 在 Word 中，用户可以在剪贴板中保留 24 次剪切或复制的内容。单击"开始"选项卡中的 按钮，可以打开"剪贴板"任务窗格，如图 1-4-13 所示。其中列出了用户存放在剪贴板中的所有的内容。用户可以有选择地把剪贴板中的内容粘贴到文档中的指定位置。如果用户不是用"剪贴板"任务窗格进行粘贴操作，而是用"粘贴"按钮 或者 Ctrl+V 组合键进行粘贴，则所粘贴的内容是最后一次所复制的内容。当在"剪贴板"工具中复制的内容超过 24 次时，最后一次复制的内容就会自动替代最先复制的内容。

图 1-4-13　"剪贴板"任务窗格

- 剪贴板可供 Windows 的所有应用程序共用，而 Microsoft Word 只是其中的一个应用程序，所以完全可以把从别的应用程序，如 Excel、PowerPoint，甚至 Visual C++中所复制的内容送到 Word 中。
- Word 可同时打开多个文件进行操作，用户经常会用到从一个文件到另一个文件的粘贴操作。方法仍然是先找到并选中所需要的内容，对它进行复制或剪切操作，然后把窗口切换到新文件，把光标定位到合适位置，单击"粘贴"按钮 。

4. 撤消、恢复和重复

在文档的处理过程中，如果误删了某一部分，或者排版时出现失误，可以单击快速访问工具栏中的"撤消"按钮 ，或按 Ctrl+Z 组合键，使文本恢复原来的状态。如果再次改变主意，要恢复被撤消的操作，可以利用快速访问工具栏中的"恢复"按钮 。

"撤消"命令的作用可以形象地称为"后悔"，每当做错一个操作时，Word 都允许用户使用这个命令进行"后悔"。不仅如此，Word 还允许用户逐步"后悔"，也可以同时"后悔"好几步。逐步"后悔"只需逐步执行撤消操作，而一次性完成多步"后悔"只需要单击工具栏中"撤消"按钮 右边的下拉按钮 ，这时会看到对最近操作的描述，单击其中某次操作的描述，则自那次操作以后的全部操作（包括那次操作）均被"后悔"掉；或者是多次按 Ctrl+Z 组合键。

注意："恢复"按钮  只有在用户进行撤消操作后才能出现。此外，如果用户没有进行过任何撤消操作，那么快速访问工具栏中显示的不是"恢复"按钮 ，而是"重复"按钮 ，此时单击该命令可以重复最近一次的操作。

5. 字数统计

在 Word 中一个汉字或一个标点算一个字，英文每个单词算一个字。统计字数的操作步骤为：单击"审阅"选项卡"校对"栏中的"字数统计"按钮 ，弹出如图 1-4-14 所示的"字数统计"对话框。如果只想统计文章中的某个部分的字数，那么先选中要统计的那部分内容，然后执行上述操作。

6. 拼写检查与自动更正

用户输入的文本难免会出现拼写和语法上的错误。如果自己检查，会花费大量时间。中文 Word 提供了功能强大的拼写和语法检查及自动更正功能，利用这一功能不仅能对英文单词进行拼写和语法检查，而且还可以对中文进行拼写和语法检查。在进行错误检查时，文本的下方有时会出现波浪线，红色波浪线表示可能有拼写错误，绿色波浪线表示可能有语法错误。

启动拼写和语法检查工具的具体操作方法是：单击"审阅"选项卡"校对"栏中的"拼写和语法"按钮。若在文档中存在拼写或语法错误，将会弹出如图 1-4-15 所示的"拼写和语法"对话框。对话框中上部的文本框显示了检查到的错误，错误文字会以特殊的颜色标识。在"建议"列表框中会给出错误类型或者修改建议。如果 Word 指出的错误确属拼写或语法错误时，有两种方法可以改正：直接输入正确的拼写；从 Word 提供的一系列拼写正确的词中选出一个适当的单词。如果 Word 指出的错误不是拼写或语法错误时（如人名、公司或专业名称的缩写等），单击"忽略一次"或"全部忽略"按钮忽略此错误提示，继续进行文档其余内容的检查工作。

图 1-4-14　"字数统计"对话框

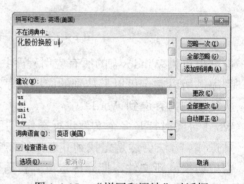

图 1-4-15　"拼写和语法"对话框

用户在输入文本时有时会有输入错误，如将"刻苦努力"写成"刻苦奴力"，这时可以使用 Word 提供的"自动更正"功能。Word 能够检测到用户输入的属于"自动更正"列表中的文字，同时将其自动更正。自动更正的操作步骤是：单击"文件"→"选项"命令，在弹出的"Word 选项"对话框中选择"校对"选项卡，单击右侧的"自动更正选项"按钮 ，弹出如图 1-4-16 所示的"自动更正"对话框。在"替换"文本框中列出可能出现的错误文本，比如这里就填"刻苦奴力"，然后在"替换为"文本框中输入正确的文本（如"刻苦努力"）。另外还有其他一些选项，根据用户的要求来自己选择。特别地，如果选中"键入时自动替换"复选框，可以打开自动替换功能。此功能打开时，每当用户输入了一个在替换列表中的词组后，Word 自动将其替换为正确的写法。

图 1-4-16　"自动更正"对话框

7. 多窗口编辑技术

Word 支持多窗口操作，即在同一时刻，一个 Word 应用程序窗口可以打开并编辑多个文档窗口。

多窗口编辑技术包括以下几种操作：

（1）窗口的拆分。

窗口的拆分是指将一个文档窗口拆分为两个，两个窗口是针对同一文档的，一般用于同时显示一个长文档的两个不同的位置。拆分的方法有以下两种：

● 单击"视图"选项卡中的"拆分"按钮 拆分，移动鼠标调整窗口至合适大小，单击完成拆分。

● 将鼠标指向垂直滚动条上端的小横条 ，当鼠标指针变为双向拆分箭头时拖动鼠标至合适位置，释放鼠标完成拆分。

如果要取消拆分，则单击"视图"选项卡中的"取消拆分"按钮 取消拆分。

（2）窗口的切换。

Word 允许同时打开多个文档窗口。多个文档窗口只能有一个是当前窗口，想编辑某一文档，必须将该文档对应的窗口设为当前窗口。切换的方法是：单击"视图"选项卡中的"窗口切换"按钮 切换窗口，则下拉列表中出现所有打开文档的名称（前面有"√"的表示当前窗口）。要切换到某一文档的窗口，单击该文档的名称即可。

（3）重排窗口。

重排窗口可以实现在多个文档窗口之间进行数据交换。单击"视图"选项卡中的"全部重排"按钮 全部重排，可以将所有文档窗口排列在屏幕上。

4.2　Word 文档的格式化

文档编辑好后即可按要求进行格式化排版。文档的格式化排版是文字处理中不可缺少的重要环节，恰当地应用各种排版技术会使文档显得美观易读、丰富多彩。Word 提供了丰富的文档格式化功能，包括：字符格式化、段落格式化及其他特殊格式化等。文档的格式化操作同样遵守"先选定，后操作"的原则。

4.2.1　字符格式化

字符是指文档中输入的汉字、字母、数字、标点符号和各种符号。字符格式化包括：字符的字体和字号、字形（加粗和倾斜）、字符颜色、下划线、着重号、静态效果（如阴影和上下标等）、字符的间距、字符和基准线的相对位置、文字动态效果等。

1. 使用"开始"选项卡中的"字体"栏设置字符格式

操作步骤如下：

（1）选定要改变字体的文本块。

（2）单击"开始"选项卡，"字体"栏按钮如图 1-4-17 所示。单击"字体"、"字号"列表框及相关按钮对字体、字号、字形等进行快速设置即可实现相应的操作。

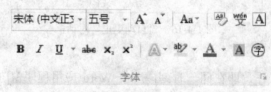

图 1-4-17　"开始"选项卡的"字体"栏按钮

2. 使用"字体"对话框设置字符格式

操作步骤如下：

（1）选定要改变字体的文本块。

（2）单击"开始"选项卡"字体"栏中的"字体"按钮，弹出如图 1-4-18 所示的"字体"对话框，其中有"字体"和"高级"两个选项卡。

图 1-4-18　"字体"对话框

- "字体"选项卡：用于设置字体、字号、字形、字符颜色、下划线、着重号和静态效果等。字体包括中文字体和英文字体，其数量的多少取决于计算机中安装的字体数量。

英文字体只对英文字符起作用，而汉字字体则对汉字、英文字符都起作用。字号有汉字数码表示和阿拉伯数字表示两种，其中汉字数码越小，字体越大；阿拉伯数字越小，字体越小。

- "高级"选项卡：用于设置字符的横向缩放比例、字符的间距、字符的位置等。字符缩放是设置一个文字在横向上的大小；字符间距是指相邻文字之间的距离；字符位置是指文字出现在基准线上或下的位置。

3. 快速复制字符格式（格式刷的使用）

格式刷可以将一部分文字的格式复制到另外一些文字上去。格式刷复制的是文字的格式而不是文字。

格式刷的使用步骤如下：

（1）选中要复制的格式所在的文字。

（2）单击或双击"开始"选项卡中的"格式刷"按钮 。

（3）用鼠标去选定想设置这种格式的文字，则所选文字的格式被设置为刚才复制的格式。

说明：单击"格式刷"按钮，可一次复制格式到选定的文本上；双击"格式刷"按钮，可多次复制格式到选定的文本上，再次单击"格式刷"按钮或按 Esc 键可取消格式刷状态。

4.2.2　段落格式化

段落是指以段落标记作为结束的一段文字，每敲一次回车，就会在回车的位置插入一个段落标记，形成一个段落。段落标记不仅标识段落结束，而且存储了这个段落的排版格式。

段落的格式化功能包括段落对齐方式、段落缩进方式、段落行距和间距等设置。段落格式化的具体操作为：选定要设置格式的段落文字，单击"开始"选项卡"段落"栏中的"段落"按钮 ，或是右击，在弹出的快捷菜单中选择"段落"命令，弹出如图 1-4-19 所示的"段落"对话框，在其中可以详细地进行段落的格式化。

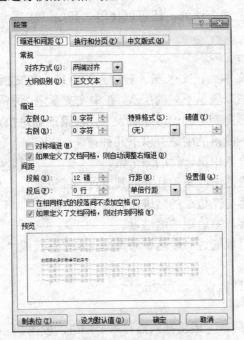

图 1-4-19　"段落"对话框

1. 设置段落的对齐方式

对齐文本可以使文本清晰易读，段落的对齐方式有 5 种：左对齐、居中、右对齐、两端对齐和分散对齐。5 种对齐方式的效果如图 1-4-20 所示。其中两端对齐是以词为单位，自动调整词与词间空格的宽度，使正文沿页的左右边界对齐，这种方式可以防止英文文本中一个单词跨两行的情况，但对于中文，其效果等同于左对齐；分散对齐是使字符均匀地分布在一行上。

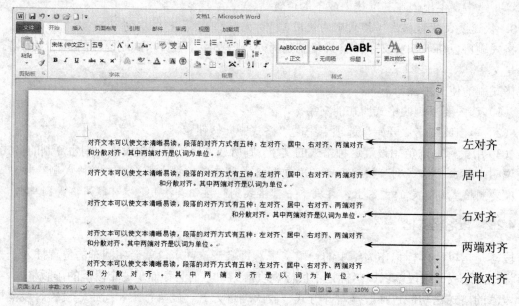

图 1-4-20　段落的 5 种对齐方式效果

说明：左对齐和两端对齐一般用于文本的正文，居中一般用于文章的标题或段落中，右对齐一般用于各种落款，而分散对齐一般用于需要将文字分散充满一行的场合。

对齐方式的设置除了上述方法外，还可以使用"开始"选项卡"段落"栏中对应的对齐按钮来设置。

2. 设置段落的缩进方式

段落缩进是段落中的文本到正文区左、右边界的距离。在文档操作中，经常需要让某段落相对于别的段落缩进一些以表示不同的层次，在中文文章中，通常都习惯在每一段落的首行缩进两个字符，这些设置都需要用到段落缩进设置，段落的缩进决定了段落到页边距的距离，所缩进的长度称为缩进量。段落的缩进有以下几种：

- 首行缩进：控制段落中第一行的缩进量。
- 悬挂缩进：控制段落中除第一行外的其余行的缩进量。
- 左缩进：控制段落与左边距的缩进量。
- 右缩进：控制段落与右边距的缩进量。

段落的缩进方式设置可以通过"段落"对话框、水平标尺或"页面布局"选项卡"段落"栏中的文本框实现。

（1）使用"段落"对话框设置段落缩进。

操作步骤如下：

1）选定要设置缩进的段落，或将插入点移入要缩进的段落。

2）单击"开始"选项卡"段落"栏中的"段落"按钮 ，或是右击，在弹出的快捷菜单中选择"段落"命令，弹出"段落"对话框。

3）在"缩进和间距"选项卡的"缩进"区域中的"左侧"、"右侧"文本框中分别键入或选择所要设置的缩进量。用户可以在"预览"框中查看设置后的效果。

如果要建立首行缩进或悬挂缩进，可在"特殊格式"下拉列表框中进行选择，并在"磅值"文本框中键入或选择缩进量，设置好后单击"确定"按钮。

（2）使用水平标尺设置段落缩进。

单击垂直滚动条上的"标尺"按钮，文档编辑窗口顶部将出现如图 1-4-21 所示的水平标尺。单击标尺上的"左缩进"、"右缩进"、"悬挂缩进"及"首行缩进"，可以对段落设置左缩进、右缩进、悬挂缩进和首行缩进。

首行缩进

左缩进　　悬挂缩进　　　　　　　　右缩进

图 1-4-21　水平标尺上的缩进标记

操作步骤如下：

1）选定要缩进的段落，如果只有一个段落需要设置，还可将插入点移入要缩进的段落。

2）用鼠标将标尺上相应的缩进标记拖动到指定位置，松开鼠标，便将指定段落的缩进设置到该位置。

（3）使用"页面布局"选项卡"段落"栏中的文本框设置段落缩进。

选定要设置缩进的段落，然后在对应的文本框中设置缩进量。

说明：文本段落的缩进最好采用上述的几种方法来设置，尽量不用 Tab 键或空格键来设置文本的缩进，也不能在每行的结尾处使用 Enter 键来换行（只有标识一个段落结束才用 Enter 键），因为那样做可能会使文章对不齐。

3．设置段落的行距和间距

行距用于设置段落中各行之间的距离，注意此项设置也属于段落设置，即以一个段作为一个设置对象；间距用以设置两段之间的距离，实际就是两段相邻的两行之间的距离。间距有段前与段后之分，段前即当前段与上一段之间的距离，段后即当前段与后一段之间的距离。

设置段落行间距的操作步骤如下：

（1）选定要调整行距和段落间距的段落。

（2）单击"开始"选项卡"段落"栏中的"段落"按钮，弹出"段落"对话框。

（3）在"间距"区域中设置段间距和行距：设置或者调整"段前"与"段后"文本框中的数值来改变段落之间的间距；在"行距"列表框中选择各种不同的行距，并在其后的"设置值"文本框中设置各种行距的准确数字。

（4）在"预览"框中观看满意后单击"确定"按钮。

注意：当行距选择固定值时，如果文本高度大于设置的固定值，则该行的文本不能完全显示出来。

4．复制段落格式

在格式化文档的过程中，经常会遇到多处段落具有相同格式的情况，为减少重复设置，保证格式的一致性，常常会采用复制格式的方法，这样可以方便地将已有的段落格式应用到其他段落。复制段落格式有两种方法：使用格式刷和使用样式。

（1）使用格式刷复制段落格式。

操作步骤如下：

1）选定（或将插入点置于）被复制格式的段落。

2）单击（或双击）"开始"选项卡中的"格式刷"按钮。

3）在要设置格式的段落上拖动鼠标（含段落标记）。

说明： 在复制段落格式的时候，该段落的字符格式也被一同复制。

①若采用选定被复制格式段落的方法，则在复制该段落格式的同时，也将该段落的第一个字符格式复制给目标段落的文本。

②若采用将插入点置于被复制格式段落内的方法，则在复制该段落格式的同时，会将插入点后的第一个字符格式复制给目标段落的文本。

③格式刷复制文本或段落格式适用于复制格式的次数不是很多、复制格式的源文本或段落与目标文本或段落的距离较近的情况。

（2）样式。

如果复制格式的次数很多、复制格式的源文本或段落与目标文本或段落的距离较远的情况下，应用样式实现操作较方便。

1）样式的概念和类型。

样式是用样式名表示的一组预先设置好的格式，它包括了字符格式、段落格式及边框和底纹等。样式分为字符样式、段落样式、表格样式、列表样式等类型。字符样式用来定义文本的字符格式；段落样式用来定义整个段落的格式，包括段落文本的格式、段落格式及边框和底纹等。

2）创建新样式。

操作步骤如下：

①单击"开始"选项卡"样式"栏中的"样式"按钮 ，弹出如图 1-4-22 所示的"样式"对话框。

②单击底部的"新建样式"按钮 ，弹出如图 1-4-23 所示的"根据格式设置创建新样式"对话框。

③在"名称"文本框中输入新样式的名称。

④在"样式类型"下拉列表框中选择样式的类型。

⑤单击"格式"按钮 格式(O)▼ 上的下拉按钮 ▼，打开"格式"列表，选择有关选项，设置样式的相关格式（注：如果是根据选定段落的格式创建样式，则可先选定段落后再打开"样式"对话框，那么这步的格式设置省略）。

⑥单击"确定"按钮。

3）应用样式。

操作步骤如下：

①选定（或单击）要应用样式的段落。

②在"样式"对话框（或"开始"选项卡"样式"栏中的样式列表）中选择要应用的样式名称。

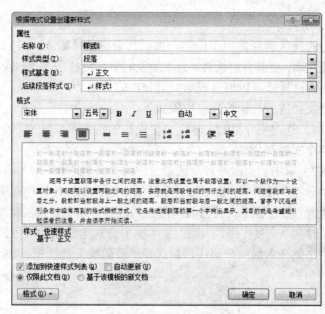

图 1-4-22　"样式"对话框　　　　图 1-4-23　"根据格式设置创建新样式"对话框

4.2.3　特殊格式化

1. 首字下沉

首字下沉是报刊杂志中经常用到的格式排版方式，它是将选定段落的第一个字突出显示，目的是希望能引起读者的注意，并由该字开始阅读。

设置首字下沉的操作步骤如下：

（1）选中要设置首字下沉的段落。

（2）单击"插入"选项卡"文本"栏中的"首字下沉"按钮上的下拉按钮，在弹出的列表中选择"首字下沉"选项，弹出如图 1-4-24 所示的"首字下沉"对话框。

（3）在"位置"区域中选择"下沉"，在"选项"区域中设置首字下沉的字体及下沉的行数，设置好后单击"确定"按钮。

首字下沉的效果如图 1-4-25 所示。

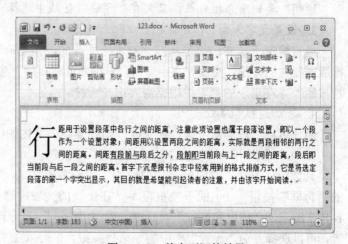

图 1-4-24　"首字下沉"对话框　　　　图 1-4-25　首字下沉的效果

2．分栏

分栏排版也经常用于论文、报纸和杂志的排版之中，它是将一页纸的版面分为几栏，使页面更生动，更具有可读性。为了能及时看到分栏的效果，应该将视图方式切换到"页面视图"方式下，这样就可以很直观地查看分栏的效果了。

对文档进行分栏的操作步骤如下：

（1）选定要分栏的文本，分栏操作的对象可以是一部分文字也可以是整个文档，如果需要对整个文档都分栏，则将光标放在文档中。

（2）单击"页面布局"选项卡中的"分栏"按钮上的下拉按钮，弹出如图1-4-26所示的"分栏"对话框。在"预设"区域中选择5种分栏样式中的一种，如需更多栏数，则可以在"栏数"数值框中直接输入所需栏的数目。如要使各栏宽度不等，则不选择"栏宽相等"复选框，并在"宽度"和"间距"文本框中分别选择或键入各栏的栏宽和栏间距离。如果要在相邻两栏之间插入纵向分隔线，则选择"分隔线"复选框。在"预览"框中可以看到分栏效果。

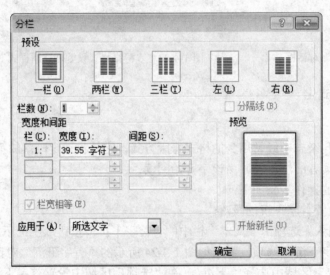

图1-4-26　"分栏"对话框

（3）单击"确定"按钮，便可按指定的栏数、栏宽和间距排版选定的文本。

说明：要删除分栏效果，只需在"预设"区域中选择"一栏"即可。

3．设置文字方向

通常情况下，文档都是从左到右水平横排的，但是有时需要特殊效果，如古文、古诗的排版需要文档竖排。要设置文字方向，单击"页面布局"选项卡中的"文字方向"按钮上的下拉按钮，在出现的列表中根据需要选择一种。

4．添加边框和底纹

用户可以给段落加上边框和底纹，起到强调和美化的作用。

（1）添加边框。

具体操作方法：选定要添加边框的一段或多段文本，单击"开始"选项卡"段落"栏中的"边框"按钮上的下拉按钮，在出现的列表中选择"边框和底纹"命令，弹出如图1-4-27所示的"边框和底纹"对话框。单击"边框"选项卡，可以进行线型、颜色和宽度的设置，可以选择左边"设置"栏中的一系列按钮，也可以在右边的"预览"栏中通过单击对应线条按钮一一设置；单击"页面边框"选项卡，可以对页面设置边框，操作同"边框"选项卡，但增加了"艺术型"下拉列表框。

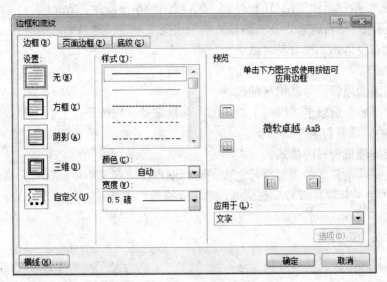

图 1-4-27 "边框和底纹"对话框

（2）添加底纹。

具体操作方法：选定要添加底纹的一段或多段文本，单击"开始"选项卡"段落"栏中的"边框"按钮 ▦ ▾上的下拉按钮 ▾，在出现的列表中选择"边框和底纹"命令，在弹出的"边框和底纹"对话框中单击"底纹"选项卡，如图 1-4-28 所示。在"填充"下拉列表框中选择填充颜色，在"样式"下拉列表框中选择图案的样式，在"颜色"下拉列表框中为选定的样式选定合适的颜色，在"预览"框中观察选定底纹的效果，若满意，则单击"确定"按钮。

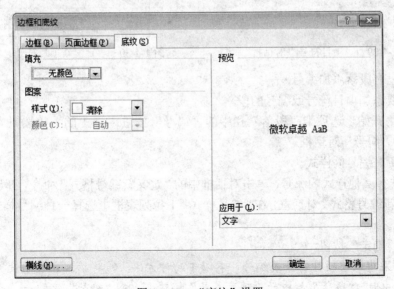

图 1-4-28 "底纹"设置

注意：设置段落的边框和底纹，要注意在"应用于"下拉列表框中选择"段落"，若选择"文字"，将只对选定的文字加边框和底纹，两者效果是不一样的。

5. 设置项目符号和编号

为了使文档的内容层次分明，便于读者阅读和理解，通常会为文档的各个段落添加项目符号或编号。如果在已添加了编号的文档上插入或删除某一段落，Word 会自动调整编号的顺序。也可利用添加"项目符号"及"编号"功能来改变项目符号与编号的样式。

（1）为已有段落添加项目符号或编号。

操作步骤如下：

1）选定要添加项目符号或编号的段落。

2）单击"开始"选项卡"段落"栏中的"项目编号"按钮 三 上的下拉按钮 ，弹出如图 1-4-29 所示的"项目符号"对话框。

3）选择所需项目符号的样式。

4）若要选择其他样式的项目符号，单击对话框中的"定义新项目符号"命令，弹出如图 1-4-30 所示的"定义新项目符号"对话框，单击"符号"或"图片"按钮，选择一种符号或图片并单击"确定"按钮返回。

5）单击"确定"按钮。

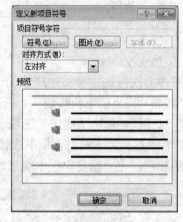

图 1-4-29　"项目符号"对话框　　　　图 1-4-30　"定义新项目符号"对话框

（2）为已有段落添加编号。

1）选定要添加项目符号或编号的段落。

2）单击"开始"选项卡"段落"栏中的"编号"按钮 三 上的下拉按钮 ，弹出如图 1-4-31 所示的"编号"对话框。

3）选择所需编号的样式。

4）若要选择其他样式的编号，单击对话框中的"定义新编号格式"命令，弹出如图 1-4-32 所示的"定义新编号格式"对话框，在"编号样式"下拉列表框中选择一种编号样式并单击"确定"按钮返回。

5）单击"确定"按钮。

说明：如果想取消项目符号或编号，有以下两种方法：①将插入点置于设置了项目符号或编号的段落中时，"段落"栏中的"项目符号"按钮 三 或"编号"按钮 三 会处于选中状态，单击相应按钮可取消此段落的项目符号或编号；②选定带有项目符号或编号的段落，打开"项目符号"或"编号"对话框，在项目符号库或编号库中选择"无"，单击"确定"按钮即可清除这些段落的项目符号。

图 1-4-31 "编号"对话框

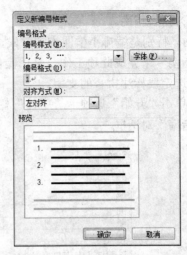

图 1-4-32 "定义新编号格式"对话框

（3）在输入文本时创建项目符号或编号。

在输入文本前，按照前面的方法设置项目符号或编号，然后输入文本。

说明：当输入完一个段落的文本按 Enter 键后，在下一个段落的起始处将自动产生一个项目符号或编号。如果要停止使用，可连续两次回车，或按 Backspace 键将新段中的项目符号删除。

（4）添加多级列表。

多级列表用于清晰地表明各段落内容的层次关系。Word 多级列表与添加项目符号或编号相似，但是多级列表中每段的项目符号或编号会根据段落的缩进范围而变化。Word 多级列表是在段落缩进的基础上使用 Word 多级列表功能，自动地生成最多达 9 个层次的符号或编号。

操作步骤如下：

1）把需要编号的段落输入到 Word 中，并且采用不同的缩进表示不同的层次。第一层不要缩进。从第二层开始缩进，可以使用"格式"工具栏中的"减少缩进量"按钮 和"增加缩进量"按钮 确定层次关系。也可以使用 Tab 键来增加缩进量，或是同时按 Shift+Tab 键来减少缩进量。

2）选定用不同缩进层次表示的段落文本，单击"开始"选项卡"段落"栏中的"多级列表"按钮 ，弹出如图 1-4-33 所示的"多级列表"对话框。在"列表库"中选择需要的多级列表样式。如果需要接着文章前边的段落编号，则单击"定义新的列表样式"命令，在弹出对话框的"起始编号"栏中设置需要的编号。

3）单击"确定"按钮。

6. 中文版式

Word 为用户提供了符合中国人版式习惯的许多功能，比如中文版式就是其中之一。中文版式提供了拼音指南、合并字符、带圈字符、纵横混排和双行合一等功能。

图 1-4-33 "多级列表"对话框

（1）拼音指南。

有时，特别是编排小学课本的时候，需要编排带拼音的文本，这时可以利用 Word 提供的"拼音指南"来完成此项工作。具体操作步骤如下：

1）选定要标注拼音的文字。

2）单击"开始"选项卡"字体"栏中的"拼音指南"按钮，弹出如图 1-4-34 所示的"拼音指南"对话框。

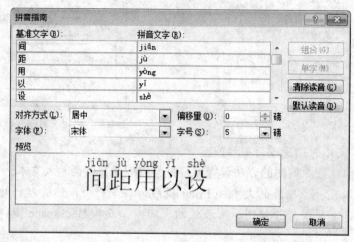

图 1-4-34　"拼音指南"对话框

3）"基准文字"框中显示的是被选定的文字，"拼音文字"框中显示的是每个文字对应的拼音，用户可以进行校正。

4）在"对齐方式"下拉列表框中选择文字的对齐方式，一般选择"居中"效果较好；在"字体"和"字号"下拉列表框中分别选择字体和字号的大小。

完成后在文档中显示的文字就如"预览"框中所示的效果。该拼音文字已是一个域，如果要修改，可以选中要修改的拼音文字，然后单击"拼音指南"按钮。

（2）合并字符。

合并字符是指将选定的多个字或字符组合为一个字符。具体操作步骤如下：

1）选中要合并的字符（最多为 6 个汉字），也可以不选择文字而直接执行步骤 2）中的操作。

2）单击"开始"选项卡"段落"栏中的"中文版式"按钮上的下拉按钮，在出现的列表中选择"合并字符"命令，弹出如图 1-4-35 所示的"合并字符"对话框。此时，选定的文字出现在"文字"框中，在右边的"预览"框中显示合并字符的效果。如果原来没有选择字符，可以在"文字"框中输入要合并的字符。

图 1-4-35　"合并字符"对话框

3）选择好字体和字号后单击"确定"按钮。

（3）创建带圈字符。

有时为了某种需要，需要为字符添加一个圆圈或者菱形，可以使用"带圈字符"功能来创建，操作步骤如下：

1）选中要加圈的字符（最多一个中文字符或两个英文字符）。

2）单击"开始"选项卡"字体"栏中的"带圈字符"按钮 字，弹出如图 1-4-36 所示的"带圈字符"对话框。

3）在"样式"区域中选择圈的样式；在"圈号"区域中选择圈号的形状。

4）单击"确定"按钮。

图 1-4-36　"带圈字符"对话框

（4）纵横混排。

Word 提供了纵横混排的功能，使用户在编排文档时十分灵活。具体操作步骤如下：

1）选定要混排的语句。

2）单击"开始"选项卡"段落"栏中的"中文版式"按钮  上的下拉按钮 ，在出现的列表中选择"纵横混排"命令，弹出"纵横混排"对话框。

3）取消对"适应行宽"复选框的选择，否则横排的汉字就缩为一行，变得不可辨认了。除非字号较大、横排的字数较少，才可以选中。

4）单击"确定"按钮。

（5）双行合一。

在 Word 中可以直接把一句语句排成两行，然后放在一行中编排。具体步骤如下：

1）选定要排成两行的语句，也可以不选。

2）单击"开始"选项卡"段落"栏中的"中文版式"按钮 上的下拉按钮 ，在出现的列表中选择"双行合一"命令，弹出"双行合一"对话框。如果选定了语句，那么该语句就会在"字符"下面的文本框中显示，否则在文本框中输入要双行合一的字符。

3）如果要在双行字符前面加上括号，可以选中"带括号"复选框，然后在"括号类型"下拉列表框中选择括号的类型，包括小括号、方括号、中括号和大括号 4 种类型。

4.2.4　模板

模板是一种固定格式，它定义了文档的整体布局及相关内容的格式。通过模板来建立文档，可以按照模板的格式快速生成一份文档，省去了格式化的操作，而且使得基于同一模板创建的不同文档具有相同的格式。

模板分为公用模板和文档模板两种。公用模板即 Normal 模板，是 Word 提供的默认模板"空白文档"，文档模板是 Word 的内置模板，如报告、备忘录、出版物等。

1. 利用模板创建新文档

操作步骤如下：

（1）单击"文件"→"新建"命令，显示如图 1-4-3 所示的"新建"面板。

（2）在其中选择所需模板样式，如"空白文档"、"博客文章"、"样本模板"下的某一模板样式。

（3）单击"创建"按钮。

　　说明：①"新建"面板下部的 Office.com 模板为网络模板，需要网络支持；②如果是自定义模板，可以直接打开该模板，然后另存为 Word 文档开始编辑。

　　2. 创建模板

　　如果用户需要经常使用某种格式的文档，但系统没有提供这种模板，那么可以自行创建该种格式的模板。创建模板既可以以一个已有的文档为基准，也可以以一个已有模板为基准。

　　操作步骤如下：

　　（1）打开某一文档或基于"基准模板"创建新文档。

　　（2）对文档或模板进行所需的修改。

　　（3）单击"文件"→"另存为"命令，弹出如图 1-4-8 所示的"另存为"对话框。

　　（4）在"保存位置"下拉列表框中选择该模板存放的位置。

　　（5）在"文件名"文本框中输入要保存模板的文件名。

　　（6）在"保存类型"下拉列表框中选择"文档模板（*.dotx）"。

　　（7）单击"确定"按钮。

4.2.5　查找与替换

　　1. 查找

　　查找是指从当前文档中查找指定的内容。查找的主要目的是定位，以便对其进行相应的查看、修改等操作。Word 提供了快速查找和高级查找两种操作方式。

　　（1）快速查找。

　　1）单击"开始"选项卡"编辑"栏中的"查找"按钮 🔍 查找 ▾上的下拉按钮 ▾，在出现的列表中选择"查找"命令，在编辑区左侧打开如图 1-4-37 所示的"导航"对话框。

　　2）在对话框顶部的文本框中输入需要查找的文字或标点符号等，文档中的对应内容突出显示，完成查找。

　　说明：

　　①若要限定查找的范围，则应选定文本区域，否则系统将在整个文档范围内查找。

　　②"导航"对话框不仅可以查找普通字符，还可以查找图形、表格、公式、脚注、尾注和批注等对象，方法是单击文本框右侧的下拉按钮 ▾，在打开的列表中选择对应的查找对象，可向前或向后搜索。

　　③上述方法查找的是不限格式的指定文本。

　　（2）高级查找。

　　如果要查找的是指定格式的指定文本或特殊字符，则必须使用高级查找。

图 1-4-37　"导航"对话框

　　操作步骤如下：

　　1）单击"开始"选项卡"编辑"栏中的"查找"按钮 🔍 查找 ▾ 上的下拉按钮 ▾，在打开的列表中选择"高级查找"命令，弹出如图 1-4-38 所示的"查找和替换"对话框。

图 1-4-38 "查找和替换"对话框

2）在"查找"选项卡中输入完要查找的内容后单击"更多"按钮，这时对话框变为如图 1-4-39 所示的样子，其中的"格式"按钮可以设置查找内容所需要符合的格式，"特殊格式"按钮可以查找分栏符、段落标记、脚注、制表符等各种特殊标记和字符。设置完后单击"查找下一处"按钮开始查找。不断单击"查找下一处"按钮，可以查找完整个文档。

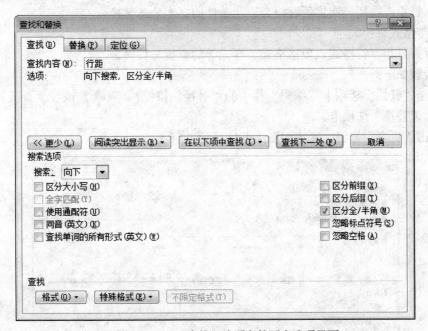

图 1-4-39 "查找"选项卡的更多选项界面

3）查找完毕后，单击"取消"按钮或"关闭"按钮 。

2. 替换

替换就是先查找出内容，然后用新内容代替原内容的操作。查找和替换的内容可以是一般字符，也可以是格式（包括字符格式、段落格式、样式等）和特殊字符。根据查找和替换内容的不同，替换可分为简单替换、格式替换和特殊字符替换 3 种。

（1）简单替换。

简单替换指将查找的文本字符替换为其他字符。

操作步骤如下：

1）单击"开始"选项卡"编辑"栏中的"替换"按钮 替换，或在如图 1-4-38 所示的"查找和替换"对话框中单击"替换"选项卡，如图 1-4-40 所示。

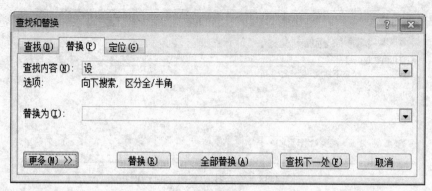

图 1-4-40　"替换"选项卡

2）在"查找内容"组合框中输入要查找的内容。

3）在"替换为"组合框中输入替换的内容。

4）单击"查找下一处"按钮找到需要替换的位置后单击"替换"按钮进行替换，也可以单击"全部替换"按钮一次将所有符合查找条件的文本全部替换。

（2）带格式替换。

格式替换是指字符格式、段落格式、样式等的查找与替换。

操作步骤如下：

1）单击"开始"选项卡"编辑"栏中的"替换"按钮 ，或在"查找和替换"对话框中单击"替换"选项卡。

2）单击"更多"按钮，变成如图 1-4-41 所示的样子。

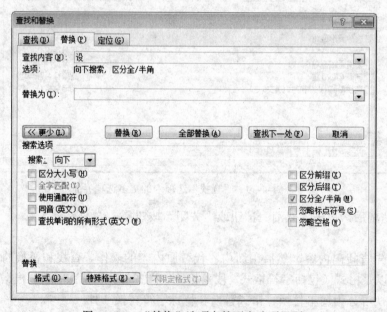

图 1-4-41　"替换"选项卡的更多选项界面

3）在"查找内容"组合框中输入要查找的内容。

4）单击"格式"按钮，选择"字体"（或"段落"、"样式"等）命令，设置查找内容的格式。

5）在"替换为"组合框中输入替换的内容。

6）单击"格式"按钮，选择"字体"（或"段落"、"样式"等）命令，设置替换内容的格式。

7）单击"查找下一处"按钮找到需要替换的位置后单击"替换"按钮进行替换，也可以单击"全部替换"按钮一次将所有符合查找条件的文本全部替换。

说明：以上步骤顺序不能调整，否则可能达不到预期的效果。

在格式替换时，若查找内容与替换内容只是格式不同，则替换内容可以省略，只需要设置替换的格式。

"不限定格式"按钮用于取消"查找内容"和"替换为"组合框中已设定的格式。

（3）特殊字符替换。

特殊字符替换是指制表符、段落标记、任意数字、任意字母和白色空白区域等字符的查找与替换。

操作步骤如下：

1）单击"开始"选项卡"编辑"栏中的"替换"按钮 替换，或在"查找和替换"对话框中单击"替换"选项卡。

2）单击"更多"按钮。

3）在"查找内容"组合框中输入要查找的特殊字符（单击"查找内容"组合框，然后单击"特殊字符"按钮，选择所需要的特殊字符）。

4）单击"替换为"组合框，输入替换的内容（包括有关格式的设置）。

5）单击"查找下一处"按钮找到需要替换的位置后单击"替换"按钮进行替换，也可以单击"全部替换"按钮一次将所有符合查找条件的文本全部替换。

说明：利用替换功能还可以简化输入、提高效率，例如在一篇文章中，如果多次出现"Microsoft Office Excel 2003"字符串，在输入时可先用一个不常用的字符表示，然后利用替换功能用字符串代替字符。

4.3　图文混排

有时需要在 Word 文档中插入图片、艺术字、文本框、数学公式、自绘图形等对象。Word 提供的图文混排功能可以很方便地处理好对象与文字之间的环绕问题，可以使插入的对象位于文档中恰当的位置，使 Word 文档的版面更加美观和整洁。

4.3.1　插入图片

1. 插入剪贴画

Word 有一个自带的剪辑库，存放了大量的图片，包括背景、地图、建筑、人物、动物、标志等类型。用户可以从剪辑库中挑选所需的图片插入到当前正在编辑的文档中。

插入剪贴画的操作步骤如下：

（1）将插入点置于要插入剪贴画的位置。

（2）单击"插入"选项卡"插图"栏中的"剪贴画"按钮 ，打开如图 1-4-42 所示的"剪贴画"对话框。

（3）单击"搜索文字"文本框右侧的"搜索"按钮，即显示出剪贴画库中的所有图片；

或者在"搜索文字"文本框中输入所需剪贴画的类型名，然后单击"搜索"按钮，即显示出该类剪贴画。

（4）单击所需的剪贴画。

图 1-4-42　"剪贴画"对话框

2. 插入来自文件的图片

要将一个用外部图形处理软件绘制的图形插入到 Word 文档中，可以按以下步骤进行：

（1）在文档中将光标定位到要插入图片的位置。

（2）单击"插入"选项卡"插图"栏中的"图片"按钮，弹出如图 1-4-43 所示的"插入图片"对话框。

（3）其中指定图片存放的位置，选择要插入的图片，单击"插入"按钮。

图 1-4-43　"插入图片"对话框

4.3.2 编辑图片

Word 对插入的图形提供了移动、复制、缩放、文字环绕等编辑功能。

1. 选定图片与取消选定

（1）选定图片。

单击图片即可选定。已选定的图片，周围会出现 8 个黑色控制小方块。当要选中多个图片对象时，在按下 Shift 键的同时单击需要选中的图形。

（2）取消选定。

在图片外的地方单击，则取消选定。如果要取消多个选定图片中的几个，则在按下 Shift 键的同时单击已经选中的图片，则取消单击图片的选定状态。

2. 调整图片大小和缩放图片

选中图片，用鼠标左键按住任意一个小方块并拖动，可对图片进行缩小和放大，调整图片的大小。如果要精确地进行大小调整和比例缩放，可在图片上右击，在弹出的快捷菜单中选择"大小和位置"命令，在弹出的对话框中选择"大小"选项卡，在相应的尺寸和缩放的高度与宽度列表框中设置尺寸大小和缩放比例。如果要按比例缩放原图片，可选定"锁定纵横比"复选框。"相对原始图片大小"复选框用于确定按最开始的图片大小缩放还是按当前的图片大小缩放。

3. 移动、复制和删除图片

移动图片只需要选中该图片，鼠标指针变成箭头形状，按下鼠标左键并拖动即可把图片移动到所需要的地方。

图片的复制、删除操作同文本的复制、删除操作方法相同，这里不再介绍。

4. 图片的文字环绕方式

操作步骤如下：

（1）在要设置环绕方式的图片上右击，在弹出的快捷菜单中选择"大小和位置"命令，在弹出的对话框中选择"文字环绕"选项卡，如图 1-4-44 所示。

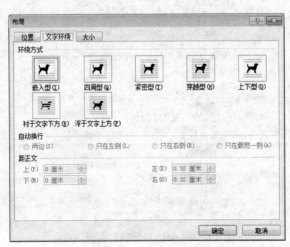

图 1-4-44 "布局"对话框的"文字环绕"选项卡

（2）选择所需的环绕方式。

（3）单击"确定"按钮。

各种环绕方式的含义如下：

- 嵌入型：将图片嵌入，而非浮动，用于要将图片用作文本字符时。这种环绕方式往往最适合较小的图像，因为它们对周围文本的干扰较小。
- 四周型：不管图片是否为矩形图片，文字都以矩形方式环绕在图片四周。
- 紧密型：如果图片是矩形，则文字以矩形方式环绕在图片周围；如果图片是不规则图形，则文字将紧密环绕在图片四周。
- 穿越型：文字可以穿越不规则图片的空白区域环绕图片。
- 上下型：文字环绕在图片上方和下方。
- 衬于文字下方：图片在下、文字在上分为两层，文字将覆盖图片。
- 浮于文字上方：图片在上、文字在下分为两层，图片将覆盖文字。

4.3.3　绘制图形及编辑

Word 提供用户自行绘制图形的强大功能，通过这一功能，用户可以自由地绘制所需要的图形，使文档更符合需要。

1. 绘制图形

操作步骤如下：

（1）单击"插入"选项卡"插图"栏中的"形状"按钮 ，弹出如图 1-4-45 所示的"形状"面板。

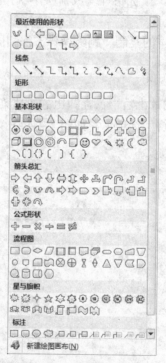

图 1-4-45　"形状"面板

（2）单击需要的形状，移动光标至文档待插入这些图形的地方按下鼠标左键并拖动，直到其大小和方向符合要求后再松开鼠标左键，这时编辑区上方会弹出"绘图工具格式"选项卡。

（3）利用选项卡"形状样式"栏中的"形状填充"、"形状轮廓"、"形状效果"等按钮设置形状的填充颜色、边界颜色、阴影等效果，完成绘图。

说明：

①若在绘制"直线"或"箭头"形状的同时按住 Shift 键，可以绘制出水平或垂直的线段；若在绘制"矩形"或"椭圆"形状的同时按住 Shift 键，可以绘制出正方形或圆。

②如果要绘制的图形由多个形状构成，如程序流程图，可以先建立画布，然后在画布上绘制布置每个形状（如图 1-4-46 所示），以方便后期对图形进行整体编辑，如调整大小和位置、复制、移动、设置文字环绕方式等。建立画布的方法是：将插入点置于待插入图形的地方，单击"形状"面板中的"新建绘图画布"命令。画布建立好后，可以根据需要调整其大小和位置。

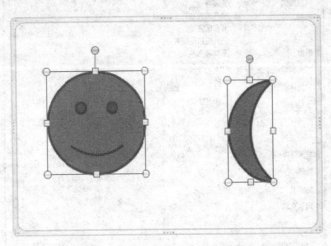

图 1-4-46　画布及其上绘制的形状

2．调整图形的位置和大小

将鼠标移动到图形上单击并拖动即可改变形状的位置。调整图形的大小可按以下步骤操作：

（1）将鼠标移动到图形上并单击，这时图形周围将出现 8 个控制点，如图 1-4-46 所示。

（2）将鼠标移至某一控制点上，鼠标变为双向箭头时单击并拖动。

（3）若要按图形的宽高比缩放形状，则需要将鼠标放在圆形控制点上，按住 Shift 键并拖动鼠标。

说明：

①画布边框周围也有 8 个控制点（图 1-4-46 中几个小圆点的位置），可以通过这些控制点来改变画布的大小。操作方法与形状大小的调整相同。将鼠标置于画布边框非控制点的位置单击并拖动，可调整画布的位置。

②默认情况下，改变画布的大小，其上的图形不会发生改变。如果需要图形随画布的大小变化而变化，则可以在画布边框上右击，在弹出的快捷菜单中选择"缩放绘图"命令，然后按前述方法调整画布的大小。

3．在图形上添加文字

在需要添加文字的图形上右击，在弹出的快捷菜单中选择"添加文字"命令。这时光标就出现在选定的图形中，输入需要添加的文字内容，并对文字进行格式化（如字体、字号等）。这些输入的文字会变成图形的一部分，当移动图形时，图形中的文字也跟随移动。

说明：如果对添加有文字的图形进行翻转或者旋转，文字不会跟着一起翻转或者旋转。

4. 设置图形的格式及文字环绕方式

默认情况下，我们绘制的图形的边线是深蓝色的，中间用蓝色填充。可根据需要调整图形格式。

操作方法：在选定的图形上右击，在弹出的快捷菜单中选择"设置形状格式"命令，弹出如图 1-4-47 所示的对话框。在其中进行填充颜色、线条颜色、线型、阴影等设置。线型、虚线类型和箭头类型也可以单击"绘图工具格式"选项卡中的相关按钮来设置。

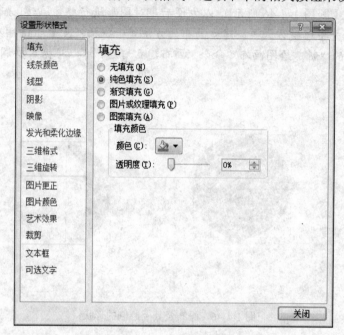

图 1-4-47　"设置形状格式"对话框

设置图形的文本环绕方式与设置图片的文字环绕方式的操作相同，参见 4.3.2 节的"图片的文字环绕方式"部分。

5. 叠放次序

当在文档中绘制多个重叠的图形时，每个重叠的图形有叠放的次序，这个次序与绘制的顺序相同，一般情况下最先绘制的图形会放在最下面。

要改变图形的叠放次序，可按以下方法操作：在要改变次序的图形上右击，在弹出的快捷菜单中选择"置于顶层"（或"置于底层"）菜单的子菜单项，或单击"绘图工具格式"选项卡"排列"栏中的"上移一层"（或"下移一层"）按钮的相应下拉按钮。叠放次序一般有如下几种：置于顶层、置于底层、上移一层、下移一层、浮于文字上方、衬于文字下方，用户根据需要进行选择即可改变图形的叠放次序。

6. 图形的组合和取消组合

对于选中的多个图形对象，可以将它们组合，使之成为一个整体图形，以便于进行移动或复制等操作。

画出的多个图形如果要构成一个整体，可以先按住 Shift 键，再分别单击各图形，当所有图形都选中后右击，选择快捷菜单中的"组合"命令，或单击"绘图工具格式"选项卡"排列"栏中的"组合"按钮 组合 ▾，则所有被选中的图形对象组合成为一个整体。

要想修改组合图形中的某一个图形，需要对已经组合的图形进行取消组合，拆分成独立的图形元素。取消组合的方法是：选中组合好的对象并右击，选择快捷菜单中的"取消组合"命令，或单击"绘图工具格式"选项卡"排列"栏中的"组合"按钮 组合 上的下拉按钮 ，在弹出的列表中选择"取消组合"，则被组合的图形中的各图形元素又可以单独进行操作了。

7. 图形的旋转与翻转

单击图形，图形上方会出现一个绿色的控制点，用鼠标在此控制点上单击并拖动，所选图形即可绕其中心旋转，直至满意位置松开鼠标即可。如果要进行精确角度的旋转，选中图形并右击，选择快捷菜单中的"其他布局选项"命令，在弹出的"布局"对话框中选择"大小"选项卡，在"旋转"列表框中设置旋转角度的大小；也可以选中图形，然后单击"绘图工具格式"选项卡"排列"栏中的"旋转"按钮 上的下拉按钮 ，在弹出的列表中根据需要选择相应的旋转或翻转效果。

4.3.4 文本框

文本框是一种特殊的图形对象，可以被置于页面中的任何位置，主要用于在文档中输入特殊格式的文本。

1. 插入文本框

文本框分横排和竖排两种格式，在横排文本框中可以按平常的习惯从左到右输入文本内容，在竖排文本框中则可以按中国古代的书写顺序以从上到下、从右到左的方式输入文本内容。插入文本框的操作步骤如下：

（1）单击"插入"选项卡"插图"栏中的"形状"按钮 形状 ，在弹出的"形状"面板中单击"文本框"按钮 或"竖排文本框"按钮 ；也可以单击"插入"选项卡"文本"栏中的"文本框"按钮 文本框 上的下拉按钮 ，在弹出的面板底部选择"绘制文本框"或"绘制竖排文本框"命令。

（2）在要创建文本框的位置处按住鼠标左键不放进行拖动，出现一个虚线框，当到达所需大小之后释放鼠标左键即可绘制出文本框。

说明：要改变文本框类型（横排或竖排），可以单击文本框，通过"绘图工具格式"选项卡"文本"栏中的"文字方向"按钮 文字方向 上的下拉按钮 实现。

2. 输入文本框的内容

插入文本框后，单击文本框内部即可输入文本。当输入的文本到达文本框边界时，文档将自动换行或换列。

3. 编辑文本框

插入文本框后，可以对文本框进行编辑，如改变大小、设置边框和填充颜色等。

在文本框中输入文字，若框中文字部分不可见时，可调整文本框的大小解决。改变文本框大小的方法是：单击要改变大小的文本框，文本框周围出现 8 个控制点，将鼠标光标移到文本框的任意一个控制点上，然后按住鼠标左键不放并拖动即可改变文本框的大小。

设置文本框边框和填充颜色的方法与普通自绘图形相同，参见 4.3.3 节的"设置图形的格式及文字环绕方式"部分。

4. 文本框的文字环绕方式

在文档中插入文本框后，可以设置文本框浮在文档的文本之上，也可以设置文本框嵌入到文档的文本中，这些就是文本框的文字环绕方式。

设置文本框的文字环绕方式与设置图片的文字环绕方式的操作相同，参见 4.3.2 节的"图片的文字环绕方式"部分。

4.3.5 插入艺术字

Word 提供了一个为文字建立图形效果的功能，可以给文字增加特殊效果，创建出带阴影的、斜体的、旋转的和延伸的文字，还可以创建符合预定形状的文字。这些特殊效果的文字就是艺术字，它是图形对象，可用"绘图工具格式"选项卡"艺术字样式"栏中的相关按钮或"设置文本效果格式"对话框来改变其效果。

插入艺术字的操作步骤如下：

（1）把插入点移到要插入艺术字的位置。

（2）单击"插入"选项卡"文本"栏中的"艺术字"按钮 上的下拉按钮，在出现的面板中单击一种艺术字样式。

（3）在文档编辑区出现的文本框中输入艺术字的文字并选中，在"开始"选项卡"字体"栏的"字体"和"字号"列表框中选择文字的字体和字号，如果需要，可以通过单击相关按钮来设置文字的粗体和斜体。

（4）单击"绘图工具格式"选项卡"艺术字样式"栏中的"文本轮廓"按钮 文本轮廓、"文本填充"按钮 文本填充 和"文本效果"按钮 文本效果 上的下拉按钮，根据需要设置艺术字文字轮廓颜色、填充颜色及阴影、发光、弯曲等效果；也可以单击"绘图工具格式"选项卡"艺术字样式"栏中的"设置文本效果"按钮，在弹出的对话框中进行设置。

如果要对已有的艺术字进行编辑，则选中艺术字，利用"绘图工具格式"选项卡"艺术字样式"栏中的相关按钮进行效果设置。也可以重新输入新的艺术字文字内容或者修改原有的艺术字。

艺术字是作为一种图片对象插入的，因此对艺术字的操作也可以像图片操作一样，可以调整大小、设定文字环绕方式、自由旋转、设置三维效果或阴影等。

4.3.6 插入公式

利用 Word 的公式编辑器可以非常方便地录入专业的数学公式，产生的数学公式可以像图形一样进行编辑和排版操作。Word 提供内置常用数学公式供用户直接选用，同时提供数学符号库供用户构建自己的公式。对自建公式，用户可以保存到公式库，以便重复使用。

1. 插入内置公式

（1）将插入点移动到待插入公式的位置。

（2）单击"插入"选项卡"符号"栏中的"公式"按钮 上的下拉按钮，在出现的列表中单击需要的公式。

2. 创建自建公式

如果需要的公式不是内置公式，则按以下步骤操作：

（1）将插入点移动到待插入公式的位置。

（2）单击"插入"选项卡"符号"栏中的"公式"按钮，此时系统会在窗口顶部显示"公式工具设计"选项卡，同时在文档编辑区显示公式输入框，如图 1-4-48 所示。

（3）选择"公式工具设计"选项卡"结构"栏中相应的结构模板和"符号"栏中相应的

符号，输入相关的数字和符号。

（4）输入完毕，单击公式外任意位置即可完成公式的插入。

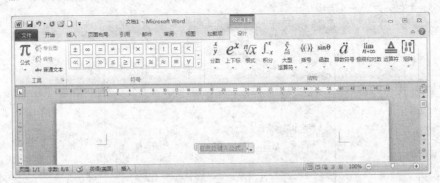

图 1-4-48　"公式工具设计"选项卡及公式输入框

说明：

①如果自建公式与某一内置公式结构相同，可按内置公式插入，然后进行修改。

②如果经常使用某一自建公式，可选中创建好的公式，单击其右下角的下拉按钮 ，在出现的列表中选择"另存为新公式"命令，将自建公式保存到公式库，将来可以像使用内置公式一样使用自建公式。

3．编辑公式

操作步骤如下：

（1）单击要编辑修改的数学公式。

（2）单击要修改的数学符号（或利用光标移动键将插入点定位到要修改的数学符号），然后输入新内容（使用键盘输入或单击"公式工具设计"选项卡"符号"栏中的相应符号）。

4.3.7　插入脚注、尾注和题注

有时需要为文档的某些文本内容添加注释以说明该文本的含义、来源等，这种注释在 Word 中称为脚注或尾注。有时需要为图片、表格、图表等添加注释说明，该注释称为题注。脚注位于每页页面的底端，尾注位于文档的末尾。

1．插入脚注或尾注

在文档某处插入脚注或尾注的方法如下：

（1）将插入点定位到准备插入脚注或尾注的地方。

（2）单击"引用"选项卡"脚注"栏中的"插入脚注"按钮或"插入尾注"按钮。

（3）在自动定位的插入点处输入注释内容。

说明：

①文档中某处插入脚注或尾注后，将在该位置显示特殊标记，当鼠标指针指向这些标记时，旁边会出现注释内容提示，删除此标记，注释也被删除。

②可以单击"引用"选项卡"脚注"栏中的"脚注和尾注"按钮 ，在弹出的"脚注和尾注"对话框中设置脚注、尾注的位置及编号格式。

2．插入题注

操作步骤如下：

（1）选定要添加题注的对象（图表、图片、表格或公式）。

（2）单击"引用"选项卡"题注"栏中的"插入题注"按钮 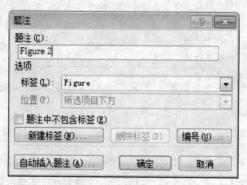，弹出如图 1-4-49 所示的"题注"对话框。

图 1-4-49　"题注"对话框

（3）在"标签"下拉列表框中选择题注的标签名称，Word 提供的标签名有图表（Figure）、表格（Table）和公式（Equation），单击"新建标签"按钮可以创建新的标签名；题注的默认编号为阿拉伯数字，单击"编号"按钮可选择其他形式的题注编号。

（4）单击"确定"按钮，在自动定位的插入点输入题注内容。

4.4　表格处理

表格是文档中经常要遇到的处理对象，Word 表格处理功能强大，可以快速创建、编辑和排版表格。

4.4.1　创建表格

在 Word 中创建表格有两种方式：一种是用插入表格的方式建立表格；另一种是用绘制表格工具直接在文档中绘制。

1. 用插入表格的方式创建表格

将插入点定位到需要插入表格的位置，单击"插入"选项卡中的"表格"按钮，弹出如图 1-4-50 所示的"插入表格"面板。此时有 3 种方法插入表格：

- 在面板上部方框区移动鼠标，选定所需要的行数、列数，然后单击鼠标。这里最多可以生成 10 行 8 列的表格。
- 单击面板上的"插入表格"命令，弹出如图 1-4-51 所示的"插入表格"对话框。在其中输入或者选择列数、行数。确定行数和列数以后，可以使用"'自动调整'操作"区域中的 3 个选项来调整列宽。其中"固定列宽"选项表明表格每列的宽度是固定的，其右侧框中的"自动"选项是 Word 默认的宽度，也可以用微调按钮进行调整；"根据窗口调整表格"选项会根据当前窗口中的页面大小来确定表格的列宽；"根据内容调整表格"选项会根据当前表格中的内容来确定列宽。确定选项后单击"确定"按钮。
- 移动鼠标到面板上的"快速表格"命令，弹出"内置表格样式列表"面板，单击某一内置表格样式即可插入该格式的表格。此时一般需要删除原有数据，重新输入自己的数据。

图 1-4-50　"插入表格"面板

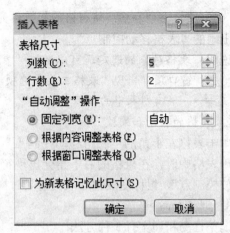

图 1-4-51　"插入表格"对话框

2. 手工绘制表格

操作步骤如下：

（1）将插入点定位到需要插入表格的位置，单击"插入"选项卡中的"表格"按钮 ，弹出"插入表格"面板。

（2）在其中单击"绘制表格"命令，鼠标移动到文档中就变成了铅笔形状，单击鼠标并拖动到适当位置后释放，将完成边框的绘制，同时窗口顶部出现"表格工具设计"选项卡。用同样的方法绘制表格内的横线、竖线。绘制过程中，可用"表格工具设计"选项卡中的"擦除"按钮 擦除不需要的表格线条。

说明： 如果要在某个单元格内绘制斜线，可单击"插入"选项卡"插图"栏中的"形状"按钮 ，在弹出的"形状"面板中选择直线，然后在相应位置单击并拖动。

表格建立起来以后，就可以在表格内输入内容了。表格内的每个矩形框在 Word 中称为单元格。单击某个单元格后即可向该单元格内输入内容。一个单元格的内容输完后，按"→"键或 Tab 键，光标自动移到下一单元格的起始位置。一行输入完后，按"→"键光标移到下一行的行首。

4.4.2　编辑表格

表格建立后，经常需要进行调整。表格的编辑包括：缩放表格；调整行高和列宽；插入或删除行、列和单元格；拆分和合并表格、单元格；表格的复制和删除等。

1. 表格对象的选定

（1）选定单元格：将鼠标指针移动至单元格的起始处，鼠标形状变为右上角方向黑色实心箭头时单击左键。

（2）选定单元格区域（矩形块）：将鼠标指针移至起始单元格，拖动鼠标到该单元格区域的最后一个单元格。

（3）选定一行或多行：将鼠标指针移至行左边的选定栏，单击可选定一行，拖动鼠标则选定多行。

（4）选定一列或多列：将鼠标指针移至列的上边界，指针形状变为向下实心箭头时，单击可选定一列，拖动鼠标则选定多列。

（5）选定整个表格：从表格的起始单元格开始拖动鼠标到最后一个单元格；或者单击表格左上角的"表格移动控制点"。

说明： 表格对象的选定还可以通过"表格工具"选项卡实现。方法是：在表格内的任意地方单击，窗口顶部出现"表格工具"选项卡，单击"布局"选项卡"表"栏中的"选择"按钮 选择，单击列表中的相应命令。

2. 表格的移动和缩放

单击表格左上角的"表格移动控制点"并拖动鼠标到其他位置释放即可移动表格。当鼠标位于表格中时，在表格的右下角会出现符号□，称为"表格缩放控制点"。移动鼠标至"表格缩放控制点"，鼠标变成空心双向箭头时拖动鼠标可以缩放表格。

3. 调整行高和列宽

调整行高和列宽有 3 种方法：

● 将鼠标移至表格线，指针形状变为双向箭头时拖动鼠标。此方法适用于对个别行（或列）的局部调整。

● 单击或选定要改变行高（或列宽）的行（或列），单击"表格工具"选项卡中的"布局"标签，出现如图 1-4-52 所示的"表格工具布局"选项卡，在"单元格大小"栏的"高度"框中输入或设置需要的行高，在"宽度"框中输入或设置需要的列宽。也可以单击"单元格大小"栏中的"表格属性"按钮 或"表"栏中的"属性"按钮 ，在弹出的"表格属性"对话框中设置。此方法适用于精确调整。

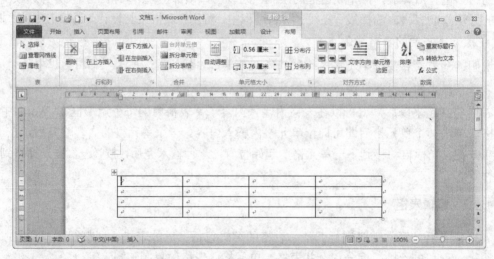

图 1-4-52　"表格工具布局"选项卡

● 将插入点置于任意单元格，单击"表格工具布局"选项卡"单元格大小"栏中的"分布行"按钮 分布行（或"分布列"按钮 分布列），可实现表格或选定行（列）的行高（列宽）均匀分布。单击"自动调整"按钮 ，选择相应命令，可实现"根据内容调整表格"、"根据窗口调整表格"、"固定列宽"等表格自动调整命令。

4. 插入或删除行、列、单元格

（1）插入行、列。

1）单击或选定行或列。

2）单击"表格工具布局"选项卡"行和列"栏中的相应按钮。

说明：在表格最后一行的行结束标记处按回车键，可在表尾插入行。

（2）插入单元格。

1）单击或选定要在旁边插入新单元格的单元格。

2）单击"表格工具布局"选项卡"行和列"栏中的"表格插入单元格"按钮 ，或者右击，选择"插入"→"插入单元格"命令，系统弹出如图1-4-53所示的"插入单元格"对话框，在其中选择某一选项即可进行相应的操作。

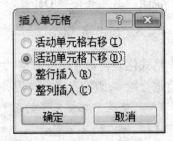

图1-4-53　"插入单元格"对话框

- 活动单元格右移：在选定的单元格左侧插入新的单元格。
- 活动单元格下移：在选定的单元格上方插入新的单元格。
- 整行插入：可插入一行。
- 整列插入：可插入一列。

（3）删除行、列和单元格。

单击"表格工具布局"选项卡"行和列"栏中的"删除"按钮 ，在弹出的列表中根据需要选择相关命令即可删除行、列、单元格和整个表格。

5. 合并和拆分单元格

（1）合并单元格。

如果希望将相邻的单元格合并为一个单元格，可使用合并单元格的功能。

操作方法：选中需要合并的单元格，单击"表格工具布局"选项卡"合并"栏中的"合并单元格"按钮 合并单元格；或者右击，在弹出的快捷菜单中选择"合并单元格"命令。

（2）拆分单元格。

如果希望将表格中的某一单元格拆分为若干单元格，则可进行以下操作：单击或选中需要拆分的单元格，单击"表格工具布局"选项卡"合并"栏中的"拆分单元格"按钮 拆分单元格；或者右击，在弹出的快捷菜单中选择"拆分单元格"命令，都可弹出"拆分单元格"对话框，在其中输入要拆分成的单元格行数和列数，单击"确定"按钮。

6. 拆分与合并表格

（1）拆分表格。

拆分表格是指将一个表格分为两个表格的情况。首先将光标移到要拆分成第二个表格的第一行上，然后单击"表格工具布局"选项卡"合并"栏中的"拆分表格"按钮 拆分表格，这样就可以将一个表格拆分成两个表格了。也可以通过快捷键 Ctrl+Shift+Enter 拆分表格。

（2）合并表格。

在第一个表格表尾插入行（根据第二个表格的数据行确定插入行数），然后将第二个表的内容复制过去。

7. 表格的复制和删除

（1）表格的复制。

选定需要复制的表格，单击"开始"选项卡中的"复制"按钮 复制，或使用快捷键 Ctrl+C，或在选定表格里右击并选择弹出快捷菜单中的"复制"命令完成，然后将光标移动到要粘贴表格的地方进行粘贴操作。

（2）表格的删除。

选定需要删除的表格，单击"表格工具布局"选项卡"行和列"栏中的"删除"按钮，在弹出的列表中选择"删除表格"命令，或单击"开始"选项卡中的"剪切"按钮 ，或使用快捷键 Ctrl+D，或在选定表格内右击并选择弹出快捷菜单中的"剪切"命令。

说明：选定表格按 Del 键，只能删除表格中的数据，不能删除表格。

4.4.3　表格格式化

格式化表格可以改变表格的外观，使整个表格美观、大方。Word 中的表格工具可以帮助用户进行绘制/删除表格、设置各种对齐方式等表格的格式化操作。

1. 表格及单元格文字的对齐

（1）单元格文字对齐。

单元格中文字的对齐有水平方向和垂直方向之分，因此形成 9 种对齐方式，如图 1-4-54 所示。

设置单元格文字对齐方式的方法为：单击或选定要设置对齐方式的单元格，单击"表格工具布局"选项卡"对齐方式"栏中的相关按钮，或者右击并在弹出的快捷菜单中选择"单元格对齐方式"9 种中的一种。

说明：只有当单元格的高度大于其中的文本高度时，"垂直对齐"效果才能体现出来。

（2）表格的对齐。

表格对齐方式的设置方法为：选定要设置对齐方式的表格，单击"表格工具布局"选项卡"单元格大小"栏中的"表格属性"按钮 ，或者右击并在弹出的快捷菜单中选择"表格属性"命令，弹出如图 1-4-55 所示的"表格属性"对话框，在其中选择相应的对齐方式。

图 1-4-54　单元格文字的对齐方式

图 1-4-55　"表格属性"对话框

2. 表格边框和底纹的设置

在表格的格式化操作中，经常需要对表格的边框与底纹加以修饰。修饰表格可采用两种方法：一种是自动套用格式，另一种是按自己的意愿来设计边框和底纹格式。

（1）自动套用表格格式。

Word 为用户提供了多种预定义格式，有表格的边框、底纹、字体、颜色等，使用它们可以快速格式化表格。

具体操作步骤如下：

1）单击表格中的任意一个单元格（一般是选中整个表格）。

2）单击"表格工具设计"选项卡"表格样式"栏中的"其他"按钮，在弹出的面板中选择所需的表格样式。

（2）手动设置边框和底纹。

操作步骤如下：

1）选定操作对象：若给整个表格添加边框或底纹，则单击表格中的任意单元格；若要给指定单元格添加边框和底纹，则选定需要设置边框或底纹的单元格。

2）单击"表格工具设计"选项卡"绘图边框"栏中的"边框和底纹"按钮，或者右击并在弹出的快捷菜单中选择"边框和底纹"命令，都会弹出"边框和底纹"对话框。

3）如果要设置边框，则单击"边框"标签，选择适当的线型、颜色、宽度等，并可在"预览"框中查看其设置效果。

4）如果要设置底纹，则单击"底纹"标签，选择底纹的填充色、图案的式样和颜色，并在"预览"框中观察其效果。

5）单击"确定"按钮。

说明：也可以用"表格工具设计"选项卡中的"边框"按钮、"底纹"按钮、"笔颜色"按钮和相关的线形、线宽设置框来完成边框线和底纹的设置工作。

3．设置表格与文字的环绕

表格和文字的排版有"环绕"和"无"两种方式，具体设置方法是：选定表格，单击"表格工具布局"选项卡"单元格大小"栏中的"表格属性"按钮，或在选定的表格内右击并在弹出的快捷菜单中选择"表格属性"命令，弹出"表格属性"对话框，在"表格"选项卡的"文字环绕"区域中根据需要选择环绕方式，最后单击"确定"按钮。

4.4.4　表格的计算和排序

1．表格的计算

在 Word 的表格中，可以进行比较简单的四则运算和函数运算。

操作步骤如下：

（1）将插入点移动到存放计算结果的单元格中，然后单击"表格工具布局"选项卡"数据"栏中的"公式"按钮，弹出如图 1-4-56 所示的"公式"对话框。

（2）其中默认的是求和函数 SUM()，通过"粘贴函数"下拉列表框可以调出 Word 所提供的全部函数，从中选择所需要的函数。

（3）在函数后面的括号中输入参加计算的单元格名称（用逗号分隔）。表中的单元格列号依次用 A、B、C 等字母，行号依次用 1、2、3 等数字表示，例如 B3 表示第二列第三行的单元格。连续的多个单元格可以用"起始单元格名称:最后单元格名称"方式表示。

（4）依次输入公式内的运算符、常数、函数及参数，完成后单击"确定"按钮。

2．表格的排序

向表格内输入的数据通常情况下是无序的。如果要对其进行重新排序，可按如下步骤进行：

（1）单击"表格工具布局"选项卡中的"排序"按钮，弹出如图 1-4-57 所示的"排序"对话框。

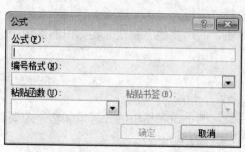

图 1-4-56　"公式"对话框

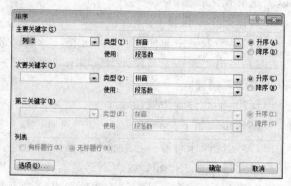

图 1-4-57　"排序"对话框

（2）在"主要关键字"下拉列表框中选择要排序列的列标题，若还需要按次关键字排序，则在"次要关键字"下拉列表框中进一步选择，并根据需要对排序关键字选择"升序"或"降序"。

（3）单击"确定"按钮。

4.4.5　文字和表格的互换

1. 文字转换为表格

如果我们在输入文字或数据时，每个项目之间有规则地用特别符号（逗号、制表符或空格键）分隔开，则可以把这些文字或数据转换成表格来显示。

操作步骤如下：

（1）用鼠标选定录入的文字或数据。

（2）单击"插入"选项卡中的"表格"按钮，弹出"插入表格"面板。

（3）选择"文本转换成表格"命令，弹出"将文字转换为表格"对话框，如图 1-4-58 所示。

（4）根据需要对表的行数、列数和表格格式进行适当的调整，最后单击"确定"按钮。

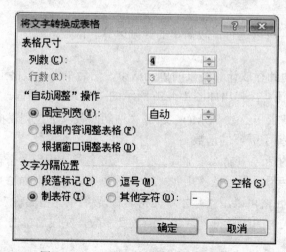

图 1-4-58　"将文字转换成表格"对话框

2. 表格转换为文字

也可以把有数据的表格转换成文本方式来显示。

操作步骤如下：

（1）把光标定位在表格的任一位置上。

（2）单击"表格工具布局"选项卡"数据"栏中

的"转换为文本"按钮  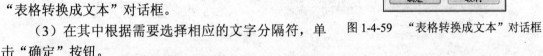，弹出如图 1-4-59 所示的

"表格转换成文本"对话框。

（3）在其中根据需要选择相应的文字分隔符，单
击"确定"按钮。

图 1-4-59 "表格转换成文本"对话框

4.5 Word 高级应用

4.5.1 审阅

审阅即审查阅读，指对文档进行仔细的阅读，并发表意见或进行修改。为使文档原作者明确审阅者的意见以及审阅者对文档做了哪些具体修改，Word 提供了批注和修订工具来标记每一处意见和具体修改。原作者可以跟踪每个插入、删除、移动、格式更改操作，并决定是否接受这些更改。

单击"审阅"选项卡，窗口功能区将出现如图 1-4-60 所示的审阅工具。用户可通过这些工具完成文档的修订工作。

图 1-4-60 审阅工具

1. 批注

打开一篇文档后，可以针对文档中的某一部分插入"批注"，以表达我们的想法。这点在讨论合同、方案等的时候尤为有用。

操作步骤如下：

（1）选定要添加批注的内容。

（2）单击"新建批注"按钮，则在选中的区域出现色标，同时编辑区右侧显示矩形批注框（包含批注添加者姓名），如图 1-4-61 所示。

（3）在批注框中的光标处输入批注内容。

说明：

①插入批注后，可以用"批注"栏中的"上一条"和"下一条"按钮跟踪每一条批注，也可以用"删除"按钮删除批注。

②如果需要修改批注内容可单击相应的批注框进行修改。

③批注并不影响文档的格式。

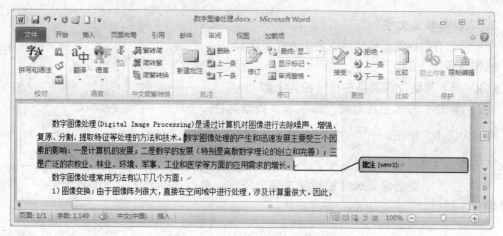

图 1-4-61　批注色标及批注框

2. 修订

批注一般用于对文档内容发表意见。但如果是讨论审核一篇文档，则需要用到"修订"和"更改"功能。

启用修订功能时，审阅者对文档进行的每一次插入、删除或格式更改都会被标记出来。文档原作者查看修订时，可以接受或拒绝修改。

操作方法及步骤如下：

（1）打开文档，单击"审阅"选项卡"修订"栏中的"修订"按钮启用修订功能。此时，对文档的任何插入、删除、格式修改都会显示修订标记。

（2）修改文档。被删除内容显示删除横线，插入的内容会显示下划线，格式修改将用批注框显示在编辑区右侧，如图 1-4-62 所示。这些修改记录会随文档一同保存。

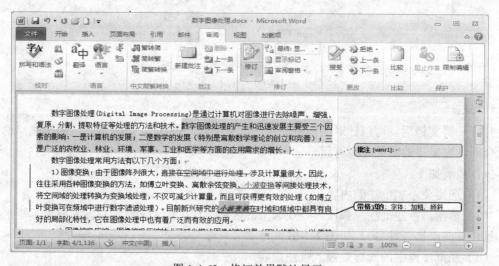

图 1-4-62　修订效果默认显示

（3）如果觉得正文显示较乱，可以单击"修订"按钮的下拉按钮，在出现的列表中选择"修订选项"，此时弹出如图 1-4-63 所示的"修订选项"对话框。在"批注框"区域的"使用'批注框'"下拉列表框中选择"总是"（图中蓝色背景位置）并单击"确定"按钮，此时修订显示效果如图 1-4-64 所示。

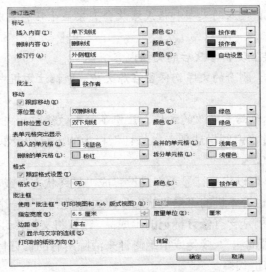

图 1-4-63　"修订选项"对话框

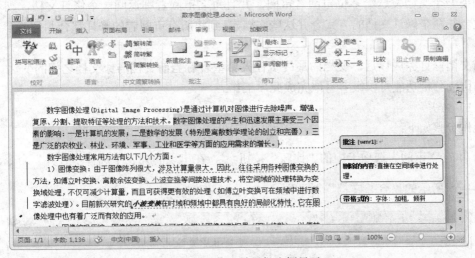

图 1-4-64　修订效果批注框显示

（4）文档审核后，发给原作者或其他审核者，由原作者或其他审核者"接受"或"拒绝"这些修订。接受修订，则修改内容将被合并到文档中，同时修订标记消失；拒绝修订，则修改内容从正文中移去，返回到该处原来的状态。

说明：

①审阅完成后，记得关闭"修订"（显示非高亮状态）功能，否则会影响文档的正常编辑。

②在阅读"修订模式"中的文档时，如果看得费力，可以单击"审阅窗格"按钮　　审阅窗格打开"审阅窗格"，以便于观看。

③对于文档中的图形对象，Word 只能记录删除操作，图片的其他格式尺寸等都不会被记录，只会直接保留最终状态。嵌入型的图片插入、删除时和文本一样只是在图片下划一条下划线或删除线。必须打开"审阅窗格"，才能在审阅窗格中看到图形的增删记录。

④修订有"最终：显示标记"、"最终状态"、"原始：显示标记"、"原始状态" 4 种显示方式，含义如下：

- 最终：显示标记：插入的文字和格式修改会直接显示在原文中，在批注方框中显示删除后的文字。
- 最终状态：直接呈现出修改后的文档内容。
- 原始：显示标记：删除的文字仍保留在原文中，则批注方框中显示插入的文字和格式修改。
- 原始状态：显示原始未修改的文档，让您了解未做修订的文档内容。

修订的显示方式通过"审阅"选项卡"修订"栏中的下拉列表框设置，该设置只对本机有效，不会记录在文件中。

在文档审阅过程中，可以将修订显示方式设置成"最终状态"或"最终：显示标记"。每个人 Word 的设置不同，也许本机的"最终状态"模式文档到了另一个人那里，就满篇都是修订标记了。为避免文档终稿是含有修订标记的半成品，建议将文档修订显示方式设置为"最终：显示标记"，并通过删除"批注"、接受或拒绝修订来清除所有的修订标记，以确保文档最终送出去时是不含修订标记的正式稿。

3. 合并与比较

如果一个文档发送给多位审阅者审阅，并且每名审阅者都返回一个修订文档，则可以按照一次合并两个修订文档的方式合并这些文档，直到将所有审阅者的修订都合并到单个文档中为止。

当文档修订完成以后，文档的最终责任人希望查看当前文档与原文档之间的变化。Word提供的比较分析功能可以很容易地完成此项工作。

（1）合并。

操作步骤如下：

1）单击"审阅"选项卡中的"比较"按钮，在出现的列表中选择"合并"命令，弹出如图 1-4-65 所示的"合并文档"对话框。

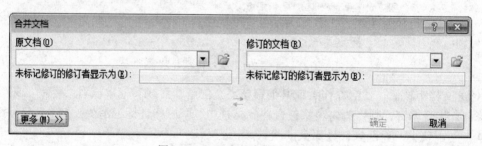

图 1-4-65　"合并文档"对话框

2）在"原文档"下拉列表框中选择保存合并的文档的名称。如果没有在列表中看到该文档，请单击"浏览"按钮📂。

3）在"修订的文档"下拉列表框中选择一个修订文档。

4）单击"更多"按钮，在"显示修订"下选择您要在文档中进行比较的选项；在"修订的显示位置"下选择"原文档"。

5）单击"确定"按钮。

6）重复步骤1）～5）。

说明：Word 一次只能存储一组格式更改。因此在合并多个文档时，系统会提示用户决定保持原文档的格式还是使用已编辑文档的格式。如果不需要跟踪格式更改，可以取消对"合并文档"对话框中的"格式"复选框的选择。

（2）比较。

操作步骤如下：

1）单击"审阅"选项卡中的"比较"按钮 ，在出现的列表中选择"比较"命令，弹出"比较文档"对话框。

2）在"原文档"下拉列表框中选择原文档，在"修订的文档"下拉列表框中选择修订文档。

3）单击"更多"按钮，进行比较设置。

4）单击"确定"按钮。

4. 文档保护

默认情况下，任何人都可以打开、复制和更改文档的任何部分。有时候我们希望把自己的文档进行加密，或者根据读者的职位不同对文档的修改有一定的限制，或者只允许指定的用户查看文档内容。Word 提供了不同的文档保护措施来处理不同的保护需要。

单击"文件"→"信息"命令，在出现的面板中单击"保护文档"按钮，可指定相应的文档保护措施，如图 1-4-66 所示。

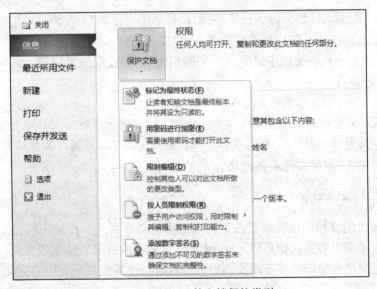

图 1-4-66　Word 的文档保护类型

常用保护措施介绍如下：

（1）标记为最终状态。

打开此类保护的文档，窗口中文档标识为只读，同时在文档编辑区顶部提示读者文档已"标记为最终版本"。读者不能编辑文档，除非单击编辑区顶部的"仍然编辑"。

（2）用密码进行加密。

设置此类保护将为文档指定密码，读者需要输入正确的密码才能打开该文档。

（3）限制编辑。

该保护措施控制哪些用户可以对文档进行哪些修改。具体操作如下：

1）单击"限制编辑"，弹出如图 1-4-67 所示的"限制格式和编辑"对话框。

图 1-4-67 "限制格式和编辑"对话框

2）选中"限制对选定的样式设置格式"，再单击"设置"，在弹出的对话框中可设置哪些样式不允许修改格式，可防止样式被修改，也可防止直接对文档使用格式。

3）选中"仅允许在文档中进行此类型的编辑"，可设置编辑限制，同时可指定哪些用户可以编辑哪些内容。

4）单击"是，启动强制保护"按钮，设置生效。

说明：保护文档的编辑限制共分 4 种：修订（让审阅者通过插入批注和修订来更改文档）、批注（仅让审阅者插入批注）、填写窗体（保护窗体文件不被删改，只能填写窗体内容）、未作任何更改（只读）（保护文件不被删改）。

4.5.2 自动生成目录

编制比较大的文档，往往需要在最前面给出文档的目录。目录中包含文档中的各级标题（含编号）及对应内容的起始页码。Word 提供了方便的目录自动生成功能，利用该功能生成的目录可以随时进行更新，以反映文档中标题内容、位置及对应页码的变化。

1．插入目录

操作步骤如下：

（1）按要求的格式准备好文档内容并插入页码，包括各级标题及正文的字符格式和段落格式。

（2）按住 Ctrl 键选定属于 1 级标题的所有内容（如果文档较大，可切换到大纲视图下选择），右击"开始"选项卡"样式"栏中的"标题 1"按钮 AaBbC 标题 1，在出现的列表中选择"更新标题 1 以匹配所选内容"命令。

（3）用同样的方法选定 2 级标题的内容并更新"标题 2"样式。依此类推，直到目录包含的标题全部处理完。

（4）将插入点定位在准备生成目录的地方，如文档的开始位置。

（5）单击"引用"选项卡"目录"栏中的"目录"按钮，在出现的列表中选择"插入目录"命令，弹出如图 1-4-68 所示的"目录"对话框。

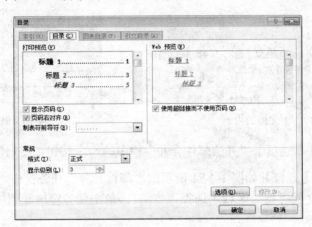

图 1-4-68　"目录"对话框

（6）根据需要设置格式、显示级别（目录中包含的标题级别）及其他选项，单击"确定"按钮。

（7）如果生成目录的页码不是从第 1 页开始，则进行以下操作：首先将插入点置于目录结尾处，单击"页面布局"选项卡"页面设置"栏中的"分隔符"按钮 分隔符，在出现的列表中选择"下一页"命令；然后将插入点置于正文任意位置，单击"插入"选项卡"页眉和页脚"栏中的"页码"按钮，在出现的列表中选择"设置页码格式"命令，在弹出的对话框中选中"起始页码"并单击"确定"按钮。

2. 更新目录

如果插入目录后又对文档进行了编辑，导致标题数量增减、文字内容或所在页码位置发生了变化，为使目录与正文保持一致，必须更新目录。操作步骤如下：

（1）单击"引用"选项卡"目录"栏中的"更新目录"按钮 更新目录。

（2）在弹出的对话框中根据需要设置更新方式，然后单击"确定"按钮。

4.5.3　邮件合并

在日常工作中，常有大量的信函或报表文件需要处理。有时这些文件的大部分内容基本相同，只是其中的一些数据有所变化。例如，某部门要举办一场学术报告会，需要向其他部门或个人发出邀请函。邀请函的内容除了被邀请对象不同外，基本内容（如会议时间、主题等）都是相同的。为简化这一类文档的创建操作，提高工作效率，可以使用 Word 提供的"邮件合并"功能来对每一个被邀请者生成一份单独的邀请函。

利用邮件合并功能一般要创建两个文档：一个是主文档，存放信函或报表文件中共有的内容和格式信息；另一个是数据源文件，存放需要变化的数据，如姓名、部门名称、称谓等。数据源文件中的内容要求以规则的二维表形式保存，可以是 Word 文件、Excel 文件、数据库文件等。合并时将主文档中的信息分别与数据源中的每条记录合并，形成合并文档。

操作步骤（以上述的学术邀请函制作为例）如下：

（1）建立主文档并作为当前窗口打开。主文档的内容如图 1-4-69 所示。

（2）建立数据源文件。建立如图 1-4-70 所示的 Word 表格，保存在磁盘中，并关闭该数据源文件。

尊敬的：
我中心定于 2013 年 5 月 16 日在我校学术报告厅举办"网络信息技术"学术会议，诚邀您或您单位有关人员参加。
　　　　　　　　　　　　　　　　S 大学信息中心
　　　　　　　　　　　　　　　　2013 年 5 月 6 日

部门名称	姓名	称谓
A 大学计算中心	张辉	副教授
市信息中心	李志	工程师
YY 电脑公司	洪华华	经理
X 教授	陈文文	主任
XX 软件开发中心	郑远	高工

图 1-4-69　主文档的内容　　　　　　　　　　　图 1-4-70　数据源文件内容

（3）单击"邮件"选项卡"开始邮件合并"栏中的 按钮，在出现的列表中选择"邮件合并分布向导"命令，打开如图 1-4-71 所示的"邮件合并"任务窗格。

（4）在"选择文档类型"区域中选择"信函"，单击任务窗格底部的"下一步：正在启动文档"。

（5）在"选择开始文档"区域中选择"使用当前文档"，单击"下一步：选取收件人"。如果主文档不是当前文档，则选择"从现有文档开始"，再打开主文档。

（6）单击"使用现有列表"区域中的"浏览"按钮，弹出"选取数据源"对话框。在其中选择上面保存的数据源文件并单击"打开"按钮，弹出"合并邮件收件人"对话框，单击"编辑"按钮可以编辑数据源，单击"确定"按钮可进入下一步。

（7）单击"下一步：撰写信函"，任务窗格变为如图 1-4-72 所示的样子。将插入点定位于主文档中"尊敬的"之后，单击"撰写信函"区域中的"其他项目"按钮，弹出如图 1-4-73 所示的"插入合并域"对话框，分别插入"部门名称"、"姓名"、"称谓"三个合并域至主文档中，效果如图 1-4-74 所示。

图 1-4-71　"邮件合并"任务窗格　　　　图 1-4-72　"邮件合并"任务窗格之"撰写信函"

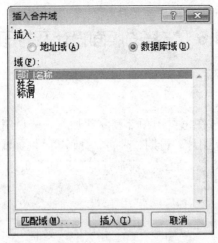

图 1-4-73　"插入合并域"对话框

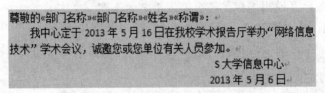

图 1-4-74　主文档中插入合并域的效果

（8）单击"下一步：预览信函"预览结果。可使用"邮件"选项卡"预览结果"栏中的"上一条"和"下一条"按钮预览全部信函。如果需要修改，可单击"上一步：撰写信函"进行修改。

（9）单击"下一步：完成合并"。用户可以单击"打印"直接开始打印信函，也可以单击"编辑个人信函"对个别信函进行再编辑或保存。

说明：在本例中如果想将合并生成的信函直接以电子邮件的形式发给每位被邀请者，可在数据源文件中增加一个"电子邮件地址"列，并输入相应的邮件地址。合并完成后单击"邮件"选项卡中的![完成并合并]按钮，在出现的列表中选择"发送电子邮件"命令，此时会弹出如图 1-4-75 所示的"合并到电子邮件"对话框。在"收件人"下拉列表框中选择"电子邮件地址"，在"主题行"文本框中输入邮件主题，单击"确定"按钮即可自动发送邮件给每位被邀请者。

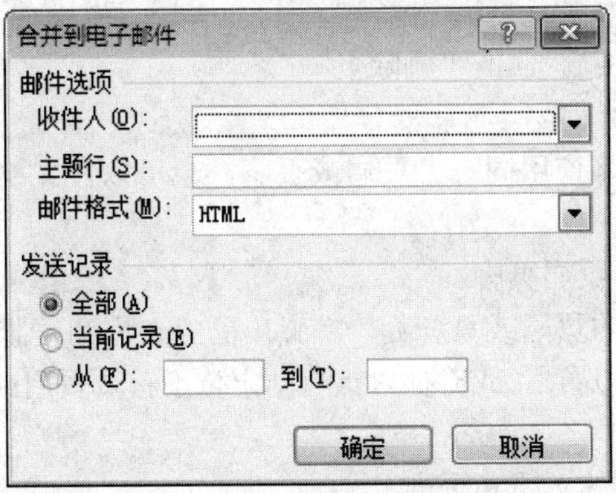

图 1-4-75　"合并到电子邮件"对话框

4.6　文档的版面设计及打印

4.6.1　设置页眉和页脚

在文档排版打印时，通常在每页的顶部和底部加入一些说明性信息，称为页眉和页脚。这些信息可以是文字、图形、图片、日期、时间、页码等。例如我们常见杂志的每页顶部一般都有文章标题、书名等页眉信息，底部一般都打印有日期、页码等信息。

1.　创建页眉和页脚

操作步骤如下：

（1）单击"插入"选项卡"页眉和页脚"栏中的"页眉"按钮（或"页脚"按钮），在出现的列表中选择一种页眉（或页脚）样式，此时插入点处于页眉（或页脚）位置，而且正文内容的颜色变成灰色（说明光标是在页眉或页脚而不在正文中）。

（2）输入页眉（或页脚）的内容，并可进行适当的字体排版。输入完毕后，单击"页眉页脚工具设计"选项卡中的　　　　按钮（或　　　　按钮），将插入点移动至页脚（或页眉）位置，可继续输入页脚（或页眉）内容并编辑。

（3）单击"页眉和页脚工具设计"选项卡中的"关闭页眉和页脚"按钮　　　，或在正文位置双击，则在正文的每一页顶端（或底端）都加上了排版过的页眉（或页脚）。

此时正文内容由浅变深，页眉和页脚内容（在页面视图下）由深变浅。

"页眉和页脚工具设计"选项卡中有许多按钮，可以利用这些按钮插入页码、日期、图片等，也可以对页眉、页脚处的文本进行格式化设置。

2.　编辑页眉和页脚

要对已经设置好的页眉和页脚进行修改编辑，可通过以下操作方法实现：单击"插入"选项卡中的"页眉"按钮（或"页脚"按钮），在出现的列表中选择"编辑页眉"（或"编辑页脚"），或直接双击页眉（或页脚）处，打开页眉页脚后直接进行相应的修改和编辑即可。

3.　删除页眉和页脚

如果要删除设置好的页眉和页脚，可双击页眉页脚处，进入之后选中要删除的页眉或页脚内容进行删除操作，或单击"插入"选项卡中的"页眉"按钮（或"页脚"按钮），在出现的列表中选择"删除页眉"（或"删除页脚"）。

4.　不同的页眉和页脚设置

在文档中可以自始至终使用同一个页眉或页脚，也可以在文档的不同部分使用不同的页眉和页脚。

（1）设置首页不同的页眉页脚。

操作方法：双击首页的页眉或页脚处，在弹出的"页眉和页脚工具设计"选项卡的"选项"栏中选中"首页不同"选项，此时插入点自动定位于首页页眉或页脚处，可输入与其他页不同的页眉或页脚。

（2）设置奇偶页不同的页眉和页脚。

双击任意一页的页眉或页脚处，在弹出的"页眉和页脚工具设计"选项卡的"选项"栏中选中"奇偶页不同"选项，然后分别设置奇数页页眉页脚和偶数页页眉页脚。

（3）设置分节页眉页脚。

除首页不同或奇偶页不同的页眉页脚外，有时需要对文档的不同部分设置不同的页眉页脚，如对书本的不同章节设置不同的页眉页脚。要实现该操作，首先要对文档分节，分节的方法详见 4.6.3 节。用户可根据需要将文档分为多个不同的节。

为文档分节以后，在每节的页眉页脚处双击，利用"页眉和页脚工具设计"选项卡即可为各节设置页眉页脚。也可对每节设置"首页不同"及"奇偶页不同"的页眉页脚。

注意：设置第二节及此后各节的时候，在页眉框右下角有一个"与上一节相同"的提示，同时"页眉和页脚工具设计"选项卡中的"链接到前一条页眉"按钮呈按下状态，如图 1-4-76 所示。单击"链接到前一条页眉"按钮，将其变为弹起状态，然后再输入新的页眉页脚内容，设置才能有效；否则，改变本节页眉和页脚，上一节的页眉和页脚也会被同步改变；编辑上一节页眉和页脚，本节的页眉和页脚同样会改变。

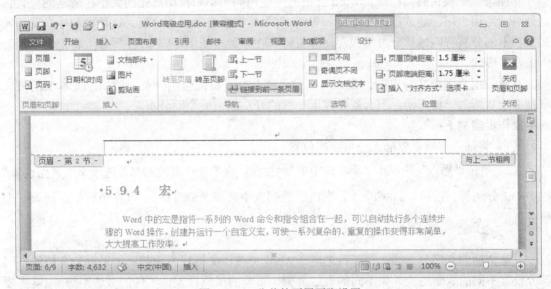

图 1-4-76 分节的页眉页脚设置

由于页眉和页脚在文档分节后默认"与上一节相同"，因而本节的页眉和页脚还会被下面的各节继承。这就需要逐节编辑不同的页眉和页脚。

4.6.2 设置页码

在 Word 中，除了可以按上述在页眉或页脚中设置页码外，还可以用另一种方法灵活地设置页码。其操作方法是：单击"插入"选项卡"页眉和页脚"栏中的"页码"按钮，弹出如图 1-4-77 所示的页码位置及格式选项。其中，前 4 项表示页码的位置（页面顶端、页面底端、左侧和右侧页边距之外或光标当前位置），鼠标指向任一选项，在出现的列表中单击任一页码形式，即可在相应位置插入页码。单击"设置页码格式"选项，弹出如图 1-4-78 所示的"页码格式"对话框。可根据需要选择相应的页码编号格式，若文档第 1 页不参加编号（比如第 1 页是文章的封面）或前几页都不参加页码编号，可将"起始页码"列表框设置成 2 或相应的数字。

图 1-4-77　页码位置及格式选项　　　　　　图 1-4-78　"页码格式"对话框

4.6.3　分隔符

1. 分页

在编辑一个较长的文档时，Word 会根据页边距的大小和打印纸张的大小在适当的位置自动分页；当用户增、删或修改文本时，Word 将根据需要自动调整分页。这种由程序自动插入到文档中的分页符叫做软分页符或浮动分页符，在普通视图下，Word 在屏幕上将把它显示为一条水平虚线。

有时，用户需要在特定的位置插入一个"硬"分页符来强制分页，譬如，一本书的每一章都必须从新的一页开始，那么就要在下一章的开头加上一个硬分页符。

操作步骤如下：

（1）将插入点置于要插入分页符的位置。

（2）单击"插入"选项卡"页"栏中的 按钮，或单击"页面布局"选项卡"页面设置"栏中的"分隔符"按钮 ，在出现的列表中选择"分页符"，可在当前位置插入一个硬分页符。

2. 分节

节是文档的一部分。插入分节符之前，Word 将整篇文档视为一节。如果要为文档的不同部分设置不同的版面格式（如不同的页眉页脚、不同的页码设置、不同的页边距等），就需要对文档分节，然后再设置各节的版面格式。

插入分节符的步骤如下：

（1）将插入点定位到新节的开始位置。

（2）单击"页面布局"选项卡"页面设置"栏中的"分隔符"按钮 ，在出现的列表中根据需要选择下面的一种：

- 下一页：选择此项，光标当前位置后的全部内容将移到下一页面上。
- 连续：选择此项，Word 将在插入点位置添加一个分节符，新节从当前页开始。
- 偶数页：光标当前位置后的内容将转至下一个偶数页上。
- 奇数页：光标当前位置后的内容将转至下一个奇数页上。

4.6.4　页面设置

页面设置主要包括设置纸张大小、页面方向、页边距等内容。页边距是指页面上文本与纸张边缘的距离，它决定页面上整个正文区域的宽度和高度，对应页面的 4 条边共有 4 个页边距，分别是左页边距、右页边距、上页边距和下页边距。

　　页边距设置方法：单击"页面布局"选项卡"页面设置"栏中的"页边距"按钮 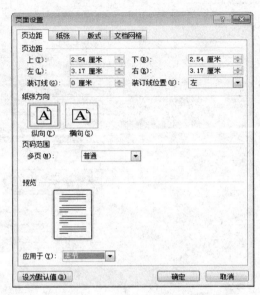，在出现的列表中选择一种默认设置，或选择"自定义边距"命令打开如图 1-4-79 所示的"页面设置"对话框，按要求选择设定。也可以通过"页面布局"选项卡"页面设置"栏中的"纸张大小"按钮　打开"页面设置"对话框。

图 1-4-79　"页面设置"对话框

　　该对话框共包括"页边距"、"纸张"、"版式"、"文档网格"4 个选项卡。

　　"页边距"选项卡用于设置上、下、左、右的页边距及装订线位置等。

　　"纸张"选项卡，可以设置纸张类型和方向，一般默认值为 A4 纸。如果当前使用的纸张为特殊规格，可以选择"自定义大小"选项，并通过"高度"和"宽度"框定义纸张的大小。

　　"版式"选项卡用于设置页眉和页脚的特殊选项，如位置、奇偶页不同、首页不同、垂直对齐方式等。

　　"文档网格"选项卡用于设置每页容纳的行数和每行容纳的字数等。

　　纸张大小、页面方向的设置可用"页面布局"选项卡"页面设置"栏中的相关按钮或在"页面设置"对话框中设置。

　　通常，页面设置作用于整个文档，如果要对部分文档进行页面设置，则应在"应用于"下拉列表框中选择范围。

4.6.5　文档打印

1. 打印预览

　　对排版后的文档进行打印之前，应先对其打印效果进行预览，以便决定是否还需要对版式进行调整。

　　单击"文件"→"打印"命令，出现如图 1-4-80 所示的"打印"窗口，右侧是预览区域，用户设置的纸张方向、页面边距等都可以通过预览区域查看效果，而且用户还可以通过调整预览区右下角的滑块来改变预览视图的大小。

2．打印

打印预览满意后，安装好打印纸，使打印机处于联机状态，就可以打印文档了。

操作步骤如下：

（1）在"打印"窗口的"份数"文本框中输入要打印的份数。

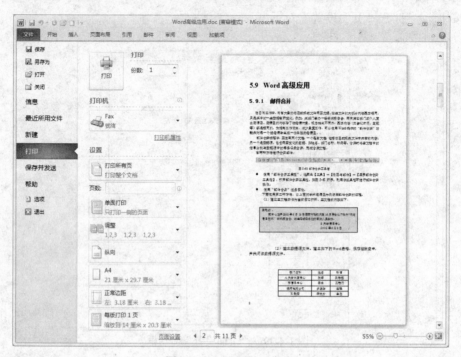

图 1-4-80　"打印"窗口

（2）单击"打印所有页"下拉按钮设置页面范围。如果选择"当前页"，打印的是光标所在页的内容；如果要打印文档中的指定内容，可以选择"选定内容"；如果要指定打印的页码，可在"页数"文本框中输入打印页码来挑选打印，输入页码的规则是：非连续页之间用英文状态的逗号分隔，连续页之间用英文状态的"-"号分隔。例如，输入 1,3,5,7-10，表示打印1、3、5、7、8、9、10 页的内容。

（3）通过"单面打印"按钮来设置纸张是单面打印还是双面打印。

（4）单击"打印"按钮。

第 5 章　Excel 2010 基础及高级应用

知识要点：

- 基本概念：工作簿、工作表和单元格的概念。
- 工作簿的操作：工作簿的新建、保存、打开等。
- 工作表的操作：工作表的选择、复制、移动、插入、删除、重命名等。
- 单元格的操作：单元格的选择、合并、拆分、插入、删除、单元格的引用、行列的插入与删除、行高列宽的调整、数据的输入与修改、自动填充与序列填充等。
- 公式和常用函数的使用：公式的输入和编辑、常用函数（Sum、Average、Count、Countif、Sumif、If、Max、Min、Rank、Round、Int、Mod、Mid）等的使用。
- 数据分析及管理：数据的排序、筛选、分类汇总、数据透视表等。
- 图表操作：建立图表、编辑图表、复合图表制作、双层饼图制作等。

Excel 2010 是微软出品的一款标准电子表格处理办公软件。它的核心功能是表格处理，同时还能进行统计计算、图表处理和数据分析等，可以制作工资报表、项目预算、客户资料表、简单的数据库等。Excel 2010 提供了 64 位版本，用户可以创建更大、更复杂的工作簿，可以提高检索、排序、筛选数据的速度。

5.1　Excel 基本操作

5.1.1　Excel 2010 的启动和退出

1. 启动

启动 Excel 2010 有多种方法，常用的有如下 4 种：

- 单击"开始"→"所有程序"→Microsoft Office→Microsoft Excel 2010 命令。
- 双击桌面上的 Excel 快捷方式图标 。
- 直接在"资源管理器"或"计算机"窗口中双击指定的 Excel 文件名。
- 单击"开始"→"运行"命令，输入 excel.exe 可执行文件。

2. 退出

退出 Excel 2010 常用如下几种方法：

- 单击 Excel 窗口右上角的"关闭"按钮。
- 单击"文件"→"退出"命令。
- 双击 Excel 窗口左上角的"系统控制"菜单按钮。
- 直接按 Alt+F4 组合键。

在执行退出操作时，如果没有对文件进行修改，则可立即关闭并退出 Excel；如果有未保存的修改，则会弹出对话框询问是否对修改进行保存，在给出选择后才可以退出 Excel。

5.1.2　Excel 2010 的主窗口

启动 Excel 2010 中文版后，窗口界面如图 1-5-1 所示。

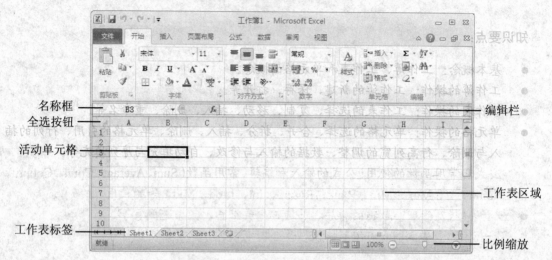

图 1-5-1　Excel 2010 窗口界面

从图中可以看到，Microsoft Excel 窗口环境与 Word 类似，也有"文件"菜单（只是颜色不同）和"开始"、"插入"等选项卡，除此之外还主要包括以下 4 部分：

（1）名称框。

也可称为活动单元格地址框，用来显示当前活动单元格的位置，例如 B3 单元格。还可以利用名称框对单元格或区域进行命名，使操作更加简单。

（2）编辑栏。

用来显示和编辑活动单元格中的数据和公式。选中某单元格后，即可在编辑栏中对该单元格输入或编辑数据。当选中某个单元格时，只要查看编辑栏就可以知道其中的内容是公式还是常量。

（3）工作表标签。

工作表标签用于标识当前的工作表位置和工作表名称。Excel 默认显示 3 个工作表标签，当工作表数量很多时，可以使用其左侧的"浏览"按钮来查看。

（4）工作表区域。

工作表区域占据屏幕面积最大，是用以记录数据的区域，所有数据都将存放在这个区域中。

5.1.3　Excel 基本概念

1．工作簿

工作簿是计算和存储数据的文件。一个工作簿就是一个 Excel 文件，其扩展名为.xlsx。Excel 启动后，自动打开一个被命名为"工作簿 1"的工作簿。一个工作簿由若干个工作表组成（默认为 3 个）。

2．工作表

工作表用于组织和分析数据，Excel 的工作表由 1048576 行、16384 列组成。一个工作簿可以包含多个工作表（其个数原则上受限于内存），这样可使一个文件中包含多种类型的相关信息，操作时不必打开多个文件，可直接在同一个文件的不同工作表中方便地切换。默认情况下，Excel 的一个工作簿中有 3 个工作表，名称分别为 Sheet1、Sheet2、Sheet3，当前工作表为 Sheet1，用户根据实际情况可以增减工作表和选择工作表。

3. 单元格

单元格是组成工作表的最小单位。一张工作表由 1048576×16384 个单元格组成，每一行列交叉处即为一个单元格。每个单元格用它所在的列名和行名来引用，列名用字母及字母组合 A~Z，AA~AZ，BA~BZ，…，ZA~ZZ，AAA~AAZ，…，XEA~XEZ，XFA~XFD 表示，行名用自然数 1~1048576 表示。如 A6、D20、IV500、ABC12345 等。

如果在不同的工作表中引用单元格，为了加以区分，通常在单元格名称前加上工作表名称，例如 Sheet2!D3 表示 Sheet2 工作表的 D3 单元格。如果在不同的工作簿之间引用单元格，则在单元格名称前加上相应的工作簿和工作表名称，例如[工作簿 1]Sheet1!B5 表示工作簿 1 Sheet1 工作表中的 B5 单元格。

工作簿、工作表、单元格的关系可用图 1-5-2 表示。

图 1-5-2　工作簿、工作表、单元格的关系

5.1.4　Excel 文件创建与保存

1. 创建工作簿

启动 Excel 之后，系统自动创建一个空白的工作簿，默认的文件名是工作簿 1。如果要重新建立一个文件，可以单击"文件"→"新建"命令，在右侧选择"空白工作簿"后单击界面右下角的"创建"图标即可新建一个空白的工作簿，如图 1-5-3 所示。如果选择右侧的表格模板，单击"下载"图标后即可根据模板创建表格，如图 1-5-4 所示。

图 1-5-3　新建空白工作簿

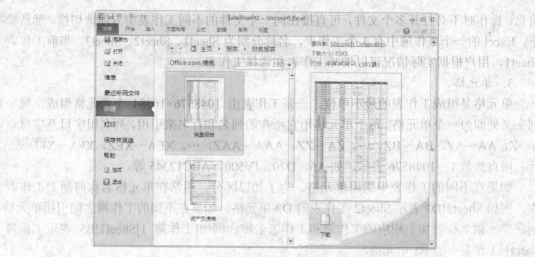

图 1-5-4　新建模板

2. 保存工作簿

在 Excel 工作表中将数据编辑完毕后就可以保存了。单击"文件"→"保存"命令，如果是第一次保存文件，将弹出"另存为"对话框，如图 1-5-5 所示，用户可以在对话框中选择保存路径、输入文件名、选择文件保存类型。Excel 默认的保存类型是"Excel 工作簿（*.xlsx）"。如果保存类型选择"Excel 97-2003 工作簿（*.xls）"，则可以保存为早期版本的工作簿。

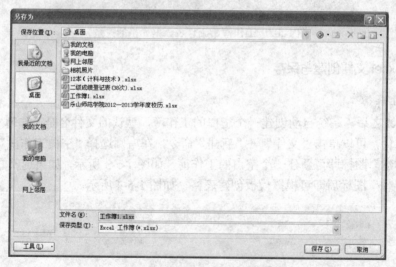

图 1-5-5　"另存为"对话框

5.1.5　在工作表中输入数据

在 Excel 单元格中输入数据通常有 3 种方法：

- 单击选中的单元格，鼠标形状变为 ✛ 时在该单元格中输入数据，然后按 Enter 键、Tab 键或选择↑、↓、←、→方向键定位到其他单元格继续输入数据。
- 双击选中的单元格，鼠标形状变为 I 型时即可进行数据输入。
- 单击选中的单元格，在编辑栏内输入数据，最后用鼠标单击控制按钮 ✖ 或 ✔ 来"取消"或"确定"输入的内容。

如果输入有错，按 Backspace 键删除，再重新输入。

1. 单元格的选定

在 Excel 中，要输入数据或对数据进行操作，必须先选定该单元格或单元格区域。

（1）选定单个单元格。

单击某个单元格即可选定它，并且对应的单元格名称会出现在名称框中。

（2）选定单元格区域。

区域是一组单元格，若想选定工作表中的单元格区域，除了使用鼠标拖动以外，还可以用鼠标单击所选区域的左上角单元格，然后按住 Shift 键，再用鼠标单击该区域对角线右下角的单元格后松开鼠标。

（3）选定离散的单元格。

选定第一个单元格后，按住 Ctrl 键，再用鼠标单击所要选定的单元格，即可选定多个离散的单元格。

（4）选定整行或整列。

单击某行或某列所在的行号或列号即可完成。

（5）选定工作表。

单击工作表左上角的"全选"按钮可以选中整个工作表。

2. 输入常量

所谓常量是指数值保持不变的量。常量有 3 种基本类型：文本、数值和日期时间。

（1）输入文本常量。

文本常量可以包含汉字、大小写英文字母、数字、特殊字符等。

文本常量默认的对齐方式是左对齐。

有些数字如学号、电话号码、邮编、身份证号码等常作文本处理，此时只需在输入数字前加上一个英文状态下的单引号（'），即当作文本左对齐。例如输入电话号码"'1580833****"。

当输入的文字长度超出单元格宽度时，如右边单元格无内容，则扩展到右边列，否则将截断显示。

（2）输入数值常量。

数值常量包括 0~9、+、-、E、e、$、/（分号）、%、小数点和千分位符号（,）等特殊字符，如$50,000。

数值常量默认的对齐方式是右对齐。

当输入数据太长时，Excel 自动以科学记数法表示，如 3.45E+12；当单元格容纳不下一个格式化的数字时，就用若干个"#"代替。可以通过调整单元格的列宽使其正常显示。

Excel 的数字精度为 15 位，当长度超过 15 位时，Excel 会将多余的数字转换为 0，如输入 1234512345123456 时，在计算中以 1234512345123450 参加计算。

如果要输入正数，则直接输入数字即可。如果要输入负数，必须在数字前加一个负号"-"或者给数字加一个圆括号。例如，输入"-1"或者"(1)"都会得到-1。

如果要输入百分数，可直接在数字后面加上百分号%。例如，要输入 50%，则在单元格中先输入 50，再输入%。

如果要输入小数，直接输入小数点即可，如 3.5。

如果要输入分数，如"2/3"，必须在单元格内输入"0 2/3"，即前面需要加"0"和空格，否则 Excel 会将用户输入的"2/3"自动转换成日期"2 月 3 日"。

（3）输入日期时间。

Excel 内置了一些日期时间的格式，当输入数据与这些相匹配时，Excel 将自动识别它们。常见的日期时间格式为 yy/mm/dd、yy-mm-dd、hh:mm (AM/PM)。

日期时间默认的对齐方式是右对齐。

输入日期时，可用斜杠（/）或减号（-）分隔日期的年、月、日。

输入时间时，按××时:××分:××秒格式。若按 12 小时制输入时间，则应在时间数字的末尾空一格，随后键入字母 am 或 pm，比如输入 7:20 am，显示为 07:20 AM，缺少空格将被当作文本数据处理。

同时输入日期和时间，在中间用空格分隔。如输入 2013 年 4 月 20 日下午 4:30，则可输入：2013-4-20 16:30 或 2013-4-20 4:30 pm（但时间均显示为 24 小时制）。

若要输入当天的日期，可按快捷键 Ctrl+;（分号）。

若要输入当前时间，可按快捷键 Ctrl+Shift+:（冒号）或 Ctrl+Shift+;（分号）。

图 1-5-6 中显示了不同类型的常量输入格式。

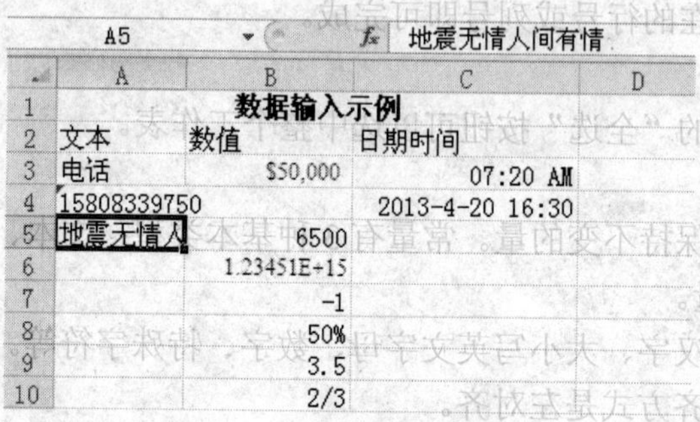

图 1-5-6　数据输入示例

3. 一些输入技巧

（1）换行输入。

若要在一个单元格中换行输入数据，可以通过以下两种方法实现：

● 单击"开始"选项卡"对齐方式"栏中的"自动换行"按钮，如图 1-5-7 所示。

图 1-5-7　"开始"选项卡

● 当鼠标变成 I 型时，按 Alt+Enter 组合键。

（2）输入相同的数据。

要在不同单元格中输入相同的数据，可以先选中要输入相同数据的单元格，然后在编辑栏中键入数据内容，最后按 Ctrl+Enter 键。

（3）填充输入。

利用 Excel 提供的自动填充功能，可以向表格中若干连续的单元格快速填充一组有规律的数据，以减少录入工作量。可以用不同的方法实现数据填充操作。

1）使用填充柄。

① 在某个单元格或单元格区域中输入要填充的数据内容。

② 选中已输入内容的单元格或单元格区域，此时区域边框的右下角出现一个黑点，即填充柄。

③ 鼠标指向填充柄时指针变成黑色“＋”形状，此时按住鼠标左键并拖动填充柄经过相邻单元格，就会将选中区域的数据按照某种规律填充到这些单元格中去。

自动填充可实现以下功能：

- 单个单元格内容为纯字符、纯数字或公式，填充相当于数据复制。
- 单个单元格内容为文字数字混合体，填充时文字不变，最右边的数字递增。如初始值为 A1，填充为 A2，……。
- 单个单元格内容为 Excel 预设的自动填充序列中的一员，按预设序列填充。如初始值为一月，自动填充为二月、三月、……。
- 如果有连续单元格存在等差关系，则先选中该区域，再运用自动填充可自动输入其余的等差值，拖曳可由上往下或由左往右进行，也可反方向进行。
- 如果自动填充时，要考虑是否带格式或区域中是等差还是等比序列，自动填充时按住鼠标右键拖曳到填充的最后一个单元格释放，将出现“自动填充快捷菜单”，可进行各种选择。

如图 1-5-8 所示为自动填充。

E12　fx　2.5

	A	B	C	D	E
1			自动填充		
2	学号	姓名	性别	课程名称	学分
3	12330101	曹从香	女	计算机应用基础	2.5
4	12330102	曾敏	女	计算机应用基础	2.5
5	12330103	曾明才	女	计算机应用基础	2.5
6	12330104	陈益	女	计算机应用基础	2.5
7	12330105	代鹏	男	计算机应用基础	2.5
8	12330106	代绍东	男	计算机应用基础	2.5
9	12330107	邓超	男	计算机应用基础	2.5
10	12330108	段雪超	男	计算机应用基础	2.5
11	12330109	方银	男	计算机应用基础	2.5
12	12330110	冯静	男	计算机应用基础	2.5

图 1-5-8　自动填充

2）自定义序列。

Excel 除本身提供的预定义序列外，还允许用户自定义序列。例如可以把经常用到的时间序列、课程科目、系别名称等做成一个自定义序列。在 Excel 2010 中自定义序列的步骤如下：

① 单击“文件”→“选项”→“高级”，再往下拖动右边的滑块，找到“编辑自定义列表”并单击，弹出“自定义序列”对话框。

② 单击“输入序列”编辑框，输入要填充的新序列，项与项之间用 Enter 键换行间隔，单击“添加”按钮即可把新序列加入左边的“自定义序列”列表中，如图 1-5-9 所示，单击“确定”按钮。

③ 单击工作表中的某一单元格，输入“中文”，然后向右或向下拖动填充柄，释放鼠标即可填充所定义的序列，效果如图 1-5-10 所示。

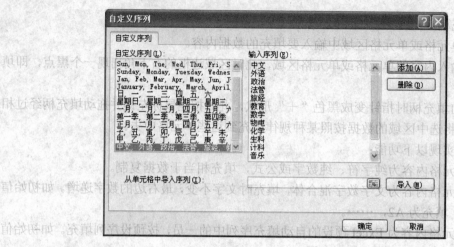

图 1-5-9 "自定义序列"对话框

图 1-5-10 自定义序列填充效果

5.1.6 工作表的修改与编辑

1. 插入和删除单元格

在编辑工作表内容的时候，如果发现某处漏了一个或一块连续区域内的数据，则需要先插入空白单元格，再添加遗漏的数据。操作步骤如下：

（1）选中一个单元格并右击，在弹出的快捷菜单中选择"插入"命令，弹出"插入"对话框，如图 1-5-11 所示。

（2）选择合适的插入方式，单击"确定"按钮。

● 活动单元格右移：表示在选中单元格的左侧插入一个单元格。

● 活动单元格下移：表示在选中单元格的上方插入一个单元格。

● 整行：表示在选中单元格的上方插入一行。

● 整列：表示在选中单元格的左侧插入一列。

如果要删除单元格，可执行以下操作：

（1）选中要删除的单元格并右击，在弹出的快捷菜单中选择"删除"命令，弹出"删除"对话框，如图 1-5-12 所示。

图 1-5-11 "插入"对话框   图 1-5-12 "删除"对话框

（2）选择合适的删除方式，单击"确定"按钮。

删除单元格会把单元格的内容和格式全部删除，如果有选择地删除格式、内容或批注等，可以使用"开始"选项卡"编辑"栏中的"清除"按钮，如图 1-5-13 所示。

2. 复制和移动单元格

在 Excel 中，单元格的移动和复制一般可以通过"开始"选项卡"剪贴板"栏、快捷键和拖动 3 种方式完成。下面主要介绍拖动法。

（1）在同一个工作表中移动或复制单元格。选中要移动的单元格，将鼠标放在单元格的边缘，当鼠标指针变成 形状时拖动鼠标左键到目标位置即可完成移动；如果在拖动时按住 Ctrl 键，则可完成单元格的复制。

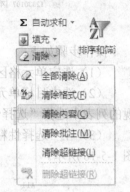

图 1-5-13 "清除"命令

（2）在不同的工作表中移动或复制单元格。选中要移动的单元格，按住 Alt 键，同时拖动鼠标左键至目标工作表标签处，当切换到新工作表时继续拖动鼠标到目标位置即可；如果在拖动时按住 Ctrl+Alt 键，则可完成单元格的复制。

3. 选择性粘贴

使用 Excel 提供的"选择性粘贴"功能可以实现一些特殊的复制粘贴，例如只粘贴公式、批注、转置等。单击"开始"选项卡"剪贴板"栏中的"粘贴"按钮，在出现的列表中选择"选择性粘贴"命令，弹出如图 1-5-14 所示的"选择性粘贴"对话框，选择相应选项，单击"确定"按钮。

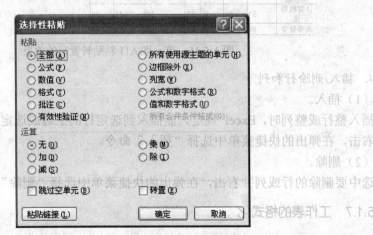

图 1-5-14 "选择性粘贴"对话框

【例1】如图1-5-15所示的学生成绩表，将单元格区域B2:H9中的数据复制到以A11为左上角的区域中，要求转置显示所选内容。

| B4 | | | fx | '曾敏 | | | | | | | |

	A	B	C	D	E	F	G	H	I	J	K	L
1	2012-2013学年第1学期计科12本计科与技术班级成绩汇总表											
2	学号	姓名	获得学分	大学英语	体育	计算机应用基础	计算机导论	高等数学	大学生职业发展与就业指导	思想道德修养和法律基础	总分	平均分
3	12330101	曹从香	16	79	83	86	83	88	92	81		
4	12330102	曾敏	16	70	79	85	84	72	86	77		
5	12330103	曾明才	16	80	83	68	82	76	91	85		
6	12330104	陈益	16	67	77	83	85	60	89	78		
7	12330105	代鹏	16	75	83	87	84	93	89	78		
8	12330106	代绍东	13	46	77	87	81	64	83	77		
9	12330107	邓超	16	72	78	80	86	60	94	75		

图1-5-15 学生成绩表

操作步骤如下：

（1）选定单元格区域B2:H9，执行"复制"命令。

（2）选中目标单元格A11，单击"开始"选项卡"剪贴板"栏中的"粘贴"按钮，在出现的列表中选择"选择性粘贴"命令。

（3）在"选择性粘贴"对话框中选中"转置"复选项，单击"确定"按钮。最终效果如图1-5-16所示。

| A11 | | | fx | 姓名 | | | | | | | |

	A	B	C	D	E	F	G	H	I	J	K	L
1	2012-2013学年第1学期计科12本计科与技术班级成绩汇总表											
2	学号	姓名	获得学分	大学英语	体育	计算机应用基础	计算机导论	高等数学	大学生职业发展与就业指导	思想道德修养和法律基础	总分	平均分
3	12330101	曹从香	16	79	83	86	83	88	92	81		
4	12330102	曾敏	16	70	79	85	84	72	86	77		
5	12330103	曾明才	16	80	83	68	82	76	91	85		
6	12330104	陈益	16	67	77	83	85	60	89	78		
7	12330105	代鹏	16	75	83	87	84	93	89	78		
8	12330106	代绍东	13	46	77	87	81	64	83	77		
9	12330107	邓超	16	72	78	80	86	60	94	75		
10												
11	姓名	曹从香	曾敏	曾明才	陈益	代鹏		代绍东	邓超			
12	获得学分	16	16	16	16	16		13	16			
13	大学英语	79	70	80	67	75		46	72			
14	体育	83	79	83	77	83		77	78			
15	计算机应用基础	86	85	68	83	87		87	80			
16	计算机导论	83	84	82	85	84		81	86			
17	高等数学	88	72	76	60	93		64	60			

图1-5-16 单元格A11粘贴转置后的效果

4. 插入/删除行和列

（1）插入。

插入整行或整列时，Excel规定只能插入到选定行的上边或选定列的左边。选中某行或某列并右击，在弹出的快捷菜单中选择"插入"命令。

（2）删除。

选中要删除的行或列并右击，在弹出的快捷菜单中选择"删除"命令。

5.1.7 工作表的格式化

工作表的格式化有调整行高和列宽、对齐方式、字符格式化、数字格式化、给工作表加边框和底纹等内容。

1. 调整列宽和行高

设置工作表的列宽和行高是改善工作表外观经常使用的手段。前面提到，输入太长的文本或数值内容都会影响数据的正常显示。可以通过调整列宽来修正这类显示错误。

调整工作表的列宽和行高有 3 种方法，下面以调整列宽为例进行介绍，行高的调整方法与之类似。

- 将鼠标移至所选列列号的右边框上，当鼠标指针变为╫时，按住鼠标左键向左或向右拖动，即可调整该列的宽度，如图 1-5-17 所示。

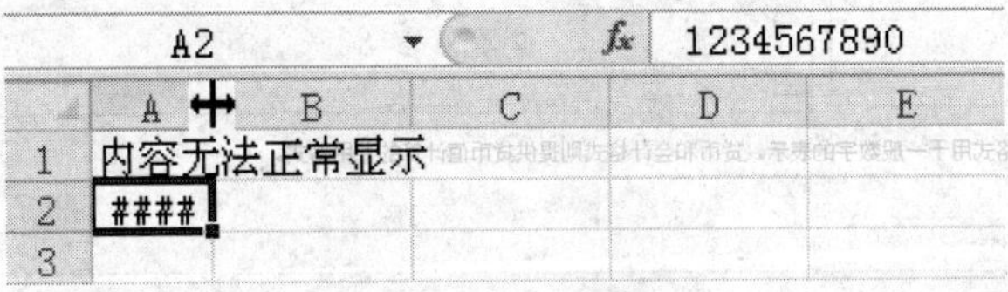

图 1-5-17　调整列宽

- 选中该列，单击"开始"选项卡"单元格"栏中的"格式"按钮，在出现的列表中选择"自动调整列宽"命令，Excel 2010 将根据单元格中的内容进行自动调整，如图 1-5-18 所示；如果选择"列宽"命令，弹出"列宽"对话框，在"列宽"文本框中输入新的列宽值并单击"确定"按钮，如图 1-5-19 所示。

图 1-5-18　自动调整列宽　　　　图 1-5-19　"列宽"对话框

- 选中该列并右击，在弹出的快捷菜单中选择"列宽"命令，也可以设置新的列宽值。

2. 格式化单元格

格式化单元格是指对单元格内容的数字格式、对齐方式、字体、颜色、边框和底纹等格式信息进行设置。要对单元格进行格式化，必须先选中这些单元格，然后通过"开始"选项卡"单元格"栏中的"格式"按钮打开"设置单元格格式"对话框，在其中进行格式设置。

（1）合并居中。

合并居中是一种特殊的格式，它可以使一个输入数据的单元格和相邻的几个空单元格合并为一个单元格并使内容自动居中，这种格式可以使用"开始"选项卡"对齐方式"栏中的"合并后居中"按钮完成。如图 1-5-8 中工作表的标题"自动填充"就采用了"合并后居中"格式，设置方法为：选中单元格区域 A1:E1，单击"合并后居中"按钮。

（2）数字格式。

可使用"开始"选项卡"数字"栏对单元格数据进行格式化处理，也可通过"设置单元格格式"对话框的"数字"选项卡设置，如图 1-5-20 所示。

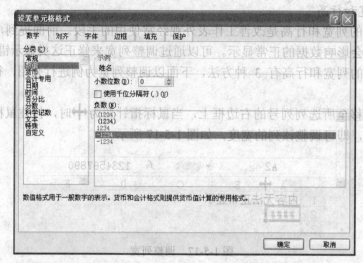

图 1-5-20 "设置单元格格式"对话框的"数字"选项卡

在"分类"列表框中选择"数值"，可以设置数值型数据的小数位数、千位分隔符、负数的显示格式；选择"货币"，可以设置货币数据的小数位数、货币符号、负数的显示格式；选择"日期"，可以设置日期数据的显示格式；还可以设置会计专用的数据格式、时间格式、百分比格式、分数格式等。

（3）对齐方式。

可通过"设置单元格格式"对话框的"对齐"选项卡设置，如图 1-5-21 所示。

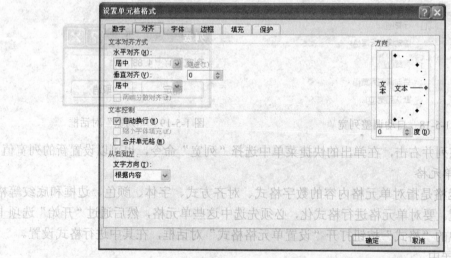

图 1-5-21 "设置单元格格式"对话框的"对齐"选项卡

各选项意义如下：

- 水平对齐：选择单元格内容的水平对齐方式。默认的水平对齐方式为"常规"。
- 垂直对齐：选择单元格内容的垂直对齐方式。默认的垂直对齐方式为"常规"。
- 缩进：从单元格的任一侧缩进单元格内容，取决于"水平对齐"和"垂直对齐"中的选择。"缩进"框中的增量为一个字符的宽度。

- 方向：可更改所选单元格中的文本方向。
- 度：设置所选单元格中文本旋转的度数。
- 自动换行：当文本长度超过列宽时会自动将文本切换为多行，而列宽不变。
- 缩小字体填充：用减小字符的外观尺寸以适应列宽的方式显示所选单元格中的所有数据。
- 从右到左：在"文字方向"下拉列表框中选择选项以指定阅读顺序和对齐方式。

（4）字体与颜色。

可通过"设置单元格格式"对话框的"字体"选项卡设置，如图 1-5-22 所示。与 Word 中的设置方法基本相同，这里不再赘述。

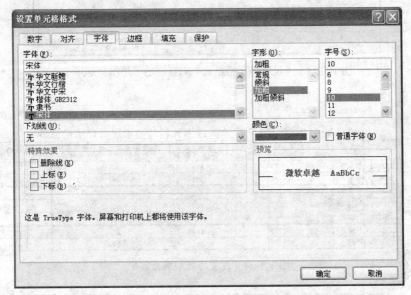

图 1-5-22   "设置单元格格式"对话框的"字体"选项卡

（5）边框和填充。

Excel 工作表中的单元格并不存在边框，我们可以为工作表添加各种类型的边框和填充效果，不但能美化工作表，还可以使工作表内容更加清晰。

【例 2】以图 1-5-15 所示的"学生成绩表"为例，给单元格区域 A5:J7 设置边框。操作步骤如下：

1）选中需要设置边框的区域。

2）在"设置单元格格式"对话框中选择"边框"选项卡，如图 1-5-23 所示。

3）通过"样式"列表框为边框选择一种线型，单击"颜色"下拉列表框为边框选择一种颜色，默认为黑色。

4）在右边的"预置"区域单击相应按钮，或在"边框"区域单击边框线设置边框线的位置。最终设置效果如图 1-5-24 所示。

除了为工作表添加边框外，还可以为它填充背景颜色和图案。

【例 3】以图 1-5-15 所示的"学生成绩表"为例，填充背景颜色和图案。具体步骤如下：

1）选中需要填充背景颜色和图案的单元格区域 A5:J7。

2）在"设置单元格格式"对话框中选择"填充"选项卡，如图 1-5-25 所示。

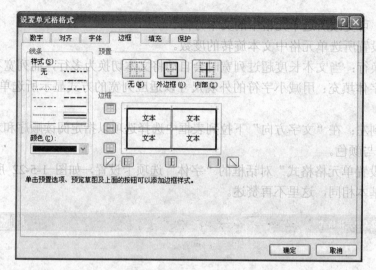

图 1-5-23　"设置单元格格式"对话框的"边框"选项卡

4	A	B	C	D	E	F	G	H	I	J	K	L
1	2012-2013学年第1学期计科12本计科与技术班级成绩汇总表											
2	学号	姓名	获得学分	大学英语	体育	计算机应用基础	计算机导论	高等数学	大学生职业发展与就业指导	思想道德修养和法律基础	总分	平均分
3	12330101	曹从香	16	79	83	86	83	88	92	81		
4	12330102	曾敏	16	70	79	85	84	72	86	77		
5	12330103	曾明才	16	80	83	68	82	76	91	85		
6	12330104	陈益	16	67	77	83	85	60	89	78		
7	12330105	代鹏	16	75	83	87	84	93	89	78		
8	12330106	代绍东	13	46	77	87	81	64	83	77		
9	12330107	邓超	16	72	78	80	86	60	94	75		

图 1-5-24　设置边框和填充效果

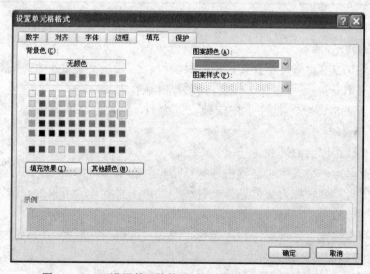

图 1-5-25　"设置单元格格式"对话框的"填充"选项卡

3）在"背景色"区域中选择需要的底纹颜色，在"图案颜色"下拉列表框中选择需要的图案颜色，在"图案样式"下拉列表框中选择图案样式，单击"确定"按钮，即可得到如图1-5-24所示的效果。

3. 条件格式化

"条件格式"是对满足条件的单元格进行格式化的一种方法，这样可以突出显示某些数据，起到强调和醒目的作用。

【例4】以图1-5-15所示的"学生成绩表"为例来说明它的设置方法。将D3:J9单元格区域中所有单元格数值大于或等于80的设置为浅红填充色深红色文本，如图1-5-26所示。

1	2012-2013学年第1学期计科12本计科与技术班级成绩汇总表											
2	学号	姓名	获得学分	大学英语	体育	计算机应用基础	计算机导论	高等数学	大学生职业发展与就业指导	思想道德修养和法律基础	总分	平均分
3	12330101	曹从香	16	79	83	86	83	88	92	81		
4	12330102	曾敏	16	70	79	85	84	72	86	77		
5	12330103	曾明才	16	80	83	68	82	76	91	85		
6	12330104	陈益	16	67	77	83	85	60	89	78		
7	12330105	代鹏	16	75	83	87	84	93	89	78		
8	12330106	代绍东	13	46	77	87	81	64	83	77		
9	12330107	邓超	16	72	78	80	86	60	94	75		

图1-5-26 设置条件格式后的成绩表

操作步骤如下：

（1）选中单元格区域D3:J9，单击"开始"选项卡"样式"栏中的"条件格式"按钮，选择"突出显示单元格规则"→"介于"命令，如图1-5-27所示，弹出"介于"对话框，输入设置条件，如图1-5-28所示。

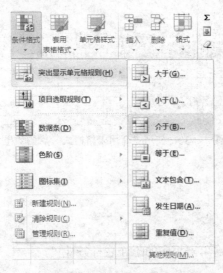

图1-5-27 "条件格式"菜单

图1-5-28 "介于"对话框

（2）在第一个文本框中输入80，在第二个文本框中输入100，在"设置为"下拉列表框中选择相应选项，然后单击"确定"按钮完成操作。

4. 套用表格格式

Excel 2010 提供了多种预定义好的表格格式，用户可以对一个单元格区域或整个工作表套用这些现成的格式。这样既可以美化工作表，又可以节省时间。

选中要套用格式的工作表区域，单击"开始"选项卡"样式"栏中的"套用表格格式"按钮，如图 1-5-29 所示，在下拉菜单中选择任意一种格式即可将选定的格式套用到所选区域中。图 1-5-30 所示为图 1-5-15 中 A2:E9 区域使用"套用表格格式"后的显示效果。

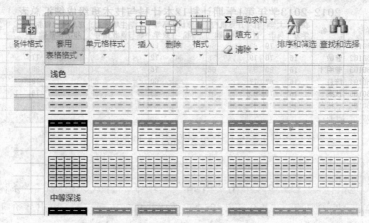

图 1-5-29　"套用表格格式"菜单

	A	B	C	D	E	F	G	H	I	J	K	L
1	2012-2013学年第1学期计科12本计科与技术班级成绩汇总表											
2	学号	姓名	获得学分	大学英语	排序	计算机应用基础	计算机导论	高等数学	大学生职业发展与就业指导	思想道德修养和法律基础	总分	平均分
3	12330101	曹从香	16	79	83	86	83	88		92	81	
4	12330102	曾敏	16	70	79	85	84	72		86	77	
5	12330103	曾明才	16	80	83	68	82	76		91	85	
6	12330104	陈益	16	67	77	83	85	60		89	78	
7	12330105	代鹏	16	75	83	87	84	93		89	78	
8	12330106	代绍东	13	46	77	87	81	64		83	77	
9	12330107	邓超	16	72	78	80	86	60		94	75	

图 1-5-30　使用"套用表格格式"后的效果

5.1.8　工作表的管理

1. 选定工作表

（1）选定单个工作表。

要选定某个工作表，只需单击相应的工作表标签即可。

（2）选定多个工作表。

要选定多个连续的工作表，先单击第一张工作表，按住 Shift 键，再单击选取区域的最后一张工作表；要选定多个离散的工作表，先单击第一张工作表，按住 Ctrl 键，再依次单击所要选定的各个工作表。

（3）工作表切换。

如果要在各个工作表中进行切换，可以按 Ctrl+PgUp 组合键切换到前一张工作表，按 Ctrl+PgDn 组合键切换到后一张工作表。当然也可以通过鼠标单击直接切换。

2. 插入或删除工作表

在编辑工作表的时候，经常需要在当前工作簿中插入一个新的工作表。选中当前工作表并右击，在弹出的快捷菜单中选择"插入"命令，即可在当前工作表之前插入一张新的工作表。

也可以利用"开始"选项卡"单元格"栏中的"插入"按钮实现。如果想在最后新建一张空白工作表，可以单击工作表标签最右侧的"插入工作表"按钮 。

删除一个工作表，需要选中待删除的工作表并右击，在弹出的快捷菜单中选择"删除"命令；或者单击"开始"选项卡"单元格"栏中的"删除"按钮，在下拉列表中选择"删除工作表"命令。

3. 移动或复制工作表

Excel 允许将某个工作表在同一个或多个工作簿中进行移动或复制。如果要在同一个工作簿中实现移动或复制，只需要单击要移动或复制的工作表，将它拖动到目标位置即可实现移动，在拖动的同时按住 Ctrl 键即可完成复制操作，并且自动为副本命名，例如 Sheet1 的副本的默认名是 Sheet1(2)。

另外，也可以利用快捷菜单完成上述操作。选中要移动或复制的工作表并右击，在弹出的快捷菜单中选择"移动或复制"命令，弹出"移动或复制工作表"对话框，如图 1-5-31 所示。在"工作簿"下拉列表框中选择目标工作簿位置，在"下列选定工作表之前"列表框中选择相应工作表位置，即可实现移动；如果要进行复制操作，还需要选中"建立副本"复选框。

图 1-5-31　"移动或复制工作表"对话框

当然也可以单击"开始"选项卡"单元格"栏中的"格式"按钮，在打开的下拉列表中选择"移动或复制工作表"命令完成操作。

4. 重命名工作表

为了便于用户对工作表的使用和管理，可以对工作表进行重命名，方法有如下 3 种：

- 选中要更名的工作表并右击，在弹出的快捷菜单中选择"重命名"命令，输入新的名称后按 Enter 键确定。
- 双击要更名的工作表，工作表标签呈黑底白字，输入新的名称后按 Enter 键确定。
- 单击"开始"选项卡"单元格"栏中的"格式"按钮，在下拉列表中选择"重命名工作表"命令。

5. 设置工作表标签颜色

在 Excel 工作簿中，可以通过改变工作表标签的颜色来使工作表显得格外醒目，方法有如下两种：

- 在工作表标签上右击，在弹出的快捷菜单中鼠标指向"工作表标签颜色"，然后选择一种颜色。

● 单击"开始"选项卡"单元格"栏中的"格式"按钮，在弹出的下拉菜单中选择"工作表标签颜色"，然后选择某种颜色。可以看到，当鼠标指针指向某种颜色时，Excel 不仅给出了该颜色的文字提示，还可以在工作表标签中看到该颜色的预览效果。

6. 拆分工作表

拆分工作表是指将工作表横向分成两个区域，或纵向分成两个区域。被拆分的区域称为窗格。每个窗格可以显示该工作表的不同部位，以方便浏览和编辑数据。可通过以下两种方法实现：

● 在"视图"选项卡"窗口"栏中单击"拆分"按钮实现拆分工作表。

● 通过对图 1-5-32 所示的横向拆分框和纵向拆分框的拖动来实现拆分工作表。

再次单击"视图"选项卡中的"拆分"按钮可取消拆分。

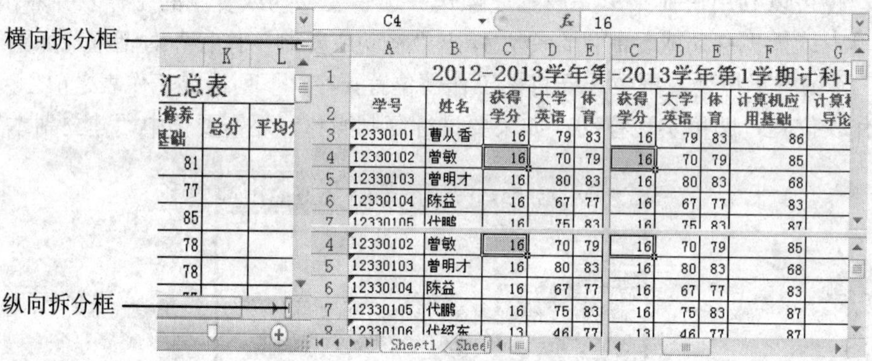

图 1-5-32　拆分工作表

7. 冻结和取消冻结窗口

为了滚动屏幕时能够始终看得到数据清单的表头或记录的名称等内容，可以使用冻结窗口的功能。冻结窗口后，当调整滚动条时，被冻结的部分保持不动，没有被冻结的部分可以使用滚动条进行浏览。

【例 5】如图 1-5-33 所示，冻结前两行。

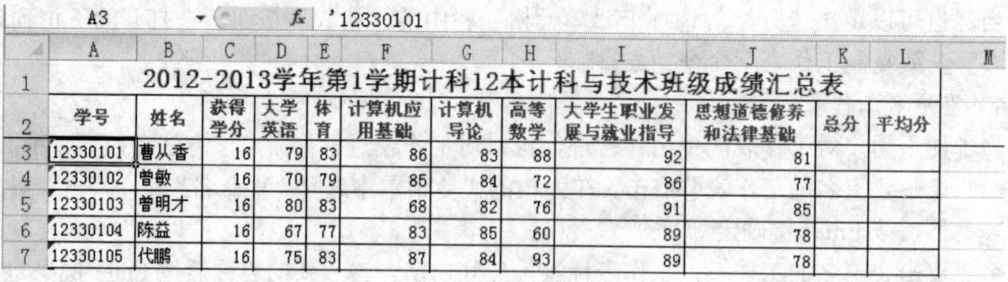

图 1-5-33　冻结窗口

操作步骤如下：

（1）在要冻结的适当位置选定一个单元格，如 A3。

（2）在"视图"选项卡"窗口"栏中单击"冻结窗格"按钮，在弹出的下拉菜单中选择"冻结拆分窗格"命令。

取消冻结的方法是：在"视图"选项卡"窗口"栏中单击"冻结窗格"按钮，在弹出的下拉菜单中选择"取消冻结窗格"命令。

5.2 Excel 公式和函数

在 Excel 中，可以利用公式和函数对数据进行分析和计算。函数是预定义的公式，Excel 提供了财务、逻辑、文本、日期和时间、查找与引用、数学和三角函数、统计等多种函数供用户使用。

5.2.1 Excel 公式

1. 公式的组成

Excel 的公式以"="开头，"="后面可以包括多种元素，如运算符、单元格引用、数值、文本和函数等。

Excel 的运算符包括算术运算符、关系运算符、连接运算符和引用运算符，如表 1-5-1 所示。

表 1-5-1 运算符

运算符	内容
算术运算符	%（百分比）、+（加）、-（减）、*（乘）、/（除）、^（乘方）
关系运算符	=（等于）、<（小于）、>（大于）、<=（小于等于）、>=（大于等于）、<>（不等于）
连接运算符	&（文本连接）
引用运算符	,（逗号）、:（冒号）

（1）算术运算符。

包含内容：+（加）、-（减）、*（乘）、/（除）、^（乘方）、%（百分比）。

运算结果：数值型。

（2）关系运算符。

包含内容：=（等于）、>（大于）、<（小于）、>=（大于等于）、<=（小于等于）、<>（不等于）。

运算结果：逻辑值 TRUE、FALSE。

（3）连接运算符。

包含内容：&。

运算结果：连续的文本值。

例如，"计科"&"美术"的计算结果为"计科美术"。

（4）引用运算符

包含内容：:（区域运算符），完成单元格区域中数据的引用。

,（联合运算符），完成对单元格数据的引用。

例如，A1:A4 表示由 A1、A2、A3、A4 四个单元格组成的区域。

例如，SUM(A1,B3:B6)表示对 A1、B3、B4、B5、B6 五个单元格中的数据求和。

（5）运算符的优先级。

这 4 类运算符的优先级从高到低依次为：引用运算符、算术运算符、连接运算符、关系运算符。每类运算符根据优先级计算，当优先级相同时，按照自左向右规则计算。

2. 公式的输入

Excel 的公式以"="开头，公式中所有的符号都是英文半角的符号。

创建公式的步骤如下：

（1）选中输入公式的单元格。

（2）输入等号"="。

（3）在单元格或者编辑栏中输入公式的具体内容。

（4）按 Enter 键，完成公式的创建。

公式输入完毕，单元格中将显示计算的结果，而公式本身只能在编辑栏中看到。

【例6】计算"学生成绩表"中的总分。

（1）选中单元格 K3。

（2）输入计算公式"=D3+E3+F3+G3+H3+I3+J3"，如图 1-5-34 所示。

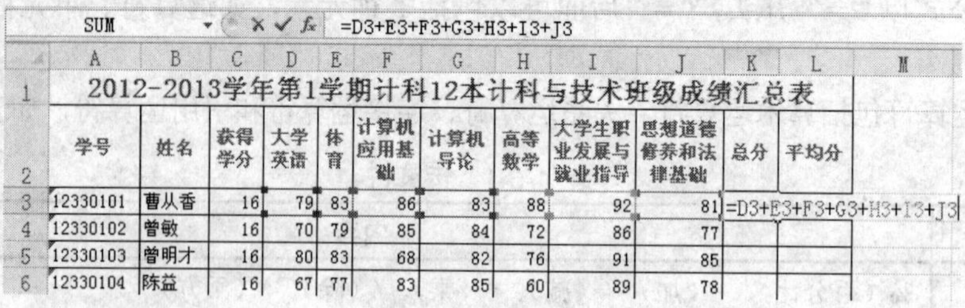

SUM					=D3+E3+F3+G3+H3+I3+J3								
	A	B	C	D	E	F	G	H	I	J	K	L	M
1	2012-2013学年第1学期计科12本计科与技术班级成绩汇总表												
2	学号	姓名	获得学分	大学英语	体育	计算机应用基础	计算机导论	高等数学	大学生职业发展与就业指导	思想道德修养和法律基础	总分	平均分	
3	12330101	曹从香	16	79	83	86	83	88	92	81	=D3+E3+G3+H3+I3+J3		
4	12330102	曾敏	16	70	79	85	84	72	86	77			
5	12330103	曾明才	16	80	83	68	82	76	91	85			
6	12330104	陈益	16	67	77	83	85	60	89	78			

图 1-5-34　输入计算公式

（3）输入完毕，按 Enter 键，计算结果会显示在单元格 K3 中。

利用同样的方法可以计算出其他学生的总分。

3. 公式的复制和自动填充

为了提高输入效率，减少不必要的重复操作，可以对单元格中输入的公式进行复制和自动填充。在复制或自动填充公式时，如果公式中有单元格的引用，则自动填充的公式会根据单元格引用的情况产生不同的变化。Excel 之所以有这样功能是由单元格的相对引用地址和绝对引用地址所致。

为了说明这两个重要的概念——相对引用地址和绝对引用地址，我们先来看一个例子。

【例7】如图 1-5-35 中我们利用公式计算出"曹从香"的总分，如果把这个公式自动填充到其他学生的总分单元格中，结果如何呢？

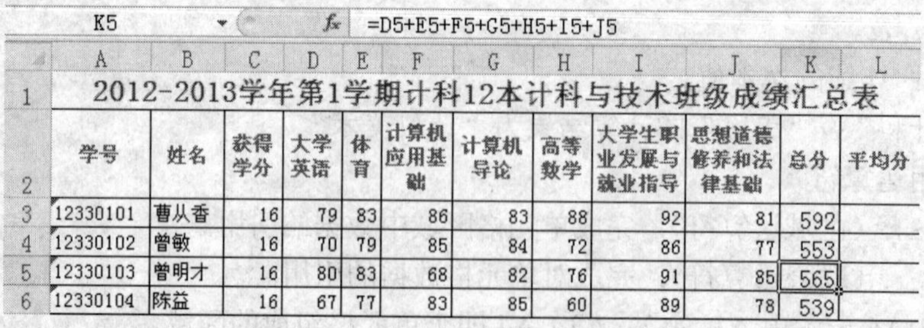

K5						=D5+E5+F5+G5+H5+I5+J5						
	A	B	C	D	E	F	G	H	I	J	K	L
1	2012-2013学年第1学期计科12本计科与技术班级成绩汇总表											
2	学号	姓名	获得学分	大学英语	体育	计算机应用基础	计算机导论	高等数学	大学生职业发展与就业指导	思想道德修养和法律基础	总分	平均分
3	12330101	曹从香	16	79	83	86	83	88	92	81	592	
4	12330102	曾敏	16	70	79	85	84	72	86	77	553	
5	12330103	曾明才	16	80	83	68	82	76	91	85	565	
6	12330104	陈益	16	67	77	83	85	60	89	78	539	

图 1-5-35　自动填充公式和相对引用地址的变化

图 1-5-35 所示为自动填充后的结果，单击单元格 K5，我们会发现自动填充后的公式随目的单元格位置的变化相应变化为"=D5+E5+F5+G5+H5+I5+J5"。

（1）相对引用地址。

在公式进行复制或自动填充时，该地址相对目的单元格发生变化，相对引用地址由列号行号表示。比如前面的例子，单元格 K3 中的公式"=D3+E3+F3+G3+H3+I3+J3"填充到 K5

时，公式随着目的位置自动变化为"=D5+E5+F5+G5+H5+I5+J5"，其他单元格的填充效果也是类似的。

（2）绝对引用地址。

该地址不随复制或填充的目的单元格的变化而变化。绝对引用地址的表示方法是在行号和列号之前都加上一个"$"符号，例如$K$3。如果把单元格 K3 中的公式改为"=$D$3+$E$3+$F$3+$G$3+$H$3+$I$3+$J$3"，然后再执行自动填充，结果会如何呢？

如图 1-5-36 所示，其他学生的总分都是 592。可见"$"符号就像一把"锁"，锁住了参与运算的单元格，使他们不会随着复制或填充的目的单元格的变化而变化。

K5				▼		f_x	=$D$3+$E$3+$F$3+$G$3+$H$3+$I$3+$J$3				
	A	B	C	D	E	F	G	H	I	J	K	L

	学号	姓名	获得学分	大学英语	体育	计算机应用基础	计算机导论	高等数学	大学生职业发展与就业指导	思想道德修养和法律基础	总分	平均分
1	2012-2013学年第1学期计科12本计科与技术班级成绩汇总表											
3	12330101	曹从香	16	79	83	86	83	88	92	81	592	
4	12330102	曾敬	16	70	79	85	84	72	86	77	592	
5	12330103	曾明才	16	80	83	68	82	76	91	85	592	
6	12330104	陈益	16	67	77	83	85	60	89	78	592	

图 1-5-36　绝对引用地址

（3）混合引用地址。

如果单元格引用地址的一部分为绝对引用地址，另一部分为相对引用地址，例如$K3 或 K$3，我们把这类地址称为"混合引用地址"。如果"$"符号在行号前，表示该行位置是"绝对不变"的，而列位置会随目的位置的变化而变化；反之，如果"$"符号在列号前，表示该列位置是"绝对不变"的，而行位置会随目的位置的变化而变化。

由此看来，在 Excel 中单元格的地址有 3 种表现形式：相对引用地址、绝对引用地址和混合引用地址。3 种引用输入时可互相转换：在公式中用鼠标或键盘选定引用单元格的部分，反复按 F4 键可进行引用间的转换。转换的规律如下：A1－$A$1－A$1－$A1－A1。

5.2.2　Excel 函数

函数是 Excel 自带的一些已经定义好的公式。函数处理数据的方式和公式的处理方式是相似的。例如使用公式"=D3+E3+F3+G3+H3+I3+J3"与使用函数"=SUM(D3:J3)"结果是相同的。使用函数不但可以减少计算的工作量，而且可以减少出错的概率。

1. 函数的格式

函数的基本格式为：函数名(参数 1,参数 2,…)。

（1）函数名代表了该函数的功能，例如常用的 SUM 函数实现数值相加功能；MAX 函数计算最大值；MIN 函数计算最小值；AVERAGE 函数计算平均值。

（2）不同类型的函数要求不同类型的参数，可以是常量、单元格、区域、区域名、公式或其他函数。

2. 函数的输入

有 3 种方法：插入函数输入法、直接输入法、使用"自动求和"按钮。

（1）插入函数输入法。

单击"公式"选项卡"函数库"栏中的"插入函数"按钮，弹出"插入函数"对话框，在其中进行选择。

【例8】使用"插入函数"计算"学生成绩表"中的总分。

操作步骤如下：

1）选中单元格 K3。

2）单击"公式"选项卡"函数库"栏中的"插入函数"按钮 f_x，弹出"插入函数"对话框，如图 1-5-37 所示。

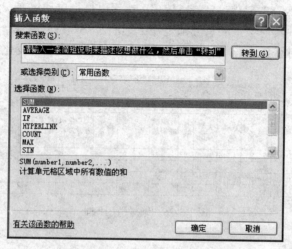

图 1-5-37 "插入函数"对话框

3）在"或选择类别"下拉列表框中选择"常用函数"，在"选择函数"列表框中选择 SUM 函数，单击"确定"按钮，弹出"函数参数"对话框，如图 1-5-38 所示。

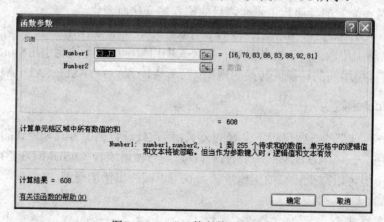

图 1-5-38 "函数参数"对话框

4）在 Number1 文本框中显示出求和的单元格区域 C3:J3，如果该区域符合要求，可直接单击"确定"按钮，计算结果立即显示在单元格 K3 中；如果不符合要求，可单击文本框右侧的"折叠对话框"按钮，在工作表中选取正确的区域。

5）选择 K3 单元格，利用填充柄自动填充其余所有总分单元格。

（2）直接输入法。

如果对函数名和参数都很清楚，可直接输入函数，如=average(D3:J3)。

（3）使用"自动求和"按钮输入函数。

1）选定要输入函数的单元格。

2）单击"公式"选项卡"函数库"栏中的"自动求和"按钮 ∑ 下边的下拉按钮，弹出如图1-5-39所示的"自动求和按钮"列表，选择所需的函数。

3）选择参数所在的单元格（区域）地址。

4）按 Enter 键或单击编辑栏上的 ✓ 按钮。

3. 常用函数

使用频率较高的函数如表1-5-2所示。

∑	求和(S)
	平均值(A)
	计数(C)
	最大值(M)
	最小值(I)
	其他函数(F)...

图1-5-39 "自动求和按钮"列表

表1-5-2 常用函数

函数名称	语法形式	函数功能	应用举例	函数说明
SUM	SUM(参数1,参数2,…)	计算参数的总和	SUM(D3,F3:H3)	计算 D3 单元格、F3:H3 区域的总和
AVERAGE	AVERAGE(参数1,参数2,…)	计算参数的平均值	AVERAGE(D3,F3:H3)	计算 D3 单元格、F3:H3 区域的平均值
COUNT	COUNT(参数1,参数2,…)	计算参数中数值的个数。参数中含有的文字、空白、逻辑值将不计算个数	COUNT(F3:F10)	计算 F3:F10 区域中数值的个数
COUNTA	COUNTA(参数1,参数2,…)	计算参数中非空值的单元格个数	COUNTA(F3:F10)	计算 F3:F10 区域中非空单元格的个数
COUNTIF	COUNTIF(计数区域,条件)	计算某区域中符合指定条件的非空单元格的个数	COUNTIF(D3:D10,"女")	计算 D3:D10 区域中"女"的个数
MAX	MAX(参数1,参数2,…)	计算参数中数值的最大值	MAX(F3:F10)	计算 F3:F10 区域中数值的最大值
MIN	MIN(参数1,参数2,…)	计算参数中数值的最小值	MIN(F3:F10)	计算 F3:F10 区域中数值的最小值
RANK	RANK(查找值,查找范围)	计算查找值在指定范围内相对其他数值的大小排位	RANK(F3,F3:F10)	计算出 F3 在 F3:F10 区域中的排位
RAND	RAND()	返回一个[0,1)区间的随机小数	RAND()	返回一个随机小数
INT	INT(参数)	返回不大于参数的最大整数	INT(3.28)	结果为 3
MOD	MOD(参数1,参数2)	返回参数1、参数2相除后的余数，结果的正负号与参数2相同	MOD(5,2) MOD(5,-2)	结果为 1 结果为-1
ROUND	ROUND(参数,n)	对参数四余五入 n 位小数	ROUND(3.1456,2)	结果为 3.15
SUMIF	SUMIF(测试区域,条件,求和区域)	返回满足指定条件的单元格数值之和	SUMIF(D3:D10,"女",F3:F10)	计算出 D3:D10 区域"女"的 F3:F10 区域的数据总和
AND	AND(表达式1,表达式2,…,表达式n)	只有所有表达式值为真，结果才为值，否则为假	AND(2+2=4,2>=3)	结果为假
OR	OR(表达式1,表达式2,…，表达式n)	只有所有表达式值为假，结果才为假，否则均为真	OR(2+2=4,2>=3)	结果为真
IF	IF(条件,表达式1,表达式2)	条件为真，取表达式1的值，否则取表达式2的值	IF(L3>=60,"及格","不及格")	如果 L3>=60，取"及格"，否则取"不及绦"
LEFT	LEFT(字符串,n)	从字符串左边取 n 个字符	LEFT("人间大爱无限",4)	结果为"人间大爱"
RIGHT	RIGHT(字符串,n)	从字符串右边取 n 个字符	RIGHT("人间大爱无限",4)	结果为"大爱无限"
MID	MID(字符串,x,n)	从字符串的第x位置开始取n个字符	MID("人间大爱无限",3,2)	结果为"大爱"

4. 常用函数应用举例

【例9】在"招录公务员考试成绩表"中，如图1-5-40所示，要求：

（1）计算出所有"笔试成绩"。笔试成绩=公共基础知识（40%）+行政职业能力（30%）+专业知识考核（30%）。

（2）计算出所有"综合成绩"。综合成绩=笔试成绩（50%）+面试成绩（50%）。

（3）对所有人员进行综合排名。

（4）"面试成绩>=85"的人员，在"是否进入体检"显示"可体检"，否则为空。

（5）在I15计算综合成绩最高分。

（6）在I16计算综合成绩最低分。

（7）在I17统计总人数。

（8）在I18统计所有女生人数。

	A	B	C	D 公共基础知识（40%）	E 行政职业能力（30%）	F 专业知识考核（30%）	G 笔试成绩	H 面试成绩	I 综合成绩	J 综合名次	K 是否进入体检
1	招录公务员考试成绩表										
2	编号	姓名	性别								
3	001	李健	男	78	78	98		87			
4	002	李伟	男	89	89	92		90			
5	003	李云露	女	79	81	95		84			
6	005	林霜	女	86	93	94		89.7			
7	008	刘孟	男	82	88	92		85.5			
8	009	刘应奎	男	83	97	94		81			
9	010	龙欢	女	75	84	84		86.5			
10	011	马红丽	女	82	90	92		83			
11	019	刘俊	男	85	77	96		79			
12	021	洪峰	男	72	96	88		84.5			
13	024	何芳	女	90	90	89		84			
14	027	贺泽虎	男	82	90	89		81.3			
15		最高分									
16		最低分									
17		总人数									
18		女生人数									

图1-5-40 招录公务员考试成绩表

具体操作如下：

（1）选定G3单元格，输入：=D3*0.4+E3*0.3+F3*0.3，按Enter键。再往下自动填充G4至G14单元格。

（2）选定I3单元格，输入：=(G3+H3)/2或=AVERAGE(G3:H3)，按Enter键。再往下自动填充I4至I14单元格。

（3）选定J3单元格，输入：=RANK(I3,$I$3:$I$14)，按Enter键。再往下自动填充J4至J14单元格。

（4）选定K3单元格，输入：=IF(H3>=85,"可体检","")，按Enter键。再往下自动填充K4至K14单元格。

（5）选定I15单元格，输入：=MAX(I3:I14)，按Enter键。

（6）选定I16单元格，输入：=MIN(I3:I14)，按Enter键。

（7）选定I17单元格，输入：=COUNTA(B3:B14)，按Enter键。

（8）选定I18单元格，输入：=COUNTIF(C3:C14,"女")，按Enter键。

最终结果如图1-5-41所示。

	A	B	C	D	E	F	G	H	I	J	K
1	招录公务员考试成绩表										
2	编号	姓名	性别	公共基础知识（40%）	行政职业能力（30%）	专业知识考核（30%）	笔试成绩	面试成绩	综合成绩	综合名次	是否进入体检
3	001	李健	男	78	78	98	84	87	85.5	6	可体检
4	002	李伟	男	89	89	92	89.9	90	89.95	2	可体检
5	003	李云露	女	79	81	95	84.4	84	84.2	9	
6	005	林霜	女	86	93	94	90.5	89.7	90.1	1	可体检
7	008	刘孟	男	82	88	92	86.8	85.5	86.15	4	可体检
8	009	刘应奎	男	83	97	94	90.5	81	85.75	5	
9	010	龙欢	女	75	84	84	80.4	86.5	83.45	11	可体检
10	011	马红丽	女	82	90	92	87.4	83	85.2	7	
11	019	刘俊	男	85	77	96	85.9	79	82.45	12	
12	021	洪峰	男	72	96	88	84	84.5	84.25	8	
13	024	何芳	女	90	90	89	89.7	84	86.85	3	
14	027	贺泽虎	男	82	90	89	86.5	81.3	83.9	10	
15		最高分							90.1		
16		最低分							82.45		
17		总人数							12		
18		女生人数							5		

图 1-5-41 常用函数应用结果

5.3 Excel 数据管理及分析

Excel 具有强大的数据库管理功能，可以方便地组织、管理和分析大量的数据信息。在 Excel 中，工作表内一块连续不间断的数据就是一个数据库，可以对数据库的数据进行排序、筛选、分类汇总、合并计算等操作。

5.3.1 数据清单

在 Excel 中，数据清单是包含相似数据组并带有标题的一组工作表数据行。我们可以把“数据清单”看成是简单的“数据库”，其中行作为数据库中的记录，列作为字段，列标题作为数据库中字段的名称。借助数据清单，我们就可以实现数据库中的数据管理功能——排序、筛选等。

图 1-5-42 所示就是一个数据清单的例子。如果要使用 Excel 的数据管理功能，首先必须将工作表格创建为数据清单。数据清单必须包括两个部分：列标题和数据。

公务员报名信息汇总表									
编号	姓名	性别	出生日期	学历	专业	毕业院校	毕业年份	报考职位	联系方式
001	张建立	男	1982-09-08	本科	计算机	中南大学	2004	计算机	13307873213
002	赵晓娜	女	1980-09-19	大专	会计	厦门大学	2002	会计	13507973214
003	刘绪	女	1978-09-30	大专	财政	省财专	2000	财政	13708073215
004	张琪	女	1981-10-11	大专	会计	省商专	2003	会计	13908173216
005	郑锋	女	1982-10-22	大专	计算机	省电专	2004	计算机	13807873213
006	魏翠海	女	1980-11-02	本科	会计	人民大学	2002	会计	13707573210
007	李彦宾	男	1982-11-13	硕士	税务	东北财大	2004	税务	13607273207
008	申志刚	男	1982-11-24	硕士	财政	西南财大	2004	财政	13506973204
009	卞永辉	男	1976-12-05	本科	英语	北京二外	1998	英语	13406673201
010	付艳丽	女	1981-12-16	硕士	法律	中南政法	2003	法律	13306373198
011	马红丽	女	1981-12-30	硕士	统计	人民大学	2003	统计	13206073195
012	许宏伟	女	1982-01-13	硕士	英语	解放军外院	2004	英语	13105773192
013	孙英	女	1982-01-27	硕士	会计	上海财大	2004	会计	13005473189
014	刘宝英	女	1982-02-10	本科	财政	中央财大	2004	财政	13507873213
015	王星	女	1982-02-24	博士	税务	中央财大	2004	税务	13507873221

图 1-5-42 公务员报名信息汇总表

5.3.2　排序

排序是组织数据的基本手段之一。通过排序管理可将表格中的数据按字母顺序、数值大小、时间顺序进行排列，可以按行或列、以升序或降序、是否区分大小写等方式排序。

1．快速排序

如果仅需要对数据清单中的某列数据进行排序时，则单击此列中的任一单元格，再单击"开始"选项卡"编辑"栏中的 按钮下的升序 或降序 按钮（也可从"数据"选项卡"排序和筛选"栏中找到相应的升序和降序按钮进行排序）。例如将图 1-5-42 所示数据清单中的"毕业年份"按照升序排列，结果如图 1-5-43 所示。

	A	B	C	D	E	F	G	H	I	J
1					公务员报名信息汇总表					
2	编号	姓名	性别	出生日期	学历	专业	毕业院校	毕业年份	报考职位	联系方式
3	009	卞永辉	男	1976-12-05	本科	英语	北京二外	1998	英语	13406673201
4	003	刘绪	女	1978-09-30	大专	财政	省财专	2000	财政	13708073215
5	002	赵晓娜	女	1980-09-19	会计	会计	厦门大学	2002	会计	13507973214
6	006	魏翠海	女	1980-11-02	本科	会计	人民大学	2002	会计	13707573210
7	004	张琪	女	1981-10-11	大专	会计	省商专	2003	会计	13908173216
8	010	付艳丽	女	1981-12-16	硕士	法律	中南政法	2003	法律	13306373198
9	011	马红丽	女	1981-12-30	硕士	统计	人民大学	2003	统计	13206073195
10	012	许宏伟	女	1982-01-13	硕士	英语	解放军外院	2004	英语	13105773192
11	013	孙英	女	1982-01-27	硕士	会计	上海财大	2004	会计	13005473189
12	014	刘宝英	女	1982-02-10	本科	财政	中央财大	2004	财政	13507873213
13	015	王星	女	1982-02-24	博士	税务	中央财大	2004	税务	13507873221
14	001	张建立	男	1982-09-08	本科	计算机	中南大学	2004	计算机	13307873213
15	005	郑锋	女	1982-10-22	大专	计算机	省电专	2004	计算机	13807873213
16	007	李彦宾	男	1982-11-13	硕士	税务	东北财大	2004	税务	13607273207
17	008	申志刚	男	1982-11-24	硕士	财政	西南财大	2004	财政	13506973204

图 1-5-43　快速排序结果

2．多重排序

在排序时，可以指定多个排序条件，即多个排序的关键字。首先按照"主要关键字"排序；对主要关键字相同的记录，再按照"次要关键字"排序；对主要关键字和次要关键字都相同的记录，还可以按照第三关键字排序。

【例 10】在图 1-5-42 所示的表中，按照"毕业年份"升序排序，对毕业年份相同的记录，再按照"学历"降序排序，排序方法按笔划来排，结果如图 1-5-44 所示。

	A	B	C	D	E	F	G	H	I	J
1					公务员报名信息汇总表					
2	编号	姓名	性别	出生日期	学历	专业	毕业院校	毕业年份	报考职位	联系方式
3	009	卞永辉	男	1976-12-05	本科	英语	北京二外	1998	英语	13406673201
4	003	刘绪	女	1978-09-30	大专	财政	省财专	2000	财政	13708073215
5	006	魏翠海	女	1980-11-02	本科	会计	人民大学	2002	会计	13707573210
6	002	赵晓娜	女	1980-09-19	大专	会计	厦门大学	2002	会计	13507973214
7	010	付艳丽	女	1981-12-16	硕士	法律	中南政法	2003	法律	13306373198
8	011	马红丽	女	1981-12-30	硕士	统计	人民大学	2003	统计	13206073195
9	004	张琪	女	1981-10-11	大专	会计	省商专	2003	会计	13908173216
10	015	王星	女	1982-02-24	博士	税务	中央财大	2004	税务	13507873221
11	007	李彦宾	男	1982-11-13	硕士	税务	东北财大	2004	税务	13607273207
12	008	申志刚	男	1982-11-24	硕士	财政	西南财大	2004	财政	13506973204
13	012	许宏伟	女	1982-01-13	硕士	英语	解放军外院	2004	英语	13105773192
14	013	孙英	女	1982-01-27	硕士	会计	上海财大	2004	会计	13005473189
15	001	张建立	男	1982-09-08	本科	计算机	中南大学	2004	计算机	13307873213
16	014	刘宝英	女	1982-02-10	本科	财政	中央财大	2004	财政	13507873213
17	005	郑锋	女	1982-10-22	大专	计算机	省电专	2004	计算机	13807873213

图 1-5-44　多重排序结果

操作步骤如下：

（1）单击数据清单中的任一单元格，再单击"开始"选项卡"编辑"栏中的 按钮，选择"自定义排序"命令，弹出"排序"对话框，如图 1-5-45 所示。

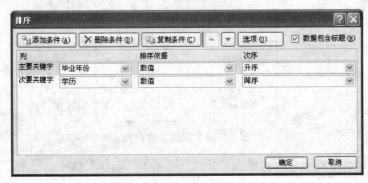

图 1-5-45　"排序"对话框

（2）在其中设置"主要关键字"。通过"添加条件"按钮可以添加任意多个"次要关键字"，通过"删除条件"按钮可以删除关键字，通过"复制条件"按钮可以复制关键字，通过 和 两个箭头可以调整关键字的顺序，通过"选项"按钮可以设置排序选项（如图 1-5-46 所示）。

（3）按照图 1-5-45 和图 1-5-46 所示设置好相应关键字和排序选项。

图 1-5-46　"排序选项"对话框

5.3.3　筛选

数据筛选可以实现从数据清单中提炼出满足某种条件的数据，不满足条件的数据只是被暂时隐藏起来，并未真正被删除；一旦筛选条件被取消，这些数据又重新出现。如图 1-5-47 所示是利用筛选命令使数据清单只显示硕士的相关信息。

编	姓名	性	出生日期	学	专	毕业院校	毕业年	报考职	联系方式
						公务员报名信息汇总表			
007	李彦宾	男	1982-11-13	硕士	税务	东北财大	2004	税务	13607273207
008	申志刚	男	1982-11-24	硕士	财政	西南财大	2004	财政	13506973204
010	付艳丽	女	1981-12-16	硕士	法律	中南政法	2003	法律	13306373198
011	马红丽	女	1981-12-30	硕士	统计	人民大学	2003	统计	13206073195
012	许宏伟	女	1982-01-13	硕士	英语	解放军外院	2004	英语	13105773192
013	孙英	女	1982-01-27	硕士	会计	上海财大	2004	会计	13005473189

图 1-5-47　利用自动筛选使数据清单只显示硕士的相关信息

Excel 提供了两种条件筛选命令：自动筛选和高级筛选。

1. 自动筛选

按照选定内容自定义筛选，它适合简单条件的筛选。以图 1-5-42 所示的表为例介绍自动筛选的具体步骤。

（1）选中数据清单中任意一个单元格。

（2）单击"开始"选项卡"编辑"栏中的 按钮，选择"筛选"命令，此时在数据清单中每一列的列标题右侧都会出现"自动筛选箭头"按钮 。

（3）单击筛选箭头，在弹出的下拉列表中按需要选择相应的值，就会在数据清单中显示满足条件的数据，而其他数据将被隐藏起来。例如在"学历"列的下拉列表中选择"硕士"，如图 1-5-48 所示，那么筛选后显示出来的记录就只有硕士的相关信息。结果参见图 1-5-47。

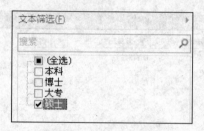

图 1-5-48　筛选下拉列表

如果要取消筛选条件，只需再单击"开始"选项卡"编辑"栏中的 按钮，选择"筛选"命令。

2. 高级筛选

自动筛选一次只能对一个字段进行筛选，如果对多个字段进行筛选，则可用高级筛选来实现。高级筛选适合复杂条件筛选。

【例 11】在图 1-5-42 所示的表中筛选出学历是硕士，报考职位是会计的所有人员。

具体操作步骤如下：

（1）在当前工作表的空白区域键入筛选条件，如图 1-5-49 所示。

	A	B	C	D	E	F	G	H	I	J

公务员报名信息汇总表

编号	姓名	性别	出生日期	学历	专业	毕业院校	毕业年份	报考职位	联系方式
001	张建立	男	1982-09-08	本科	计算机	中南大学	2004	计算机	13307873213
002	赵晓娜	女	1980-09-19	大专	会计	厦门大学	2002	会计	13507973214
003	刘绪	女	1978-09-30	大专	财政	省财专	2000	财政	13708073215
004	张琪	女	1981-10-11	大专	会计	省商专	2003	会计	13908173216
005	郑锋	女	1982-10-22	大专	计算机	省电专	2004	计算机	13807873213
006	魏翠海	女	1980-11-02	本科	会计	人民大学	2002	会计	13707573210
007	李彦宾	男	1982-11-13	硕士	税务	东北财大	2004	税务	13607273207
008	申志刚	男	1982-11-24	硕士	财政	西南财大	2004	财政	13506973204
009	卞永辉	男	1976-12-05	本科	英语	北京二外	1998	英语	13406673201
010	付艳丽	女	1981-12-16	硕士	法律	中南政法	2003	法律	13306373198
011	马红丽	女	1981-12-30	硕士	统计	人民大学	2003	统计	13206073195
012	许宏伟	男	1982-01-13	硕士	英语	解放军外院	2004	英语	13105773192
013	孙英	女	1982-01-27	硕士	会计	上海财大	2004	会计	13005473189
014	刘宝英	女	1982-02-10	本科	财政	中央财大	2004	财政	13507873213
015	王星	女	1982-02-24	博士	税务	中央财大	2004	税务	13507873221

学历	报考职位
硕士	会计

图 1-5-49　键入筛选条件

（2）选中工作表中任意一个单元格，单击"数据"选项卡"排序和筛选"栏中的"高级"按钮，弹出"高级筛选"对话框，如图 1-5-50 所示。"方式"选择默认选项，表示在原数据清单中显示筛选结果；"列表区域"和"条件区域"都可以通过"折叠对话框"按钮 在数据清单中选定相应的区域。

（3）设置完成后单击"确定"按钮，筛选结果如图 1-5-51 所示。

单击"排序和筛选"栏中的"清除"按钮可恢复显示所有数据。

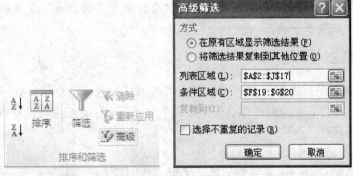

图1-5-50 "排序和筛选"栏和"高级筛选"对话框

	A	B	C	D	E	F	G	H	I	J
1	公务员报名信息汇总表									
2	编号	姓名	性别	出生日期	学历	专业	毕业院校	毕业年份	报考职位	联系方式
15	013	孙英	女	1982-01-27	硕士	会计	上海财大	2004	会计	13005473189
18										
19						学历	报考职位			
20						硕士	会计			

图1-5-51 "与"筛选条件结果

说明:

① "筛选条件"区域其实是工作表中一部分单元格形成的表格。表格中第一行输入数据清单的标题行中的列名,其余行上输入条件。同一行列出的条件是"与"的关系,不同行列出的条件是"或"的关系。例如,上例是"与"的关系,如果改成不同行,则为"或"的关系,如图1-5-52所示,筛选结果如图1-5-53所示。

学历	报考职位
硕士	
	会计

图1-5-52 "或"筛选条件

	A	B	C	D	E	F	G	H	I	J
1	公务员报名信息汇总表									
2	编号	姓名	性别	出生日期	学历	专业	毕业院校	毕业年份	报考职位	联系方式
4	002	赵晓娜	女	1980-09-19	大专	会计	厦门大学	2002	会计	13507973214
6	004	张琪	女	1981-10-11	大专	会计	省商专	2003	会计	13908173216
8	006	魏翠海	女	1980-11-02	本科	会计	人民大学	2002	会计	13707573210
9	007	李彦宾	男	1982-11-13	硕士	税务	东北财大	2004	税务	13607273207
10	008	申志刚	男	1982-11-24	硕士	财政	西南财大	2004	财政	13506973204
12	010	付艳丽	女	1981-12-16	硕士	法律	中南政法	2003	法律	13306373198
13	011	马红丽	女	1981-12-30	硕士	统计	人民大学	2003	统计	13206073195
14	012	许宏伟	女	1982-01-13	硕士	英语	解放军外院	2004	英语	13105773192
15	013	孙英	女	1982-01-27	硕士	会计	上海财大	2004	会计	13005473189
18										
19						学历	报考职位			
20						硕士				
21							会计			

图1-5-53 "或"筛选条件结果

② 在"高级筛选"对话框中,如果选择了"将筛选结果复制到其他位置","复制到"栏便可用,此时可以选择合适的空白区域左上角的单元格放筛选的结果,原数据清单保持不变。

③ 在"高级筛选"对话框中,输入单元格地址可以是相对地址,也可以是绝对地址。如果用鼠标选择单元格,则在对话框中显示的是绝对地址。

④在"高级筛选"对话框中，如果选定了"选择不重复的记录"复选框，则多个相同的记录在筛选结果中只显示一次。

5.3.4　分类汇总

所谓分类汇总就是首先将数据分类，然后将数据按类进行汇总分析处理。分类的方法是对该分类字段进行排序，汇总时使用"分类汇总"对话框。分类汇总可以使数据清单中的大量数据更明确化和条理化。

1. 简单分类汇总

简单分类汇总是只对一个字段分类且只采用一种汇总方式的分类汇总。

【例12】以图1-5-42所示的数据清单为例，统计不同学历的人数。

操作步骤如下：

（1）以"学历"为主关键字对记录进行升序排列。

（2）选中数据清单中的任意单元格，单击"数据"选项卡"分级显示"栏中的"分类汇总"按钮，如图1-5-54所示，弹出"分类汇总"对话框，如图1-5-55所示。

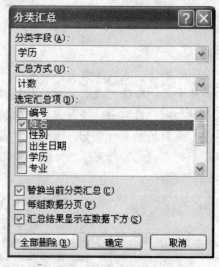

图1-5-54　"分级显示"栏　　　　　图1-5-55　"分类汇总"对话框

（3）在"分类字段"下拉列表框中选中"学历"，表示数据是按"学历"进行排序分类的。

（4）在"汇总方式"下拉列表框中选中"计数"。

（5）在"选定汇总项"列表框中选中"姓名"复选框，指定分类汇总的计算对象。

（6）设置完成后单击"确定"按钮，分类结果如图1-5-56所示。

说明：

①从图1-5-56中可以看出，在数据清单的左侧有"隐藏明细数据符号"的标记⊟。单击⊟可隐藏原始数据清单数据而只显示汇总后的数据结果，同时⊟变成⊞，单击⊞即可显示明细数据。

②单击汇总表左上角的 1 2 3 分级显示数字，也可实现分级显示总计、小计和明细数据。

③可通过"数据"选项卡"分级显示"栏中的"显示明细数据"和"隐藏明细数据"两个按钮来显示或隐藏数据。

1 2 3		A	B	C	D	E	F	G	H	I	J
	1				招考公务员报名信息汇总表						
	2	编号	姓名	性别	出生日期	学历	专业	毕业院校	毕业年份	报考职位	联系方式
	3	001	张建立	男	1982-09-08	本科	计算机	中南大学	2004	计算机	13307873213
	4	006	魏翠梅	女	1980-11-02	本科	会计	人民大学	2002	会计	13707573210
	5	009	卞永辉	男	1976-12-05	本科	英语	北京二外	1998	英语	13406673201
	6	014	刘宝英	女	1982-02-10	本科	财政	中央财大	2004	财政	13507873213
	7			4		本科 计数					
	8	015	王星	女	1982-02-24	博士	税务	中央财大	2004	税务	13507873221
	9			1		博士 计数					
	10	002	赵晓娜	女	1980-09-19	大专	会计	厦门大学	2002	会计	13507973214
	11	003	刘绪	女	1978-09-30	大专	财政	省财专	2000	财政	13708073215
	12	004	张琪	女	1981-10-11	大专	会计	省商专	2003	会计	13908173216
	13	005	郑锋	女	1982-10-22	大专	计算机	省电专	2004	计算机	13807873217
	14			4		大专 计数					
	15	007	李彦宾	男	1982-11-13	硕士	税务	东北财大	2004	税务	13607273207
	16	008	申志刚	男	1982-11-24	硕士	财政	西南财大	2004	财政	13506973204
	17	010	付艳丽	女	1981-12-16	硕士	法律	中南政法	2003	法律	13306373198
	18	011	马红丽	女	1981-12-30	硕士	统计	人民大学	2003	统计	13206073195
	19	012	许宏伟	男	1982-01-13	硕士	英语	解放军外院	2004	英语	13105773192
	20	013	孙英	女	1982-01-27	硕士	会计	上海财大	2004	会计	13005473189
	21			6		硕士 计数					
	22			15		总计数					

图 1-5-56 分类汇总结果

如果要取消分类汇总效果，需要再次打开"分类汇总"对话框，单击"全部删除"按钮。

2. 多重分类汇总

多重分类汇总是指有多个分类字段或有多个汇总方式或多个汇总项的情况，有时是多种情况的组合。遇到对多个字段排序时，要使用"排序"对话框。遇到统计多种汇总方式时，因为一次只能统计一个汇总方式，所以要分多次汇总操作才能完成。

【例13】在例12分类汇总的基础上，再找出每类学历中年龄最小的。

操作步骤为：选中数据清单中的任意单元格，通过"数据"选项卡打开"分类汇总"对话框，设置"汇总方式"为"最大值"，在"选定汇总项"列表框中选中"出生日期"，取消对"替换当前分类汇总"复选项的选择，然后单击"确定"按钮，如图1-5-57所示，汇总结果如图1-5-58所示。

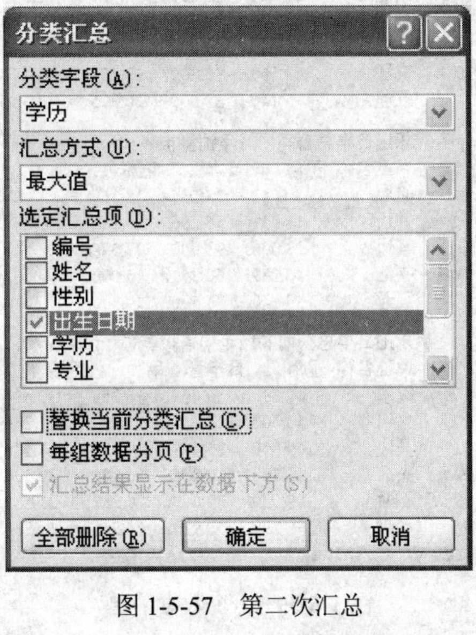

图 1-5-57 第二次汇总

1 2 3 4		A	B	C	D	E	F	G	H	I	J
	1				**公务员报名信息汇总表**						
	2	编号	姓名	性别	出生日期	学历	专业	毕业院校	毕业年份	报考职位	联系方式
	3	001	张建立	男	1982-09-08	本科	计算机	中南大学	2004	计算机	13307873213
	4	006	魏翠海	女	1980-11-02	本科	会计	人民大学	2002	会计	13707573210
	5	009	卞永辉	男	1976-12-05	本科	英语	北京二外	1998	英语	13406873201
	6	014	刘宝英	女	1982-02-10	本科	财政	中央财大	2004	财政	13507873213
	7				1982-09-08	本科 最大值					
	8		4			本科 计数					
	9	015	王星	女	1982-02-24	博士	税务	中央财大	2004	税务	13507873221
	10				1982-02-24	博士 最大值					
	11		1			博士 计数					
	12	002	赵晓娜	女	1980-09-19	大专	会计	厦门大学	2002	会计	13507973214
	13	003	刘绪	女	1978-09-30	大专	财政	省财专	2000	财政	13708073215
	14	004	张琪	女	1981-10-11	大专	会计	省商专	2003	会计	13908173216
	15	005	郑锋	女	1982-10-22	大专	计算机	省电专	2004	计算机	13807873213
	16				1982-10-22	大专 最大值					
	17		4			大专 计数					
	18	007	李彦宾	男	1982-11-13	硕士	税务	东北财大	2004	税务	13607273207
	19	008	申志刚	男	1982-11-24	硕士	财政	西南财大	2004	财政	13506973204
	20	010	付艳丽	女	1981-12-16	硕士	法律	中南政法	2003	法律	13306373198
	21	011	马红丽	女	1981-12-30	硕士	统计	人民大学	2003	统计	13206073195
	22	012	许宏伟	男	1982-01-13	硕士	英语	解放军外院	2004	英语	13105773192
	23	013	孙英	女	1982-01-27	硕士	会计	上海财大	2004	会计	13005473189
	24				1982-11-24	硕士 最大值					
	25		6			硕士 计数					
	26				1982-11-24	总计最大值					
	27		15			总计数					

图 1-5-58　多重汇总

5.3.5　合并计算

在日常工作中，经常要将一些分散的数据整理成一份完整的表格，这是一个将多个数据库合并成一个数据库，同时对其中的数据进行统计的操作。

【例 14】如图 1-5-59 所示，在工作表 Sheet1 中有 3 个数据清单，现在要计算三年来各单位同类商品的销售额总和，并在 Sheet2 中用一个新的数据清单表示出来。

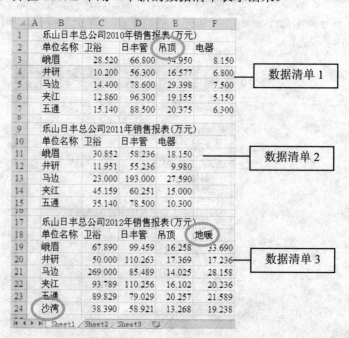

图 1-5-59　3 个数据清单

3 个清单中共有的字段名有"单位名称"、"卫浴"、"日丰管"，共有的记录有 5 个单位。合并成为一个新的数据清单后，具有相同字段名和相同记录名的数据进行合并，否则显示原始数据。操作步骤如下：

（1）单击工作表标签 Sheet2 的 A2 单元格。

（2）单击"数据"选项卡"数据工具"栏中的"合并计算"按钮 🔣，弹出"合并计算"对话框，如图 1-5-60 所示。在"函数"下拉列表框中选择"求和"，在"引用位置"栏中单击工作表标签 Sheet1，用鼠标拖动选择 B2:F7，单击"添加"按钮，同样再添加 Sheet1 的 B10:E15、B18:F24，选定"标签位置"中的"首行"和"最左列"复选框，单击"确定"按钮。

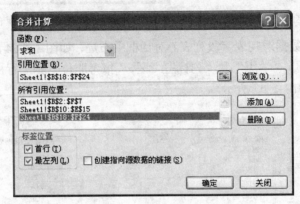

图 1-5-60　"合并计算"对话框

（3）在 Sheet2 的 A2 单元格中输入字段名"单位名称"，结果如图 1-5-61 所示。

	A	B	C	D	E	F
1	乐山日丰总公司2010年、2011年和2012年总计销售报表(万元)					
2	单位名称	卫浴	日丰管	吊顶	电器	地暖
3	峨眉	127.262	224.495	51.208	26.300	33.690
4	井研	72.151	221.799	33.946	16.780	17.236
5	马边	306.400	357.089	43.423	35.090	28.158
6	夹江	151.808	266.807	35.257	20.150	20.236
7	五通	140.109	246.029	40.632	16.600	21.589
8	沙湾	38.390	58.921	13.268		19.238

图 1-5-61　合并计算结果

5.3.6　数据透视表

数据透视表是包含数据汇总的交互式表格。使用数据透视表功能可以按用户的要求汇总数据、重新组建数据，还可以创建数据透视图等。

【例 15】以图 1-5-42 所示的数据库为数据源创建数据透视表。要求以"性别"为筛选字段，行字段为"报考职位"，列字段为"学历"，数据字段为"编号"，计数"编号"人数。数据透视表位于以 L1 为左上角的区域里。

操作步骤如下：

（1）选中数据清单中的任意单元格。

（2）单击"插入"选项卡"表格"栏中的"数据透视表"按钮，如图 1-5-62 所示，弹出"创建数据透视表"对话框，如图 1-5-63 所示，在其中设置好分析的数据和放置透视表的位置，然后单击"确定"按钮。

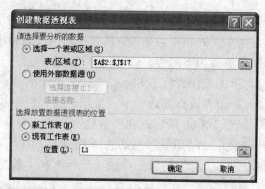

图 1-5-62　"数据透视表"按钮　　　　　　图 1-5-63　"创建数据透视表"对话框

（3）在弹出的"数据透视表字段列表"对话框中布局，如图 1-5-64 所示，分别拖"性别"字段到"报表筛选"区，"学历"到"列标签"区，"报考职位"到"行标签"区，"编号"到"数值"区，效果如图 1-5-65 所示。

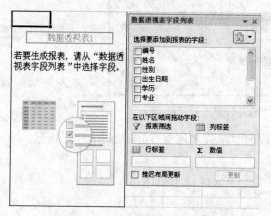

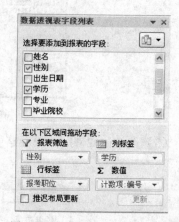

图 1-5-64　"数据透视表"布局　　　　　　图 1-5-65　拖动字段到相应区域

（4）如果需要设置汇总方式，单击"数值"下拉列表框，在其中选择"值字段设置"命令，在弹出的"值字段设置"对话框中进行设置，如图 1-5-66 所示。

（5）单击"确定"按钮，结果如图 1-5-67 所示。

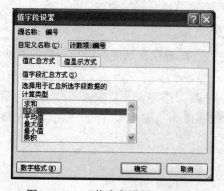

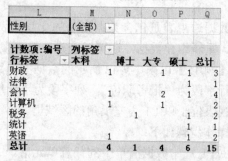

图 1-5-66　"值字段设置"对话框

图 1-5-67　数据透视表的布局效果

性别	（全部）				
计数项:编号	列标签				
行标签	本科	博士	大专	硕士	总计
财政	1		1	1	3
法律				1	1
会计	1		2	1	4
计算机	1		1		2
税务		1			1
统计				1	1
英语	1			1	2
总计	4	1	4	6	15

说明：

①在步骤 3 执行后，选项卡加载了两个数据透视表工具"选项"和"设计"。在"选项"

选项卡"数据透视表"栏中选择"选项"，如图 1-5-68 所示，弹出"数据透视表选项"对话框，如图 1-5-69 所示，可以重命名数据透视表名称，对格式及数据进行设置等。

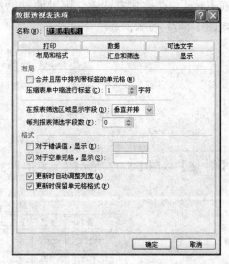

图 1-5-68　"数据透视表"栏中的"选项"按钮　　　图 1-5-69　"数据透视表选项"对话框

②在步骤 2 的图 1-5-63 中，如果选择透视表的显示位置是"新工作表"，则会在一个单独的工作表中显示数据透视表。

③生成数据透视表后，可以在表中选择字段标题上的向下箭头 ▼ 对部分数据进行显示。

④生成数据透视表后，单击"选项"选项卡"工具"栏中的"数据透视图"按钮 可生成数据透视图，如图 1-5-70 所示。

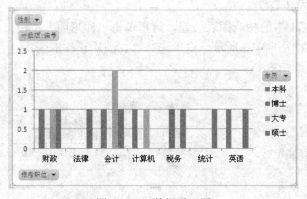

图 1-5-70　数据透视图

5.4　图表

5.4.1　图表概述

Excel 提供的图表功能是用图形的方式来表现工作表中数据与数据之间的关系，从而使数据分析更加直观、形象，让用户更好地了解数据的关系以及发展趋势等。Excel 中的图表有柱形图、折线图、饼图、条形图、面积图、散点图等。

5.4.2 建立图表

在 Excel 中，要建立图表，可以通过单击"插入"选项卡"图表"栏中的相应图表按钮实现，如图 1-5-71 所示。

图 1-5-71 "图表"按钮组

【例 16】以图 1-5-72 所示的"某企业 3 月份工资表"为例介绍创建图表的具体步骤。

	A	B	C	D	E	F	G
1			某企业3月份工资表				
2	部门	姓名	性别	主管地区	基本工资	绩效工资	实发工资
3	销售部	李兵	男	沈阳	2000	900	2900
4	企划部	刘莉	女	沈阳	2434	1200	3634
5	采购部	徐勇	男	上海	2700	1500	4200
6	销售部	赵刚	男	昆明	2000	893	2893
7	采购部	何东	男	昆明	2050	978	3028
8	销售部	孙静伟	男	沈阳	2200	1187	3387
9	采购部	周绘	女	昆明	2700	1659	4359
10	生产部	王元光	男	北京	2350	1080	3430
11	销售部	李梅英	女	上海	2200	930	3130
12	企划部	王力平	男	沈阳	2600	1360	3960

图 1-5-72 "某企业 3 月份工资表"

（1）选定创建图表的数据区域，这里按住 Ctrl 键选中工作表中前 5 个记录的姓名、基本工资、绩效工资和实发工资。

（2）单击图 1-5-71 中的相应图表按钮，这里单击"柱形图"按钮，在弹出的下拉菜单中选择一种子图类型，如图 1-5-73 所示，这里选择"二维簇状柱形图"，生成的图表如图 1-5-74 所示。

图 1-5-73 子图类型

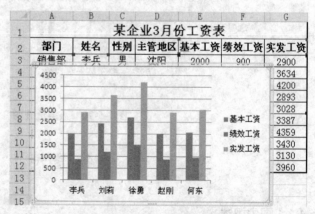

图 1-5-74 在工作表中插入图表

5.4.3 编辑与格式化图表

当图表创建完成后，Excel 会自动加载选项卡"图表工具"，其中包含"设计"、"布局"、

"格式"3个选项，如图 1-5-75 所示。可以利用"图表工具"对图表中的各个内容进行修改编辑与格式化处理。要修改与美化图表，首先要选中图表，然后根据需要选择图表工具 3 个选项卡中的不同按钮对图表进行编辑修改与格式化处理。

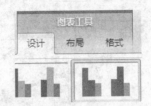

图 1-5-75　图表工具

1. "设计"选项卡

图表工具中的"设计"选项卡包含"类型"、"数据"、"图表布局"、"图表样式"、"位置" 5 栏，如图 1-5-76 所示，可以改变图表的类型、快速切换行列、改变图表布局和图表样式、移动图表位置等。

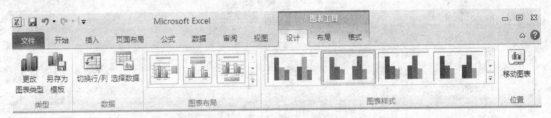

图 1-5-76　图表工具的"设计"选项卡

（1）单击"更改图表类型"按钮，弹出"更改图表类型"对话框，如图 1-5-77 所示，可以根据需要任意选择一种图表类型。

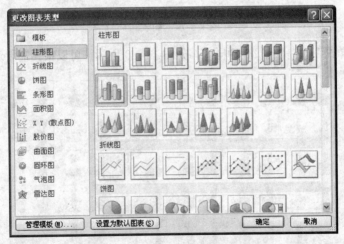

图 1-5-77　"更改图表类型"对话框

（2）单击"切换行/列"按钮，可以直接快速切换图表中的行和列数据。单击"选择数据"按钮，弹出"选择数据源"对话框，如图 1-5-78 所示，可以对"图表数据区域"进行更改，对"图例项（系列）"进行添加、编辑、删除、上移、下移，对"水平（分类）轴标签"进行编辑。

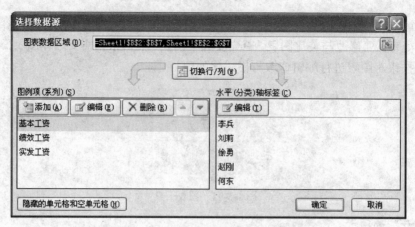

图 1-5-78　"选择数据源"对话框

（3）"图表布局"栏中有 11 种布局，如图 1-5-79 所示，可以根据需要选择任意一种布局。

图 1-5-79　图表布局

（4）"图表样式"栏提供了 48 种样式，如图 1-5-80 所示，可以根据需要选择任意一种样式。

图 1-5-80　图表样式

（5）单击"移动图表"按钮，弹出"移动图表"对话框，如图 1-5-81 所示，有两种图表位置：一种是产生的图表和工作表在同一张工作表中，另一种是图表单独放在一张新的工作表中。

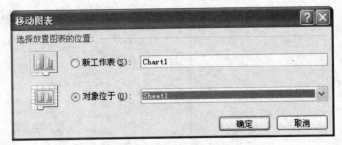

图 1-5-81 "移动图表"对话框

【例 17】对图 1-5-74 中的图表进行编辑修改，更改图表类型为"三维圆锥图"，切换行/列，图表布局设置为"布局 4"，图表样式设置为"样式 34"，最终效果如图 1-5-82 所示。

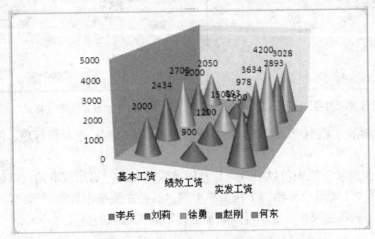

图 1-5-82 对图 1-5-74 中的图表进行编辑修改后的效果（一）

2."布局"选项卡

图表工具的"布局"选项卡包含"当前所选内容"、"插入"、"标签"、"坐标轴"、"背景"、"分析"、"属性" 7 栏，如图 1-5-83 所示，可以对图表区、图标标题、坐标轴、背景等进行编辑修改。

图 1-5-83 图表工具的"布局"选项卡

（1）单击"当前所选内容"栏中的下拉列表框，如图 1-5-84 所示，可以选择图表中的相应内容。当然，也可以在图表所在区域直接单击对应部分选择相应内容。当内容选定后，可以单击"设置所选内容格式"按钮 打开"所选内容设置格式"对话框。这里选择"图表区"设置格式，则打开"设置图表区格式"对话框，如图 1-5-85 所示。

（2）单击"插入"栏中的"图片"、"形状"、"文本框"可以分别在图表中插入图片、各种形状和横排/竖排文本框。

图 1-5-84　"当前所选内容"下拉列表

图 1-5-85　"设置图表区格式"对话框

（3）在"标签"栏中可以添加、删除或放置：图表标题、坐标轴标题、图例、数据标签等。

（4）在"坐标轴"栏中可以更改坐标轴的格式和布局，启用或取消网络线。单击"坐标轴"按钮，选择"主要纵坐标轴"下拉菜单中的"其他主要纵坐标选项"，弹出"设置坐标轴格式"对话框，如图 1-5-86 所示，可以设置坐标轴相关选项的格式。

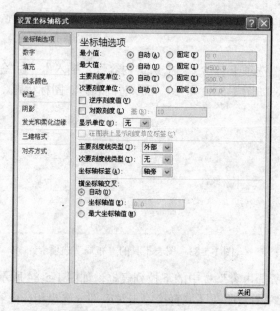

图 1-5-86　"设置坐标轴格式"对话框

（5）在"背景"栏中，可以打开或关闭"绘图区"，也可以设置绘图区格式。单击"绘图区"按钮，选择"其他绘图区选项"命令，弹出"设置绘图区格式"对话框，如图 1-5-87 所示，可以设置绘图区填充效果、边框颜色、边框样式等。

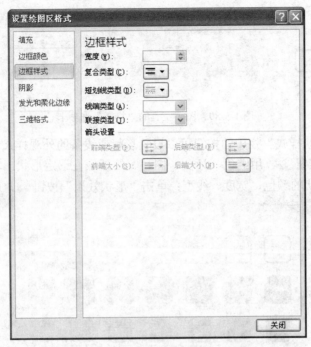

图 1-5-87 "设置绘图区格式"对话框

（6）在"分析"栏中，可以设置各个系列的"趋势线"、"误差线"。

【例18】对图 1-5-74 中的图表进行编辑修改，设置图表区的格式为"薄雾浓云"的渐变填充；设置图表标题为"图表上方"，内容为"3 月份工资表"，标题颜色为"深红"；设置坐标轴标题为"纵坐标竖排"，内容为"金额"；设置"数据标签"为"数据标签内"显示值；纵坐标轴的主要刻度单位设置为 600，并填充纵坐标轴为"浅蓝"；设置绘图区边框颜色为"浅蓝"，边框宽度为 2 磅，最终效果如图 1-5-88 所示。

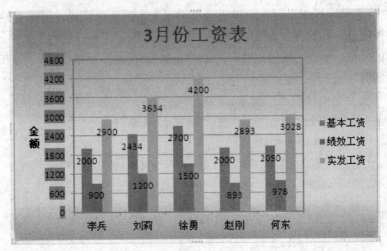

图 1-5-88 对图 1-5-74 中的图表进行编辑修改后的效果（二）

3. "格式"选项卡

图表工具的"格式"选项卡包含"当前所选内容"、"形状样式"、"艺术字样式"、"排列"、"大小"5 栏，如图 1-5-89 所示，可以对图表区、图表边框、图表中的文字等进行格式化处理。

图 1-5-89　图表工具的"格式"选项卡

（1）单击"形状样式"栏中的按钮可以设置形状或线条的外观样式，如图 1-5-90 所示。单击"形状填充"按钮，用纯色、渐变、图片、纹理填充选定形状；单击"形状轮廓"按钮，指定选定形状的颜色、宽度、线型；单击"形状效果"按钮，对选定形状应用外观效果（阴影、发光、旋转等）。

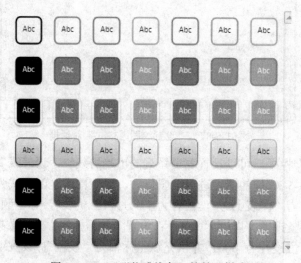

图 1-5-90　"形状或线条"的外观样式

（2）单击"艺术字样式"栏中的按钮可以设置文本的外观样式，如图 1-5-91 所示。单击"文本填充"按钮，用纯色、渐变、图片、纹理填充选定文本；单击"文本轮廓"按钮，指定选定文本的颜色、宽度、线型；单击"文本效果"按钮，对选定文本应用外观效果（阴影、发光、旋转等）。

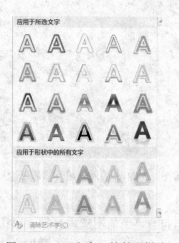

图 1-5-91　"文本"的外观样式

【例19】对图1-5-74中的图表进行格式化处理，设置形状样式为"强调效果－紫色，强调颜色4"；设置艺术字样式为"渐变填充－蓝色，强调文字颜色1，轮廓－白色，发光－强调文字颜色2"，最终效果如图1-5-92所示。

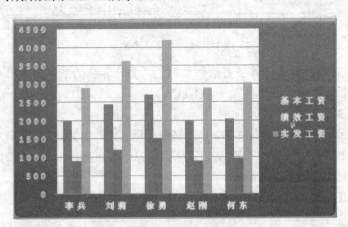

图1-5-92　对图1-5-74中的图表进行编辑格式化效果（三）

5.5　Excel 高级应用

5.5.1　Excel 函数综合应用

Excel 函数非常丰富，可以将各类函数结合应用，解决一些较复杂的问题。

【例20】利用身份证号码计算出生日期、年龄、性别。

1. 身份证号码简介（18位）

1～6位为地区代码；7～10位为出生年份；11和12位为出生月份；13和14位为出生日期；15～17位为顺序号，并能够判断性别，奇数为男，偶数为女；第18位为校验码。

2. 计算"出生日期"

生日是从第7位开始至第14位结束。提取出来后为了计算"年龄"应该将"年"、"月"、"日"数据中添加一个"/"或"-"分隔符。如图1-5-93所示的表格，将光标定位在单元格D2中，然后输入函数公式"=MID(C2,7,4)&"-"&MID(C2,11,2)&"-"&MID(C2,13,2)"，即可计算"出生日期"。

	D2	▼	f_x	=MID(C2,7,4)&"-"&MID(C2,11,2)&"-"&MID(C2,13,2)		
	A	B	C	D	E	F	G
1	姓名	性别	身份证号码	出生日期	年龄		
2	严永琴		510322199203064344	1992-03-06			
3	贾迪		511102199405160261	1994-05-16			
4	邓超		513822199311085176	1993-11-08			

图1-5-93　计算"出生日期"

3. 计算"年龄"

"出生日期"确定后，年龄则可以利用一个简单的函数公式计算出来。如图1-5-94所示，将光标定位在E2单元格中，然后输入函数公式"=INT((TODAY()-D2)/365)"，即可计算出"年龄"。

	E2	▼	f_x	=INT((TODAY()-D2)/365)	
	A	B	C	D	E
1	姓名	性别	身份证号码	出生日期	年龄
2	严永琴		510322199203064344	1992-03-06	21
3	贾迪		511101199405160261	1994-05-16	18
4	邓超		513822199311085176	1993-11-08	19

图 1-5-94　计算"年龄"

说明：TODAY 函数用于计算当前系统日期。只要计算机的系统日期准确，就能立即计算出当前的日期，无需参数。操作格式是 TODAY()。

4. 计算"性别"

如图 1-5-95 所示，将光标定位在 B2 单元格中，然后输入函数公式"=IF(MOD(VALUE(MID(C2,17,1)),2)=0,"女","男")"或者"=IF(VALUE(MID(C2,17,1))/2=INT(VALUE(MID(C2,17,1))/2),"女","男")"，即可计算出"性别"。

说明：VALUE(MID(C2,17,1))的含义是将提取出来的文本数字转换成能够计算的数值。

	B2	▼	f_x	=IF(MOD(VALUE(MID(C2,17,1)),2)=0,"女","男")		
	A	B	C	D	E	F
1	姓名	性别	身份证号码	出生日期	年龄	
2	严永琴	女	510322199203064344	1992-03-06	21	
3	贾迪	女	511101199405160261	1994-05-16	18	
4	邓超	男	513822199311085176	1993-11-08	19	

图 1-5-95　计算"性别"

5.5.2　Excel 单元格下拉列表设置方法

利用 Excel 的数据有效性，可以方便设置单元格下拉列表，这里介绍 3 种设置方法。

1. 直接输入法

（1）选择要设置的单元格，如 A1 单元格。

（2）单击"数据"选项卡"数据工具"栏中的"数据有效性"按钮 ，弹出"数据有效性"对话框，如图 1-5-96 所示。

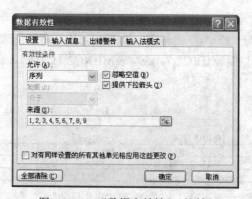

图 1-5-96　"数据有效性"对话框

（3）在"设置"选项卡中，在"有效性条件"区域的"允许"下拉列表框中选择"序列"，选中"忽略空值"和"提供下拉箭头"复选框，在"来源"框中输入数据，如"1,2,3,4,5,6,7,8,9"（不包括双引号，分隔符号"，"必须为半角模式），单击"确定"按钮，再次选择 A1 单元格，就出现了下拉列表。

2. 引用同一工作表内的数据

如果同一工作表的某列就是下拉列表想要的数据,比如引用工作表 Sheet1 的 B2:B5,B2:B5 分别有数据 1、2、3、4,操作方法与第 1 种方法相似,不同之处仅在第(3)步输入数据时,这里需要输入数据"=$B$2:$B$5",也可以单击 按钮直接选择 B2:B5 区域。

3. 引用不同工作表内的数据

如果不同工作表的某列就是下拉列表想要的数据,比如工作表 Sheet1 的 A1 单元格要引用工作表 Sheet2 的 B2:B5 区域,工作表 Sheet2 的 B2:B5 分别有数据 1、2、3、4,操作方法如下:

(1)定义区域名称。在 Sheet2 工作表中选中 B2:B5 区域,右击选择"定义名称"或者选择"公式"选项卡中的"定义名称",弹出"新建名称"对话框,如图 1-5-97 所示。在"名称"文本框中输入想定义的名称,如 DW(可以自己随便命名),在"引用位置"框中输入"=Sheet2!$B$2:$B$5",也可以单击 按钮直接选择 B2:B5 区域,单击"确定"按钮。当然最简单的定义区域名称的方法是选中区域后直接在"名称"框中输入名称。

(2)在 Sheet1 工作表中选择要设置的单元格,如 A1 单元格。

(3)后面的操作步骤与前面的类似,不同之处在于输入数据"=DW",DW 就是刚刚定义好的名称。

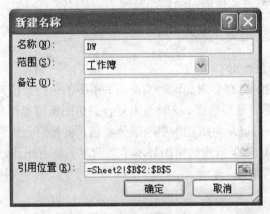

图 1-5-97　"新建名称"对话框

通过下拉列表设置方法可以查询记录的相关信息。

【例 21】要实现在一个单元格中输入数据,同时它同一行相关的一些数据都要显示出来,而且要输入的数据量很大。如图 1-5-98 所示的课程成绩表,A3 是一个下拉列表,选中学号,同时一行的姓名、课程名称、学分、期末成绩、总评成绩等信息都出现,而且每行都是这样。

	A	B	C	D	E	F	G	H	I	J	K
1					**07级课程成绩**						
2	学号	姓名	课程名称	学分	期末成绩	总评成绩	绩点	重修标记	学年	学期	班级
3	07181009	陈婷婷	电脑音乐基础	2	65	及格	1.00	0	2009-2010	1	音乐07本1(音乐舞蹈)
4	07282007	何俊	电脑音乐基础	2	95	优秀	4.00	0	2009-2010	1	音乐07本1(音乐舞蹈)
5	07282019	何耀桦	电脑音乐基础	2	65	及格	1.00	0	2009-2010	1	音乐07本1(音乐舞蹈)
6	07282016	侯雨洁	电脑音乐基础	2	60	及格	1.00	0	2009-2010	1	音乐07本1(音乐舞蹈)
7	07282025	姜梦丹	电脑音乐基础	2	70	中等	2.00	0	2009-2010	1	音乐07本1(音乐舞蹈)

图 1-5-98　课程成绩表

具体步骤如下:

(1)原数据表在 Sheet1 表,新表建在 Sheet2 表,表格式同 Sheet1 表。

（2）选中 Sheet1 表的 A 列学号的区域（A3～A65)，定义名称为"学号"。

（3）在 Sheet2 表的 A3 单元格设置"数据有效性"，在"数据有效性"对话框的"允许"下拉列表框中选择"序列"，在"来源"框中输入"=学号"，单击"确定"按钮退出。

（4）在 B3 单元格中输入公式"=IF($A3<>0,VLOOKUP($A3,Sheet1!$A$3:$K$65,COLUMN(),FALSE),"")"。

VLOOKUP 格式如下：

VLOOKUP(lookup_value,table_array,col_index_num,range_lookup)

参数说明：Lookup_value 代表需要查找的数值；Table_array 代表需要在其中查找数据的单元格区域；Col_index_num 为在 table_array 区域中待返回的匹配值的列序号（当 Col_index_num 为 2 时，返回 table_array 第 2 列中的数值，为 3 时，返回第 3 列的值，……）；Range_lookup 为一逻辑值，如果为 TRUE 或省略，则返回近似匹配值，也就是说，如果找不到精确匹配值，则返回小于 lookup_value 的最大数值；如果为 FALSE，则返回精确匹配值，如果找不到，则返回错误值#N/A。

（5）将 B3 单元格横向填充到 K3 单元格。

（6）将 A3～K3 单元格向下填充若干行。

（7）A 列选"学号"后，后面出现相关数据。

5.5.3　Excel 几种复杂图表的制作

1. 复合饼图和复合条饼图

在 Excel 中插入饼图时有时会遇到这种情况，饼图中的一些数值具有较小的百分比，将其放到同一个饼图中难以看清这些数据，这时使用复合条饼图就可以提高小百分比的可读性。复合饼图（或复合条饼图）可以从主饼图中提取部分数值，将其组合到旁边的另一个饼图（或堆积条形图）中。例如图 1-5-99 所示的饼图显示了某杂志的读者职业分布情况，其中小百分比数据较为密集，不易看清楚。

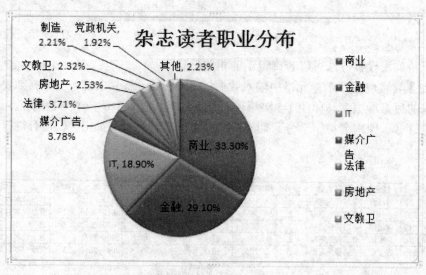

图 1-5-99　普通饼图

而改用复合条饼图则显得一目了然，如图 1-5-100 所示。

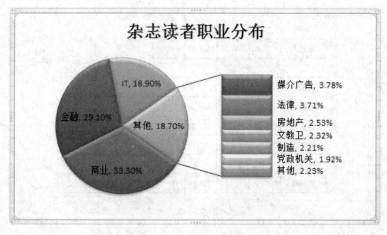

图 1-5-100　复合条饼图

有时还需要强调饼图中的一组数值,这时就可以使用复合饼图或复合条饼图,如图 1-5-101 所示为某些产品在几个城市的销售情况,第二个表格为"广州"的销售数据。

	A	B	C	D	E
1	城市	济南	武汉	天津	广州
2	销售额	2177.86	2149.22	2756.20	3645.17
3					
4	城市	广州			
5	商品名称	拖鞋	袜子	牛仔裤	衬衣
6	销售额	707.22	725.95	1087.27	1124.73

图 1-5-101　产品销售表

用复合饼图可以突出显示"广州"的详细销售情况,如图 1-5-102 所示。

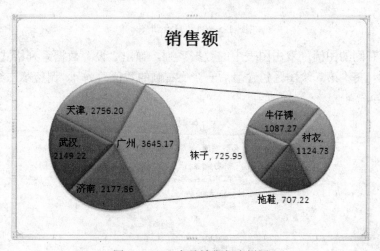

图 1-5-102　产品销售复合饼图

【例22】将图 1-5-101 所示的表制作成复合饼图,复合条饼图的制作方法类似。

为了制作复合饼图,需要将表中的数据进行重新组合,将数值放到同一行或同一列中,如图 1-5-103 中底部的表格。

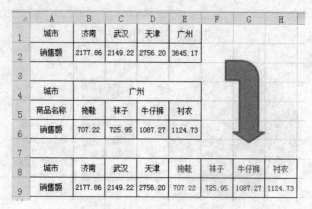

图 1-5-103　整合数据

具体操作步骤如下：

（1）选择重新组合后的表格中的某个单元格，如 B9 单元格，选择"插入"选项卡，在"图表"栏中单击"饼图"→"复合饼图"，生成如图 1-5-104 所示的复合饼图。

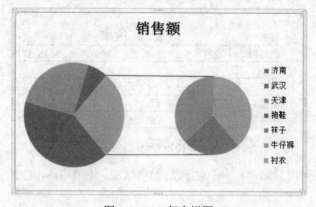

图 1-5-104　复合饼图

（2）删除右侧的图例，双击图表中的数据系列，弹出"设置数据系列格式"对话框，如图 1-5-105 所示，将"第二绘图区包含最后一个"右侧的数值改为 4，调整第二绘图区的大小，然后关闭对话框。

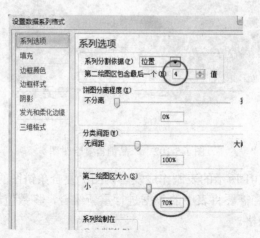

图 1-5-105　"设置数据系列格式"对话框

当"系列分割依据"选择"自定义"时，可以将某个数据点任意放置到主饼图或次饼图中。方法是选择某个数据点，在"点属于"右侧的下拉列表框中选择放置的位置。

（3）在图表的数据系列中右击，选择"添加数据标签"。双击图表中添加的数据标签，弹出"设置数据标签格式"对话框，如图 1-5-106 所示，在"标签选项"中勾选"类别名称"复选框，然后关闭对话框。

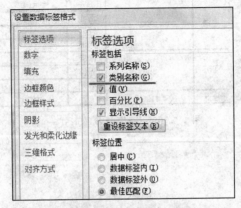

图 1-5-106　"设置数据标签格式"对话框

（4）将图表中的"其他"数据标志改为"广州"，如图 1-5-107 所示。

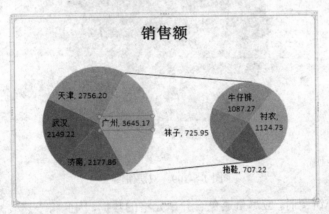

图 1-5-107　更改复合饼图数据标志

（5）要进一步美化图表，可以在"图表工具设计"选项卡的"样式"栏中选择某种样式，本例选择"样式 26"，最终效果如图 1-5-102 所示。

2. 双层饼图

Excel 中的饼图可以反映一组数据中各数据点所占的百分比，可以做成三维的，也可以使用复合饼图表达某一块饼的下属子集组成。但是如果对每一块饼都要显示其下属子集的组成，则需要根据实际数据绘制多层饼图，如两层、三层乃至更多层的饼图。绘制多层饼图，需要使用一些特殊的方法，有时要将饼图和圆环图结合起来。当然，最基本的是双层饼图。下面举例说明双层饼图的制作方法。

【例 23】某公司各地区及下属部门销售营业额如图 1-5-108 所示，根据各地区及各部门的隶属关系做成双层饼图，如图 1-5-109 所示。其中，地区分类为中间（内层）饼图，各地下属部门为外层数据。

	A	B	C	D
1	地区	营业额小计（万元）	部门	营业额（万元）
2	天津	1499	河东	323
3			河西	555
4			南开	621
5	山东	715	济南	289
6			青岛	426
7	上海	1090	静安	512
8			黄浦	244
9			徐汇	211
10			卢湾	123
11	江苏	886	南京	295
12			无锡	277
13			苏州	314
14	合计	4190		4190

图 1-5-108　销售营业额形式一

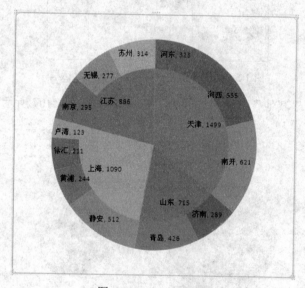

图 1-5-109　双层饼图

使用 Excel 制作饼图时，应尽量避免合并单元格的数据，因此将上述表格改成如图 1-5-110 所示的形式。

	A	B	C	D
1	地区	营业额小计（万元）	部门	营业额（万元）
2	天津	1499	河东	323
3	山东	715	河西	555
4	上海	1090	南开	621
5	江苏	886	济南	289
6			青岛	426
7			静安	512
8			黄浦	244
9			徐汇	211
10			卢湾	123
11			南京	295
12			无锡	277
13			苏州	314

图 1-5-110　销售营业额形式二

具体操作步骤如下：

（1）由于是要绘制双层饼图，因此要先绘制最里面一层饼图，这是非常重要的一点。选择 A2:B5，绘制普通饼图，添加数据标签，在设置数据标签格式时勾选"类别名称"复选框，设置调整大小和字体，如图 1-5-111 所示。

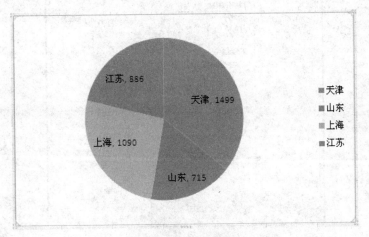

图 1-5-111　普通饼图

（2）增加外层饼图系列。选择图表并右击，选择"选择数据"命令，弹出"选择数据源"对话框，在"图例项（系列）"中单击"添加"按钮，设置"系列名称"为"系列 2"，其值为 D2:D13，单击"确定"按钮。如图 1-5-112 所示，此时可见图表似乎没有任何变化，只是多了几个图例标识。

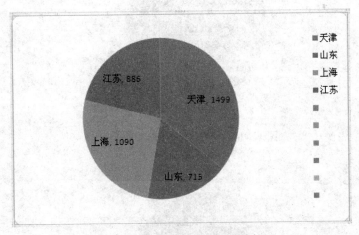

图 1-5-112　增加外层饼图系列

（3）选择当前图表中可见的系列 1，右击图表，选择"设置数据系列格式"命令，在弹出的"设置数据系列格式"对话框中切换到"系列选项"选项卡，在"系列绘制在"区域中选择"次坐标轴"单选按钮，如图 1-5-113 所示，单击"关闭"按钮，出现如图 1-5-114 所示的图表。

（4）选择图表并右击，选择"选择数据"命令，弹出"选择数据源"对话框，选择"系列 2"，在"水平（分类）轴标签"处单击"编辑"，将"轴标签区域"选定在 C2:C13，单击"确定"按钮关闭"选择数据源"对话框，此时出现如图 1-5-115 所示的图表。

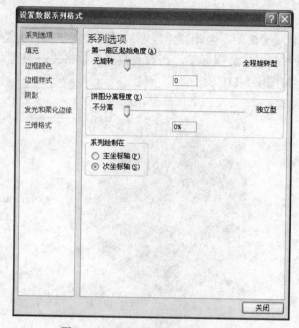

图 1-5-113　设置数据系列次坐标轴

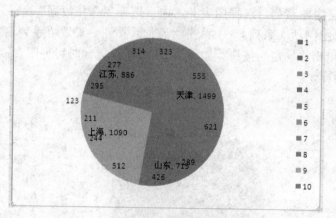

图 1-5-114　设置"次坐轴"后的饼图

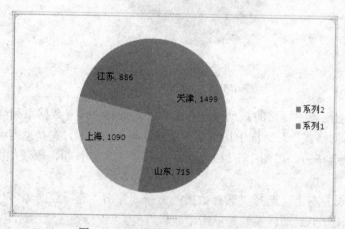

图 1-5-115　设置"系列 2"后的饼图

（5）选择"系列 1"，即目前可见层，然后单击其中的某一块饼，如"天津"，按住左键不放向外拖动该饼，将整个系列一起往外拖，使整个系列的扇区形状一起缩小到合适的大小，当拖到你认为合适的时候松开左键，就会发现整个饼图发生了变化，如图 1-5-116 所示。

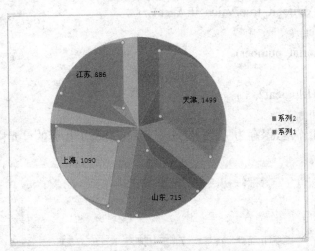

图 1-5-116 拖动"系列 1"后的饼图

（6）两次单击（不是双击，而是单击后稍等一下再单击）该系列的每一块，分别将分离的每块小饼一块一块地拖到饼的中央对齐，就得到了如图 1-5-117 所示的图表。

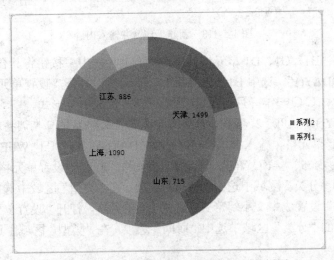

图 1-5-117 将分离的小饼对齐到中央后的饼图

（7）选中外圆数据并右击，选择"添加数据标签"，双击图表中添加的数据标签，弹出"设置数据标签格式"对话框，在"标签选项"中勾选"类别名称"复选框，然后关闭对话框，并将"图例"删除，即得到如图 1-5-109 所示的双层饼图。

5.5.4 Excel 制作万年历的方法

用 Excel 可以很容易地制作万年历。这个万年历可以显示当月的月历，还可以随意查阅任何日期所属的月历，非常方便。如果你愿意，还可以让它在特殊的日子里显示不同的提醒文字。制作过程中所涉及的函数有：

- AND (logical1,logical2,...)
- DATE (year,month,day)
- DAY (serial_number)
- IF(Logical,Value_if_true,Value_if_false)
- INT (number)
- MONTH (serial_number)
- NOW ()
- OR (logical1,logical2, ...)

具体操作步骤如下：

（1）新建一个工作簿，保存为"万年历.xlsx"，并在 Sheet1 相应的单元格中输入如图 1-5-118 所示的文本。

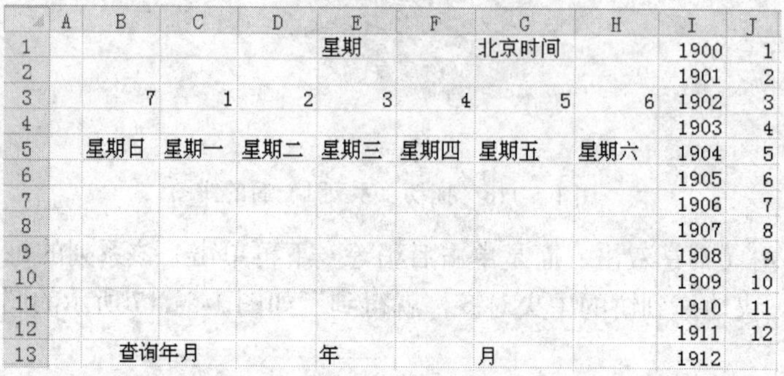

	A	B	C	D	E	F	G	H	I	J
1					星期		北京时间		1900	1
2									1901	2
3		7	1	2	3	4	5	6	1902	3
4									1903	4
5		星期日	星期一	星期二	星期三	星期四	星期五	星期六	1904	5
6									1905	6
7									1906	7
8									1907	8
9									1908	9
10									1909	10
11									1910	11
12									1911	12
13		查询年月		年		月			1912	

图 1-5-118　新建工作簿并输入内容

（2）同时选中 B1、C1、D1 单元格，单击"合并后居中"按钮将其合并成一个单元格，并输入公式"=TODAY()"。选中 B1（合并后的）单元格，打开"设置单元格格式"对话框，设置日期格式为"二〇〇一年三月十四日"，将日期设置成中文形式。

注意：TODAY()函数用于提取当前系统日期，请务必将系统日期调整准确。

（3）选中 F1 单元格，输入公式"=IF(WEEKDAY(B1,2)=7,"日",WEEKDAY(B1,2))"；选中 H1 单元格，输入公式"=NOW()"。选中 F1 单元格，打开"设置单元格格式"对话框，在"数字"选项卡的"分类"区域中选中"特殊"选项，在"类型"区域中选中"中文小写数字"选项，将"星期数"设置成中文小写形式；选中 H1 单元格，打开"设置单元格格式"对话框，在"数字"选项卡的"分类"区域中选中"时间"选项，在"类型"区域中选中一款时间格式，如"13 时 30 分"。

注意：①步骤 3 中第一个公式的含义是：如果（IF）当前日期（B1）是星期"7"（WEEKDAY(B1,2)=7），则在 F1 单元格中显示"日"，否则直接显示出星期的数值（WEEKDAY(B1,2)）。

②第二个函数（NOW()）用于提取当前系统日期和时间，也请将系统日期和时间调整准确。

（4）选中 D13 单元格，执行"数据有效性"命令，弹出"数据有效性"对话框，在"允许"下拉列表框中选择"序列"，在"来源"框中输入"=$I$1:$I$151"，设置下拉列表。同样的操作，将 F15 单元格的数据有效性设置为"=$J$1:$J$12"序列。

（5）选中 A2 单元格（不一定非得是 A2），输入公式"=IF(F13=2,IF(OR(D13/400=INT(D13/400),AND(D13/4=INT(D13/4),D13/100<>INT(D13/100))),29,28),IF(OR(F13=4,F13=6,F13=9,F13=11),30,31))"，用于获取查询"月份"所对应的天数（28、29、30、31）。

注意：函数的含义是：如果查询"月份"为"2月"（F13=2）时，并且"年份"能被400整除[D13/400=INT(D13/400)]，或者"年份"能被 4 整除，但不能被 100 整除[AND(D13/4=INT(D13/4),D13/100<>INT(D13/100))]，则该月为 29 天（"闰年"），否则为 28 天。如果"月份"不是 2 月，但是 4、6、9、11 月，则该月为 30 天，其他月份为 31 天。

（6）选中 B2 单元格，输入公式"=IF(WEEKDAY(DATE($D$13,$F$13,1),2)=B3,1,0)"；再次选中 B2 单元格，用"填充柄"将上述公式复制到 C2:H2 单元格中。

注意：公式的含义是：如果"查询年月"的第 1 天是星期"7"（WEEKDAY(DATE($D$13,$F$13,1),2)=B3）时，在该单元格显示"1"，反之显示"0"，为"查询年月"获取一个对照值，为下面制作月历做准备。

（7）选中 B6 单元格，输入公式"=IF(B2=1,1,0)"；选中 B7 单元格，输入公式"=H6+1"。用"填充柄"将 B7 单元格中的公式复制到 B8 和 B9 单元格中。分别选中 B10、B11 单元格，输入公式"=IF(H9>=A2,0,H9+1)"和"=IF(H10>=A2,0,IF(H10>0,H10+1,0))"。选中 C6 单元格，输入公式"=IF(B6>0,B6+1,IF(C2=1,1,0))"。用"填充柄"将 C6 单元格中的公式复制到 D6:H6 单元格中。选中 C7 单元格，输入公式"=B7+1"。用"填充柄"将 C7 单元格中的公式复制到 C8 和 C9 单元格中。同时选中 C7:C9 单元格，用"填充柄"将其中的公式复制到 D7:H9 单元格中。选中 C10 单元格，输入公式"=IF(B10>=$A$2,0,IF(B10>0,B10+1,IF(C6=1,1,0)))"。用"填充柄"将 C10 单元格中的公式复制到 D10:H10 单元格和 C11 单元格中。

至此，整个万年历（其实没有万年，只有从 1900 到 2050 的 151 年）制作完成。

下面再来将其装饰一下。

（8）选中相应的单元格，设置好字体、字号、颜色、文本的对齐方式等。同时选中 I 列和 J 列并右击，选择"隐藏"选项，将相应的列隐藏起来，使得界面更加友好。用同样的方法，将第 2 和第 3 行也隐藏起来。

（9）选中 B5:H11 单元格区域，打开"设置单元格格式"对话框，设置好边框颜色、样式等，为月历加上边框。

（10）单击"文件"→"选项"命令，弹出"Exel 选项"对话框，如图 1-5-119 所示，选择"高级"，在右边的选项中往下找到"此工作表的显示选项"，取消对"在具有零值的单元格中显示零值"和"显示网格线"复选项的勾选，单击"确定"按钮，让"零值"和"网格线"不显示出来。

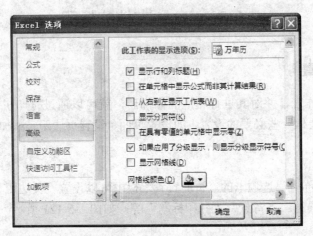

图 1-5-119　"Excel 选项"对话框

（11）将 B14:H14 和 B15:H15 单元格分别合并成一个单元格，并在 B14 单元格中输入公式"=IF(AND(MONTH(B1)=1,DAY(B1)=1),"新年新气象！加油呀！",IF(AND(MONTH(B1)=3,DAY(B1)=8),"向女同胞们致敬！",IF(AND(MONTH(B1)=5,DAY(B1)=1)," 劳动最光荣！",IF(AND(MONTH(B1)=5,DAY(B1)=4),"青年是祖国的栋梁!",IF(AND(MONTH(B1)=6,DAY(B1)=1),"愿天下所有的儿童永远快乐!",0)))))"，在 B15 单元格中输入"=IF(AND(MONTH(B1)=7,DAY(B1)=1),"党的恩情永不忘!",IF(AND (MONTH(B1)=8,DAY(B1)=1),"提高警惕，保卫祖国！",IF(AND(MONTH(B1)=9,DAY(B1)=10),"老师，您辛苦了！",IF(AND(MONTH(B1)=10,DAY(B1)=1), "祝我们伟大的祖国繁荣富强!",0))))"。

设置好 B14 和 B15 单元格的字体、字号、颜色等。

注意：上述公式的含义是：如果当前日期逢到相关的节日（如"元旦"等），则在 B14 或 B15 单元格中显示出相应的祝福语言，如"劳动最光荣!"，如图 1-5-120 所示。由于 IF 函数只能嵌套 7 层，而节日数量超过 7 个（我们这里给出了 9 个），因此我们用两个单元格来显示。

图 1-5-120　万年历效果

（12）单击"页面布局"选项卡中的"背景"按钮，弹出"工作表背景"对话框，选择一张合适的图片作为背景。这样一张美化后的万年历就制作完成了。

5.6　Excel 文档的打印

5.6.1　打印设置

当创建一张工作表，并对其进行相应的修饰后，就可以通过打印机打印输出了。在工作表打印之前，还需要做一些必要的设置，如设置页面、设置页边距、添加页眉和页脚、设置打印区域等。

1. 页面设置

（1）在"页面布局"选项卡的"页面设置"栏中可以设置"页边距"、"纸张方向/大小"、"打印区域"、"分隔符"、"背景"、"打印标题"等，如图 1-5-121 所示。

图 1-5-121 "页面布局"选项卡

（2）单击"文件"→"打印"→"页面设置"命令，弹出"页面设置"对话框，如图 1-5-122 所示，在其中也可以设置相关参数。

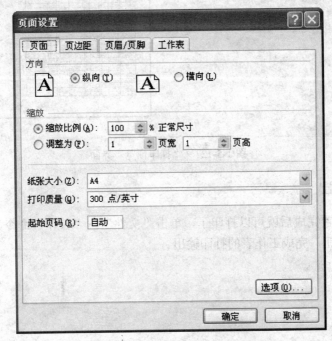

图 1-5-122 "页面设置"对话框

- "页面"选项卡：可以设置纸张方向、缩放比例、纸张大小等。
- "页边距"选项卡：可以设置工作表距打印纸边界"上""下""左""右"的距离，还可以设置工作表的居中方式以及"页眉和页脚"距边界的距离。
- "页眉/页脚"选项卡：可以编辑页眉和页脚的内容及插入位置。
- "工作表"选项卡：可以重新定义打印区域，编辑打印标题，实现在每一页中都打印相同的行或列作为表格标题，设置打印顺序等。

2. 打印预览

在打印工作表之前可以通过打印预览功能查看打印效果。单击"文件"→"打印"命令，即会显示打印预览，如图 1-5-123 所示。

在预览中，可以配置所有类型的打印设置，如页数、页面范围、单面打印/双面打印、纵向、页面大小。

在 Excel 2010 中，还可以在通过"页面布局"视图查看工作表打印效果的同时对其进行编辑。单击"视图"选项卡"工作簿视图"栏中的"页面布局"按钮，可以看到它的打印效果，表格周围的空白区域也显示出来，还可以直接设置页眉页脚。

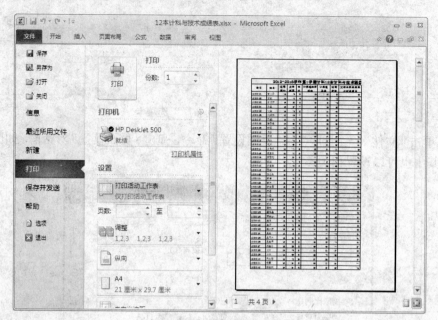

图 1-5-123 "打印预览"界面

5.6.2 打印输出

工作表格式设置完成后就可以打印了，单击"文件"→"打印"命令，在弹出的对话框中单击"打印"按钮，完成工作表的打印输出。

第6章 PowerPoint 2010 基础及高级应用

知识要点：

- 基本概念：演示文稿、视图的基本概念。
- 演示文稿的操作：创建、打开、关闭和保存。
- 幻灯片的操作：选择、插入、复制、移动、删除。
- 编辑幻灯片内容的操作：输入文本，插入图片、图形、艺术字、表格、声音、视频。
- 设置演示文稿外观的操作：版式、背景、配色方案、母版、主题模板。
- 设置幻灯片动画效果：各种对象的动画和幻灯片的动画切换。
- 设置幻灯片的交互效果：超链接和动作交互。
- 设置演示文稿的放映方式、打印、打包发布。

PowerPoint 可以帮助用户制作出图文并茂、生动美观、极富感染力的演示文稿。PowerPoint 2010 是 Microsoft 公司推出的 Office 2010 系列办公软件的一个组件。随着新的操作系统的推出，PowerPoint 版本也在不断升级，功能也在不断增强，但是各种版本的使用方法大同小异。本章以 PowerPoint 2010 中文版为对象系统介绍了 PowerPoint 的基本操作、演示文稿的外观设置、动画与超链接、演示文稿的放映与打印等内容。

6.1 PowerPoint 2010 概述

6.1.1 PowerPoint 2010 的启动和退出

1. 启动
- 单击"开始"→"所有程序"→Microsoft Office→Microsoft PowerPoint 2010 命令。
- 双击桌面上的 PowerPoint 2010 应用程序的快捷方式图标。
- 在"资源管理器"或"计算机"窗口中双击 PowerPoint 2010 文件。

2. 退出
- 单击"文件"→"退出"命令。
- 双击窗口左上角的系统控制按钮。
- 单击窗口右上角的"关闭"按钮。
- 按 Alt+F4 组合键。

6.1.2 PowerPoint 2010 的主窗口

PowerPoint 的工作界面如图 1-6-1 所示。

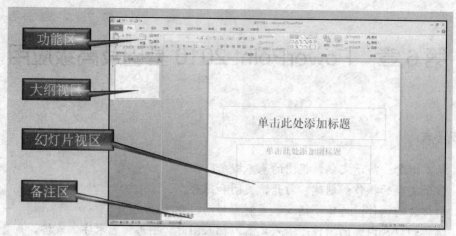

图 1-6-1　PowerPoint 2010 的工作界面

6.1.3　视图种类

视图是呈现工作的一种方式。为了便于制作者以不同的方式观看自己制作的幻灯片的内容和效果，PowerPoint 提供了 6 种视图模式：普通视图、幻灯片浏览视图、备注页视图、母版视图、幻灯片放映视图和阅读视图。

可以在两个位置找到 PowerPoint 视图（如图 1-6-2 所示）：

- "视图"选项卡的"演示文稿视图"栏和"母版视图"栏中。
- 在 PowerPoint 窗口底部的状态栏中也提供了各个主要视图的按钮（普通视图、幻灯片浏览视图、阅读视图和幻灯片放映视图）。

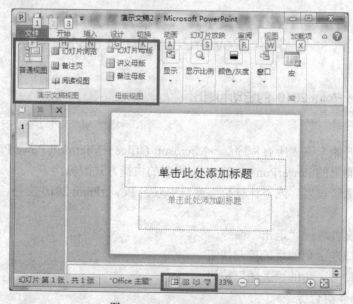

图 1-6-2　PowerPoint 视图

切换视图十分简单，只要单击相应的视图按钮即可进入幻灯片的各个视图。

1. 普通视图

普通视图是主要的编辑视图，可用于撰写和设计演示文稿。普通视图模式如图 1-6-3 所示。

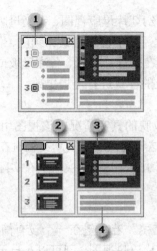

图 1-6-3 普通视图

①大纲选项卡：以大纲形式显示幻灯片文本，也就是主要显示每张幻灯片的标题和正文，从而可以集中精力处理演示文稿的文字性的内容。大纲视图是组织和创建演示文稿文字内容的最理想方式。在大纲窗格中可以方便地重新排列幻灯片中的观点、移动整张幻灯片、编辑标题和正文等。

②幻灯片选项卡：在编辑时以缩略图大小的图像在演示文稿中观看幻灯片。使用缩略图能方便地遍历演示文稿，并观看任何设计更改的效果。在这里还可以轻松地重新排列、添加或删除幻灯片。

③幻灯片窗格：在 PowerPoint 窗口的右上方，"幻灯片"窗格显示当前幻灯片的大视图。在此视图中显示当前幻灯片时，可以添加文本，插入图片、表格、图形对象、文本框、电影、声音、超链接和动画等。在该窗格中一次只能编辑一张幻灯片。

④备注窗格：在"幻灯片"窗格下的"备注"窗格中，可以键入要应用于当前幻灯片的备注信息。

可以在"幻灯片"和"大纲"选项卡之间进行切换。

2. 幻灯片浏览视图

幻灯片浏览视图可以查看缩略图形式的幻灯片。在该视图中（如图 1-6-4 所示），我们处在一个统观全局的位置。演示文稿中的所有幻灯片整齐地排列在一起，可以清楚地看到它们之间的过渡及前后呼应关系。在幻灯片浏览视图中，不能更改单张幻灯片中的内容，但可以删除幻灯片、复制幻灯片或者调整幻灯片的前后次序。在普通视图中注重的是细节，而在幻灯片浏览视图中注重的是全局。

图 1-6-4 幻灯片浏览视图

3. 备注页视图

在"视图"选项卡的"演示文稿视图"栏中单击"备注页"即可切换到备注页视图。备注页视图是以整页格式查看和使用备注。

4. 母版视图

演示文稿中的各个页面经常会有重复的内容，使用母版可以统一控制整个演示文稿的某些文字安排、图形外观及风格等，一次就制作出整个演示文稿中所有页面都通用的部分，可极大地提高工作效率。母版视图包括幻灯片母版视图、讲义母版视图和备注母版视图。它们是存储有关演示文稿信息的主要幻灯片，其中包括背景、颜色、字体、效果、占位符大小和位置。使用母版视图的一个主要优点是，在幻灯片母版、备注母版或讲义母版上，可以对与演示文稿关联的每个幻灯片、备注页或讲义的样式进行全局更改。

5．幻灯片放映视图

幻灯片放映视图模拟幻灯片放映的真实情况，该视图用来检查演示文稿的效果。幻灯片放映视图会占据整个计算机屏幕，这与观众观看演示文稿时在大屏幕上显示的演示文稿完全一样。可以看到图形、计时、电影、动画效果和切换效果在实际演示中的具体效果。若要退出幻灯片放映视图，可按 Esc 键。

6．阅读视图

阅读视图用于个人放映演示文稿。若希望在一个设有简单控件以方便审阅的窗口中查看演示文稿，而不想使用全屏的幻灯片放映视图，则可以在自己的计算机上使用阅读视图。当需要更改演示文稿时，可以从阅读视图切换至某个其他视图。

6.1.4　演示文稿的创建

根据演示文稿使用情况的不同，新建演示文稿的方式有以下 3 种：

（1）根据样本模板创建演示文稿。

样本模板是 PowerPoint 已经建立的近乎完美的演示文稿，用户需要做的只是在模板的帮助下输入一些相应的内容。使用样本模板最为省事，但自由度也最小，演示文稿的外观、思路甚至建议内容都已经被规定好。另外演示文稿包含的主题也是有限的，只能是培训、相册、项目测试报告等普通的主题。

使用样本模板创建演示文稿的步骤如下：

1）单击"文件"→"新建"命令，再单击"样本模板"按钮，将会出现样本模板窗格，如图 1-6-5 所示。

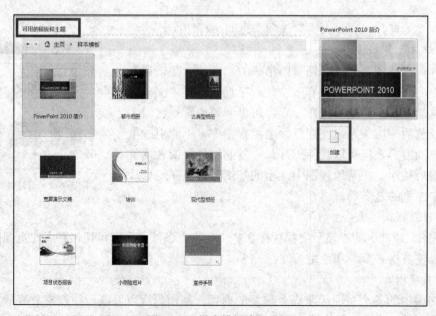

图 1-6-5　样本模板选择窗格

2）在各种样本模板中选择一种样本，单击"创建"按钮。

在演示文稿创建完成之后，可以向其中添加文本或图片。

（2）根据主题（背景模板）创建演示文稿。

主题提供了演示文稿的背景、标题样式等图案性的元素。根据主题模板创建演示文稿的步骤如下：

1）单击"文件"→"新建"命令，再单击"主题"按钮，屏幕显示如图 1-6-6 所示。

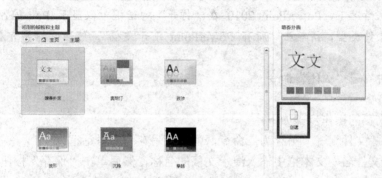

图 1-6-6 主题模板选择窗格（背景模板）

2）查看所有的文件主题，单击需要的主题，再单击"创建"按钮。

（3）创建"空白演示文稿"。

"空白演示文稿"从空白幻灯片开始从头制作演示文稿，必须自己设计演示文稿的图案、思路及内容。使用这种方式有着绝对的自由，可以随意发挥，但想要制作出专业水平的演示文稿，必须下很大功夫。

从空白幻灯片创建演示文稿的步骤如下：

1）单击"文件"→"新建"命令，如图 1-6-7 所示。

图 1-6-7 新建空白演示文稿

2）单击"空白演示文稿"，然后单击"创建"按钮。

6.1.5　演示文稿的打开、关闭和保存

1．打开

打开已有演示文稿的操作步骤如下：

（1）单击"文件"→"打开"命令，弹出"打开"对话框。

（2）在其中选择所需的文件，然后单击"打开"按钮。

提示：默认情况下，PowerPoint 2010 在"打开"对话框中仅显示 PowerPoint 演示文稿。若要查看其他文件类型，请单击"所有 PowerPoint 演示文稿"，然后选择要查看的文件类型。

2．关闭

单击"文件"→"关闭"命令。

3．保存

保存演示文稿的操作步骤如下：

（1）单击"文件"→"另存为"命令，弹出"另存为"对话框。

（2）在"文件名"文本框中输入演示文稿的名称，然后单击"保存"按钮。

提示：默认情况下，PowerPoint 2010 将文件保存为 PowerPoint 演示文稿（.pptx）文件格式。若要以非.pptx 格式保存演示文稿，请单击"保存类型"列表，然后选择所需的文件格式。

6.2　编辑演示文稿

使用 PowerPoint 制作的演示文稿一般由多张幻灯片组成，在编辑演示文稿时，常需要对演示文稿进行添加幻灯片、复制幻灯片、调整幻灯片顺序、删除幻灯片等操作。完成这些操作最方便的方法是在幻灯片浏览视图中进行，小范围或少量的幻灯片操作也可以在普通视图中进行。

6.2.1　选择幻灯片

在 PowerPoint 中所做的任何操作都需要选定对象，这包括对幻灯片的选定。可以一次选中一张或多张幻灯片，再对选中的幻灯片进行操作。

1．选择单张幻灯片

在普通视图或幻灯片浏览视图模式下，单击需要选中的幻灯片即可选中它。此时，该幻灯片上有一个黄色外边框显示。

2．选择多张连续的张幻灯片

选择起始编号的幻灯片，然后按住 Shift 键，再单击结束编号的幻灯片，即可选中多张连续编号的幻灯片。

3．选择多张不连续的幻灯片

按住 Ctrl 键，依次单击需要选择的幻灯片，被单击的多张幻灯片将被同时选中。

6.2.2　插入幻灯片

方法一：单击"开始"选项卡"幻灯片"栏中"新建幻灯片"旁边的下拉按钮，如图 1-6-8 所示，将出现一个库，该库显示了各种可用幻灯片布局的缩略图，从中选择一种。

若希望新幻灯片具有对应幻灯片以前具有的相同的布局，则只需单击"新建幻灯片"而不必单击其旁边的下拉按钮。

方法二：在普通视图中包含"大纲"和"幻灯片"选项卡的窗格上的空白处右击，在弹出的快捷菜单中选择"新建幻灯片"选项。

图 1-6-8　"新建幻灯片"按钮

6.2.3　复制幻灯片

PowerPoint 2010 支持以幻灯片为对象的复制操作，方法同复制对象的一般方法一样。首先选中需要复制的幻灯片，在工具栏中单击"复制"按钮或者右击并在弹出的快捷菜单中选择"复制幻灯片"命令，然后在需要插入幻灯片的位置单击，再单击工具栏中的"粘贴"按钮或者右击并在弹出的快捷菜单中选择"粘贴"命令，即可完成幻灯片的复制粘贴操作。

6.2.4　移动幻灯片

当对幻灯片编排顺序不满意时，可随时对其顺序进行调整。选中需要调整的幻灯片，按住鼠标左键直接将其拖放到适当的位置即可。幻灯片被移动后，软件会自动对所有的幻灯片进行重新编号。

6.2.5　删除幻灯片

在大纲视图或普通视图方式下，选中需要删除的幻灯片，按 Delete 键，即可删除多余的幻灯片。

6.2.6　编辑幻灯片内容

在幻灯片中输入文字的工作可以在普通视图的幻灯片窗格中进行。

1. 使用文本占位符

在普通视图的幻灯片窗格中，只要单击文本占位符，然后键入文本即可，如图 1-6-9 所示。

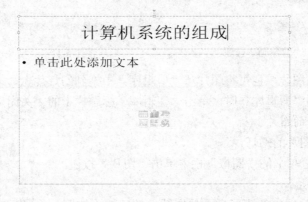

图 1-6-9　使用文本占位符

2. 插入文本框

如果在文本占位符外添加文字，可使用"绘图"工具栏中的"文本框"按钮，在"文本框"内添加文本即可。

提示：所有文本内容都可以像 Word 里一样进行格式设置。

6.3　在幻灯片中插入多媒体对象

演示文稿的界面对象除了最常用的文字外，还可以包括图片、图形、艺术字、表格和多媒体数据等。

6.3.1　插入图片

1. 从"剪辑库"中插入剪贴画

（1）选择要添加图片的幻灯片。

（2）在"插入"选项卡的"图像"栏中单击"剪贴画"按钮（如图 1-6-10 所示），打开"剪贴画"任务窗格。

（3）在"搜索文字"文本框中键入要搜索的剪贴画的相关文字，单击"搜索"按钮，在窗格的图片列表框中将出现这一类别所包含的所有剪贴画，如图 1-6-11 所示。

　　图 1-6-10　"剪贴画"按钮　　　　　　　　图 1-6-11　"剪贴画"窗格

（4）单击所需的图片，也可将图片从"剪辑库"中拖到幻灯片上。

（5）当结束使用"剪辑库"时，单击"剪辑库"标题栏上的"关闭"按钮。

2. 插入来自文件的图片

● 选择要添加图片的幻灯片。

● 在"插入"选项卡的"图像"栏中单击"图片"按钮，如图 1-6-12 所示。

● 在弹出的对话框中找到要插入的图片，然后双击该图片。例如，您的图片文件可能位于"我的文档"中，如图 1-6-13 所示。

图 1-6-12　"图片"按钮

提示：对于显示的图片，可以通过"图片"工具栏中的工具对图片进行裁剪、调整图片亮度、对比度和颜色等操作。

图 1-6-13 "插入图片"对话框

6.3.2 插入图形

除了可以插入图片，还可以插入自选图形。

（1）选择要添加图形的幻灯片。

（2）在"插入"选项卡的"插图"栏中单击"形状"按钮，如图 1-6-14 所示。

（3）在打开的下拉面板中选择需要的形状，如图 1-6-15 所示，单击形状后在幻灯片上拖出一个形状区域。

图 1-6-14 "形状"按钮

图 1-6-15 "形状"面板

6.3.3 插入艺术字

除了普通文本外，还可以在演示文稿中插入艺术字，以增加作品的表现力。插入艺术字的步骤如下：

● 选择要添加艺术字的幻灯片。

● 在"插入"选项卡的"文本"栏中单击"艺术字"按钮，如图 1-6-16 所示。

● 在"请在此放置你的文字"文本框中输入文本。

● 在"格式"选项卡的"艺术字样式"栏中进行艺术字样式的进一步设置，如图 1-6-17 所示。

图 1-6-16 "艺术字"按钮

图 1-6-17 "艺术字样式"栏

6.3.4 插入表格

用户可以先在 Word 或 Excel 中创建并处理表格，再粘贴到当前幻灯片中。由于 PowerPoint 本身带有最常用的表格处理功能，因此也可以直接在演示文稿中创建并处理表格。具体操作为：在"插入"选项卡"表格"栏中单击"插入表格"，在其下拉面板中拖动鼠标选择行列数生成表格，然后在单元格中输入文本，如图 1-6-18 和图 1-6-19 所示。

图 1-6-18 插入表格

课程表

	星期一	星期二	星期三	星期四	星期五
第1、2节	语文	数学	语文	数学	语文
第3、4节	数学	自然	手工	音乐	计算机
第5、6节	美术	品德	体育	英语	班队会

图 1-6-19 在幻灯片中插入的表格

6.3.5 插入声音

在演示文稿中可以方便地插入声音，从而使演示文稿变得具体生动、声情并茂、富于感染力。PowerPoint 2010 支持多种格式的声音文件，如 WAV、MID、WMA、MP3 等。WAV 文件播放的是实际的声音，MID 文件表现的是 MIDI 电子音乐，WMA 文件是微软公司推出的新的音频格式。

插入音频的方法与插入图片相同，既可以从"剪辑库"中插入音频，也可以从文件中插入。

（1）选择要添加音频剪辑的幻灯片。

（2）在"插入"选项卡的"媒体"栏中单击"音频"按钮，如图 1-6-20 所示。

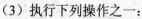

图 1-6-20 "音频"按钮

（3）执行下列操作之一：

- 单击"文件中的音频"，找到包含所需文件的文件夹，然后双击要添加的文件。
- 单击"剪贴画音频"，在"剪贴画"任务窗格中找到所需的音频剪辑，然后单击该剪辑。

6.3.6 插入视频

PowerPoint 可以播放多种格式的视频文件。由于视频文件容量较大，通常以压缩的方式存储，不同的压缩/解压缩算法生成了不同的视频文件格式。例如 AVI 是采用 Intel 公司的有损压缩技术生成的视频文件，MPEG 是一种全屏幕运动视频标准文件，DAT 是 VCD 专用的视频文件格式。如果想让带有视频文件的演示文稿在其他人的计算机上也可以播放，首选是 AVI 格式。在幻灯片中插入影像的方法与插入声音的方法类似。

6.4 设置演示文稿的外观

PowerPoint 的一大特色就是可以使演示文稿的所有幻灯片具有一致的外观。设置幻灯片外观的常用方法有：幻灯片版式、幻灯片背景、配色方案、设置母版和应用设计模板等。

6.4.1 设置幻灯片版式

幻灯片版式包含要在幻灯片上显示的全部内容的格式设置、位置和占位符。其中占位符是版式中的容器，可容纳如文本、表格、图表、图形、影片、声音等内容。图 1-6-21 显示了 PowerPoint 中内置的幻灯片版式。

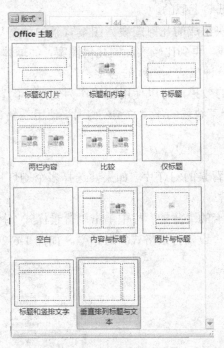

图 1-6-21 幻灯片版式窗格

创建新幻灯片时，可以从多种预先设计好的幻灯片版式中进行选择。也可以在创建幻灯片之后修改其版式。应用一个新的版式时，所有的文本和对象都保留在幻灯片中，但是可能需要重新排列它们以适应新版式。

修改版式的操作步骤如下：

（1）单击要修改版式的幻灯片。

（2）在"开始"选项卡的"幻灯片"栏中单击"版式"按钮，如图 1-6-22 所示。

（3）在幻灯片版式窗格中选择所需的版式。

6.4.2　设置幻灯片背景

图 1-6-22　幻灯片版式按钮

使用幻灯片背景可以确定整个演示文稿色彩的基调，在背景层上，可以使用几何图形组成图案来提高幻灯片的醒目程度。

在 PowerPoint 中，单一颜色、颜色过渡、纹理、图案或者图片都可以作为演示文稿幻灯片的背景，不过每张幻灯片或者母版上只能使用其中一种背景类型。当选择或更改幻灯片背景时，可以使之仅应用于当前幻灯片，或者应用于所有的幻灯片以及幻灯片母版。

单一颜色的背景是指用单一的颜色块作为幻灯片的背景。单一颜色的背景显得比较凝重，但如果搭配不当很容易显得死板。

颜色过渡是指一种或两种颜色的灰度按照一定的形式连续变化所形成的灰度不同的颜色图作为幻灯片的背景。颜色过渡克服了单一颜色略显死板的缺点，同时过渡的形式能够产生某种动感。

纹理背景模仿现实世界中可以作为背景的事物，如花岗石、沙滩、羊皮纸、新闻纸等。使用纹理作为幻灯片的背景可以营造一种现实世界的亲切气氛，仿佛演示文稿就是放在花岗石、沙滩、羊皮纸、新闻纸等上似的。

图案是指由色线或色块组成的几何图案。图案背景的种类从毫无意义的色块到机械制图中用到的各种方向的剖面线，再到比较实际的几何图案，如球体、棋盘、编织物等。图案背景往往能以它的几何性给人一种整洁、清闲的感觉。

如果希望得到更逼真的效果，可以使用图片作为幻灯片的背景。图片的来源可以是剪贴画或照片。如果要制作一个某牧场的年度总结幻灯片，使用一幅青青大草原的照片作为背景再合适不过了。

具体操作步骤如下：

（1）单击要为其添加背景的幻灯片。如果要选择多个幻灯片，请单击某个幻灯片，然后按住 Ctrl 键单击其他幻灯片。

（2）在"设计"选项卡的"背景"栏中单击"背景样式"按钮，如图 1-6-23 所示，再单击"设置背景格式"，弹出"设置背景格式"对话框，如图 1-6-24 所示。

图 1-6-23　"背景样式"按钮

图 1-6-24　"设置背景格式"对话框

（3）选择"纯色填充"、"渐变填充"、"图片或纹理填充"、"图案填充"中的一种，进行设置，若单击"全部应用"则可把设置应用到整个演示文稿，否则单击"关闭"按钮把设置应用到当前选定的幻灯片。

6.4.3 幻灯片配色方案

配色方案是预先设置好的一套搭配协调的颜色设置，可自动应用于幻灯片上的对象中，如背景、线条、文本、阴影、标题文本、填充、强调和超链接。

在 PowerPoint 中每个主题模板都包含一个标准的配色方案，配色方案中提供的 8 种默认颜色可以应用到所有幻灯片中，也可以应用到某张选定的幻灯片上。用户可以根据需要应用或者更改主题模板中原有的配色方案。

1. 使用标准配色方案更改主题颜色

通过选择一种新主题颜色（主题颜色是文件中使用的颜色的集合。主题颜色、主题字体和主题效果三者构成一个主题）来更改文档中的颜色，但保留该文档原有的主题。选择新的主题颜色时，PowerPoint 2010 将自动使用颜色来设置演示文稿中各部分的格式。具体操作如下：

（1）在"设计"选项卡的"主题"栏中单击"颜色"按钮，如图 1-6-25 所示。

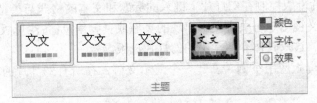

图 1-6-25 "主题"栏中的"颜色"按钮

（2）在"内置"面板中单击要使用的主题颜色，如图 1-6-26 所示。

2. 创建自定义主题颜色

如果对现有的配色方案不满意，则在"颜色"面板中单击"新建主题颜色"，弹出如图 1-6-27 所示的对话框，在其中进行设置，直到满意为止。

图 1-6-26 "颜色"面板　　　　图 1-6-27 "新建主题颜色"对话框

6.4.4 设置母版

演示文稿中的各个页面经常会有重复的内容，使用母版可以统一控制整个演示文稿的某些文字安排、图形外观及风格等，一次就制作出整个演示文稿中所有页面都有的通用部分，可极大地提高工作效率。

在幻灯片母版视图中可以确定所有标题及文本的样式，同时可以添加在每张幻灯片上都出现的图形和标志。单击"视图"选项卡中的"母版"命令，可打开 3 种母版视图，如图 1-6-28 所示。

图 1-6-28　幻灯片母版命令栏

在 PowerPoint 中每个相应的幻灯片视图都有与其相对应的母版：幻灯片母版、讲义母版和备注母版。幻灯片母版控制在幻灯片上键入的标题和文本的格式与类型；讲义母版用于添加或修改幻灯片在讲义视图中每页讲义上出现的页眉或页脚信息；备注母版用来控制备注页版式和备注页文字格式。这里具体介绍常用的幻灯片母版。

下面是幻灯片母版应用举例。新建一个演示文稿，在所有幻灯片的右下角加一张计算机的图片，步骤如下：

（1）单击"视图"→"母版"→"幻灯片母版"命令，打开"母版视图"。

（2）在"母版视图"中选择"内容与标题"页，进入内容与标题母版的编辑窗口。

（3）选择"插入"→"剪贴画"命令，选择一个计算机的图片，放置到幻灯片母版的右下角，调整其尺寸和位置，并在母版左下角输入文字"乐山"，如图 1-6-29 所示。

图 1-6-29　在母版中插入图片和文字

（4）设置完成后返回普通视图，可观察到所有基于该母版的幻灯片都会套用修改后的母版格式，即幻灯片母版上设计的对象将出现在每张幻灯片的相同位置上。

（5）使用修改过母版的幻灯片，效果如图 1-6-30 所示。

图 1-6-30 修改母版后的幻灯片效果

6.4.5 应用主题模板

主题模板是控制演示文稿具有统一外观最快捷的一种方法。在 PowerPoint 中，系统提供了多种预设主题模板，可以轻松地制作出具有专业效果的演示文稿。向演示文稿应用主题模板时，新模板的幻灯片母版、标题母版和配色方案将取代原演示文稿中的幻灯片母版、标题母版和配色方案。应用主题模板之后，添加的每张新幻灯片都会拥有相同的自定义外观。

打开要应用或重新应用主题模板的演示文稿，在"设计"选项卡的"主题"栏（如图 1-6-31所示）中单击要应用的文档主题，则可将主题应用于该演示文稿。若没有看到合适的主题，可以单击现有主题右边滚动条上的向下箭头打开"所有主题"面板，如图 1-6-32 所示。

图 1-6-31 "主题"栏

图 1-6-32 "所有主题"面板

在主题库中，选择"市镇"主题，"市镇"主题立即应用于演示文稿，其变化过程如图 1-6-33所示。

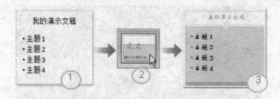

图 1-6-33　幻灯片应用主题的变化过程

PowerPoint 提供了大量专业设计的主题模板，也可以创建自己的主题模板。如果为某份演示文稿创建了特殊的外观，可将它存为主题模板。

6.5　设置幻灯片的动画效果

使用电子演示文稿可以为幻灯片上的演示元素添加动画效果以突出某些元素，也可以控制放映幻灯片与幻灯片之间的切换方式以增加演示文稿的生动性。

6.5.1　将文本或对象制成动画

可以将演示文稿中的文本、图片、形状、表格及其他对象制作成动画，赋予它们进入、退出、大小或颜色变化，甚至移动等视觉效果。

1.　选择动画种类

选中图片或文字，再单击"动画"选项卡中的"添加动画"按钮，可以对这个对象进行 4 种动画设置：进入、强调、退出和动作路径。"进入"是指对象"从无到有"（如图 1-6-34 所示）；"强调"是指对象直接显示后再出现的动画效果（如图 1-6-35 所示）；"退出"是指对象"从有到无"（如图 1-6-36 所示）；"动作路径"是指对象沿着已有的或者自己绘制的路径运动（如图 1-6-37 所示）。

图 1-6-34　"进入"动画面板

图 1-6-35　"强调"动画面板

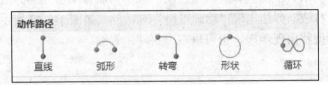

图 1-6-36　"退出"动画面板

图 1-6-37　"动作路径"面板

菜单栏下的一排绿色图标都是指出现方式（如图 1-6-38 所示），用鼠标左键单击，再单击左边的"预览"按钮可以查看效果，如果不满意，可以再单击别的方式更改。

图 1-6-38　动画出现方式按钮栏

2. 方向序列设置

单击"效果选项"按钮，可以对动画出现的方向、序列等进行调整，如图 1-6-39 所示。

3. 开始时间设置

开始时间选择按钮，默认为"单击时"，如果单击"开始"后的下拉列表框，则会出现"与上一动画同时"和"上一动画之后"，如图 1-6-40 所示。顾名思义，如果选择"与上一动画同时"，那么此动画就会和同一张幻灯片中的前一个动画同时出现（包括过渡效果在内），选择后者就表示上一动画结束后再立即出现。如果有多个动画，建议选择后两种开始方式，这样对于幻灯片的总体时间比较好把握。

图 1-6-39　"动画效果"按钮

图 1-6-40　开始时间设置

4. 动画速度设置

调整图 1-6-40 中的"持续时间"，可以改变动画出现的快慢。

5. 延迟时间设置

调整图 1-6-40 中的"延迟"，可以让动画在"延迟"设置的时间到达后才开始出现，对于动画之间的衔接特别重要，便于观众看清楚前一个动画的内容。

6. 调整动画顺序

如果需要调整一张幻灯片里多个动画的播放顺序，则单击一个对象，在"对动画重新排序"（如图 1-6-41 所示）下面选择"向前移动"或"向后移动"。更为直接的办法是单击"动画窗格"按钮，在右边框旁边出现"动画窗格"对话框（如图 1-6-42 所示）。拖动每个动画改变其上下位置可以调整出现顺序，也可以右击将动画删除。

图 1-6-41　动画排序

图 1-6-42　使用"动画窗格"排序

7. 设置相同动画

如果希望在多个对象上使用同一个动画，则先在已有动画的对象上单击左键，再单击"动画刷"按钮（如图 1-6-43 所示），此时鼠标指针旁边会多一个小刷子图标。用这种格式的鼠标单击另一个对象（文字、图片均可），则两个对象的动画完全相同，这样可以节约很多时间。但动画重复太多会显得单调，需要有一定的变化。

图 1-6-43　"动画刷"按钮

8. 添加多个动画

同一个对象可以添加多个动画，如进入动画、强调动画、退出动画和路径动画。比如，设置好一个对象的进入动画后，单击"添加动画"按钮，可以再选择强调动画、退出动画或路径动画。

9. 添加路径动画

路径动画可以让对象沿着一定的路径运动，PowerPoint 提供了几十种路径。如果没有自己需要的，可以选择"自定义路径"，此时鼠标指针变成一支铅笔，我们可以用这支铅笔绘制自己想要的动画路径。如果想要让绘制的路径更加完善，可以在路径的任一点上右击，选择"编辑顶点"选项，可以通过拖动线条上的每个顶点或线段上的任一点来调节曲线的弯曲程度。

10. 测试动画效果

要在添加一个或多个动画效果后验证它们是否起作用，请执行以下操作：在"动画"选项卡的"预览"栏中单击"预览"按钮，如图 1-6-44 所示。

6.5.2　幻灯片的动画切换

图 1-6-44　"预览"按钮

演示文稿总是由一些表达演讲者观点、意图的前后关联的幻灯片按一定的顺序有机地组织在一起的。利用计算机放映演示文稿的优点是，可以设置幻灯片切换时的动画效果，使观众在观看演示文稿时保持新鲜感和好奇感，从而增强表达效果。

PowerPoint 2010 动画效果中的切换效果即是给幻灯片添加切换动画。

1. 向幻灯片添加切换效果

（1）选择要向其应用切换效果的幻灯片。

（2）在"切换"选项卡的"切换到此幻灯片"栏中单击要应用于该幻灯片的幻灯片切换效果，如图 1-6-45 所示。

图 1-6-45　幻灯片切换效果栏

在图 1-6-45 中，已经选择了"淡出"切换效果。若要查看更多切换效果，请单击"其他"按钮 ▼。

如果需要设置演示文稿中的所有幻灯片应用相同的幻灯片切换效果，则执行以上步骤后在"切换"选项卡的"计时"栏中单击"全部应用"按钮，如图 1-6-46 所示。

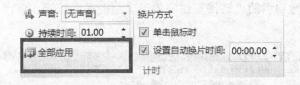

图 1-6-46　设置切换效果全部应用

2. 设置切换效果的计时

如果要设置上一张幻灯片与当前幻灯片之间的切换效果的持续时间，则在"切换"选项卡"计时"栏中的"持续时间"数值框中键入或选择所需的速度，如图 1-6-47 所示。

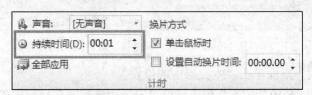

图 1-6-47　设置切换持续时间

如果要指定当前幻灯片在多长时间后切换到下一张幻灯片，则采用下列方法之一：

● 如果要在单击鼠标时切换幻灯片，则在"切换"选项卡的"计时"栏中选择"单击鼠标时"复选框。

● 如果要在经过指定时间后切换幻灯片，请在"切换"选项卡的"计时"栏中选择"设置自动换片时间"复选框并输入时间。

3．向幻灯片切换效果添加声音

（1）选择要添加声音的幻灯片的缩略图。

（2）在"切换"选项卡的"计时"栏中单击"声音"旁边的下拉按钮（如图 1-6-48 所示），然后执行下列操作之一：

图 1-6-48　设置切换声音

● 若要添加列表中的声音，请选择所需的声音。

● 若要添加列表中没有的声音，请选择"其他声音"，找到要添加的声音文件，然后单击"确定"按钮。

6.6　设置演示文稿的交互效果

在 PowerPoint 中，超链接是控制演示文稿播放的一种重要手段。用户可以为幻灯片的文本、图片等对象添加超链接，并将链接的目的位置指向演示文稿内指定的幻灯片、另一个演示文稿、某个应用程序，甚至是某个网络资源地址。当放映幻灯片时，将鼠标放在添加了超链接的文本或图片上单击，程序将自动跳转到指定的对象。这使演示文稿不再只是从头到尾播放的单一线性模式，而是具有了一定的交互性。

6.6.1　超链接

1．链接到同一演示文稿中的幻灯片

（1）在"普通"视图中选择要用作超链接的文本或对象。

（2）在"插入"选项卡的"链接"栏中单击"超链接"按钮，弹出"编辑超链接"对话框，如图 1-6-49 所示。

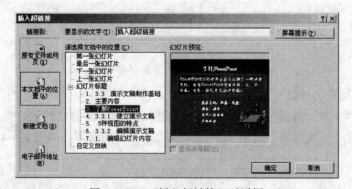

图 1-6-49　"插入超链接"对话框

（3）在"链接到"下面单击"本文档中的位置"。

（4）在"请选择文档中的位置"列表框中单击要用作超链接目标的幻灯片，单击"确定"按钮。

2. 链接到不同演示文稿中的幻灯片

（1）在"普通"视图中选择要用作超链接的文本或对象。

（2）在"插入"选项卡的"链接"栏中单击"超链接"按钮，弹出"编辑超链接"对话框。

（3）在"链接到"下面单击"现有文件或网页"。

（4）找到包含要链接到的幻灯片的演示文稿，如图1-6-50所示。

图 1-6-50 链接到现有文件

（5）单击"书签"按钮，然后单击要链接到的幻灯片的标题，如图1-6-51所示，单击"确定"按钮。

图 1-6-51 在文档中选择位置

3. 链接到电子邮件地址

（1）在"普通"视图中选择要用作超链接的文本或对象。

（2）在"插入"选项卡的"链接"栏中单击"超链接"按钮，弹出"编辑超链接"对话框。

（3）在"链接到"下面单击"电子邮件地址"，如图1-6-52所示。

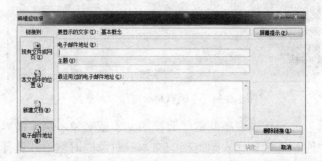

图 1-6-52 链接到电子邮件

（4）在"电子邮件地址"文本框中输入要链接到的电子邮件地址，或在"最近用过的电子邮件地址"列表框中单击电子邮件地址。

（5）在"主题"文本框中输入电子邮件的主题，单击"确定"按钮。

4．链接到新文件

（1）在"普通"视图中选择要用作超链接的文本或对象。

（2）在"插入"选项卡的"链接"栏中单击"超链接"按钮，弹出"插入超链接"对话框。

（3）在"链接到"下面单击"新建文档"，如图 1-6-53 所示。

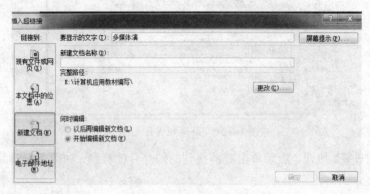

图 1-6-53　链接到新建文档

（4）在"新建文档名称"文本框中输入要创建并链接到的文件的名称，单击"确定"按钮。

5．编辑和删除演示文稿中的超链接

只有在放映幻灯片时，超链接才能激活。在同一个对象上可以指定不同的动作或声音，并根据是单击对象或鼠标移过等不同的事件来选择要执行的动作。使用 PowerPoint 可以编辑或更改超链接的目标，也可以改变代表超链接的对象，这些操作都不会破坏超链接。但是，删除所有文本或整个对象时将破坏超链接。

若要编辑或更改超链接的目标，选择代表超链接的文本或对象，在超链接上右击，在弹出的快捷菜单中选择"编辑超级链接"命令，弹出"编辑超级链接"对话框，如图 1-6-54 所示。

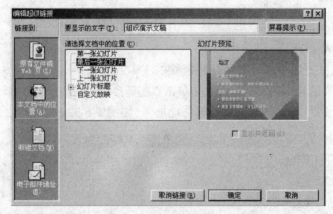

图 1-6-54　"编辑超级链接"对话框

若要删除超链接，选择代表要删除的超链接的文本或对象，再单击"取消链接"按钮；如果要将演示文稿中的超链接和代表超链接的文本或对象同时删除，选择该对象或所有的文本，再按 Delete 键。

6.6.2 使用动作超链接

在"普通"视图中选择要用作超链接的文本或对象，在"插入"选项卡的"链接"栏中单击"动作"按钮即可为所选对象创建一个鼠标单击时或鼠标移过时发生的操作，如图 1-6-55 所示。

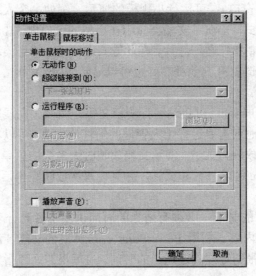

图 1-6-55 "动作设置"对话框

6.7 演示文稿的放映设置

1. 放映方式

不同的放映场合对演示文稿放映的要求是不同的，如果在一个学术报告中，演示者应该能够控制演示文稿的放映并能添加备注等；如果在一个展览上，需要演示文稿自动放映，同时在放映过程中不响应观众的键盘或鼠标操作。在 PowerPoint 2010 中可以根据需要选择演讲者放映、观众自行浏览、展台浏览 3 种不同的方式来放映幻灯片。要选择不同的放映方式，单击"幻灯片放映"→"自定义幻灯片放映"命令，弹出"设置放映方式"对话框，如图 1-6-56 所示，在"放映类型"区域中选定相应的选项。

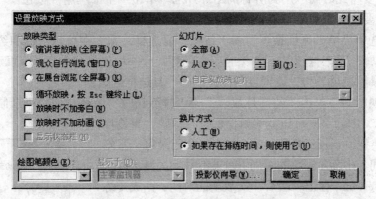

图 1-6-56 "设置放映放式"对话框

- 演讲者放映（全屏幕）：可运行全屏显示的演示文稿，这是最常用的方式，通常用于演讲者播放演示文稿。在演讲者放映方式下，演讲者对演示文稿的放映具有完全的控制权，可以采用自动或人工方式运行放映，可以将演示文稿暂停、添加会议细节或即席反应，还可以在放映过程中录下旁白。需要将幻灯片投射到大屏幕上或用于演示文稿会议时，也可以使用此方式。

- 观众自行浏览（窗口）：可运行小规模的演示。例如，个人通过公司的网络浏览。在观众自行浏览方式下，演示文稿会显示在小型的窗口内，观众可以使用命令在放映时移动、编辑、复制和打印幻灯片。在此方式中，可以使用滚动条从一张幻灯片移到另一张幻灯片，同时打开其他程序。也可以显示 Web 工具栏，以便浏览其他的演示文稿和 Office 文档。

- 在展台浏览（全屏幕）：可自动运行演示文稿。例如，在展览会场或会议中，如果摊位、展台或其他地点需要运行无人管理的幻灯片放映，可以将演示文稿设置为该种放映方式。在这种放映方式下，演示文稿放映时大多数的菜单和命令都不可用，计算机不响应键盘（Esc 键除外）和鼠标，并且在每次放映完毕后重新播放。

2. 排练计时

在放映每一张幻灯片的时候，必须有适当的时间供演示者充分表达自己的思想，供观众领会该幻灯片所要表达的内容。利用 PowerPoint 排练计时的功能，演示者可以在准备演示文稿的同时，通过排练为每张幻灯片确定适当的时间。为每张幻灯片指定放映时间也是自动放映的要求。

前面已经讲到了可以指定以人工单击鼠标或键盘的方式开始下一张幻灯片的放映，如果在幻灯片放映时不想人工控制幻灯片的切换，可以指定幻灯片在屏幕上显示时间的长短，过了指定的时间间隔会自动放映下一张幻灯片。指定幻灯片放映时间的方法有两种：一种是人工为每张幻灯片设置时间，然后运行幻灯片放映并查看所设置的时间；另一种是使用排练功能，在排练时由 PowerPoint 自动记录时间。或者调整已设置的时间，然后再排练新的时间。

人工设置幻灯片放映时间间隔的操作步骤如下：

（1）在"普通"视图或者"幻灯片浏览"视图中选择要设置时间的幻灯片。

（2）单击"幻灯片放映"→"幻灯片切换"命令。

（3）在"换片方式"下选中"设置自动换片时间"复选框，然后输入希望幻灯片在屏幕上出现的秒数。

（4）如果要将此时间应用到所有的幻灯片上，单击"全部应用"按钮。

（5）如果要检查时间，单击"幻灯片放映"视图按钮。

如果同时选中"单击鼠标换页"和"每隔"复选框，那么在单击鼠标和经过预定时间后都能换页，且以较早发生者为准。如果希望在幻灯片放映中仅在单击"下一页"时换页，则要取消对"单击鼠标换页"和"设置自动换片时间"复选框的选择。

要排练放映时间，单击"幻灯片放映"→"排练计时"命令，使用"录制"对话框（如图 1-6-57 所示）中的不同按钮能够暂停幻灯片放映、重复播放幻灯片、切换到下一张幻灯片。PowerPoint 会记录每一张幻灯片出现的时间，并设置放映的时间。如果不只一次显示同一张幻灯片，PowerPoint 会记录最后一次放映的时间。完成排练之后，可以接受该项时间或者重新试一次。

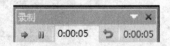

图 1-6-57　"录制"对话框

3．自动放映

自动放映演示文稿是不需要专人播放幻灯片就可以沟通信息的绝佳方式。例如，可能需要在展览会场或者会议中的某个摊位或者展台上设置可自动放映的演示文稿，除了使用鼠标按动某些项目外，大多数控件都被禁止，这样用户就不会改动演示文稿。自动放映的演示文稿结束或者某张人工操作的幻灯片已经闲置几分钟后，演示文稿都将自动重新开始。在设计自动放映的演示文稿时，需要考虑播放演示文稿的环境。例如，摊位或展台是否位于无人监视的公开场所。这个答案可帮你决定将哪些组件加到演示文稿中、提供多少控制给用户、如何避免错误操作等。例如，怎样防止某些中断或改变幻灯片的放映，或防止演示文稿的运行过程被用户的键盘输入所干扰。

如果要设置自动放映的演示文稿，打开演示文稿，单击"幻灯片放映"→"设置幻灯片放映"命令，单击"在展台浏览（全屏幕）"单选按钮。选定此项后，"循环放映，按 Esc 键终止"复选框会被自动选中，单击"确定"按钮。

6.8　演示文稿的设置、打印、打包和发布

PowerPoint 除了具备一般 Office 文档的打印功能外，还可以打印成胶片在投影机上放映。PowerPoint 允许将演示文稿按讲义的方式在一页纸张上打印多页幻灯片，以便阅读。

6.8.1　演示文稿的页面设置

打印演示文稿之前，要先进行页面设置。

（1）单击"设计"选项卡中的"页面设置"按钮，弹出"页面设置"对话框，如图 1-6-58 所示。

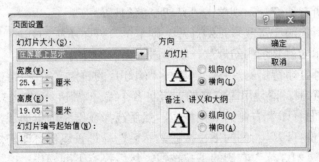

图 1-6-58　"页面设置"对话框

（2）在"幻灯片大小"下拉列表框中选择幻灯片实际打印的尺寸。

（3）在"幻灯片编号起始值"数值框中设置打印文稿的编号起始页。

（4）在"方向"区域设置幻灯片、讲义、备注和大纲的打印方向。

（5）单击"确定"按钮。

6.8.2　演示文稿的页面打印

通过打印设备可以输出多种形式的演示文稿。打印前应先进行打印的相关设置。

在幻灯片视图、大纲视图、备注页视图和幻灯片浏览视图中都可以进行打印操作，具体操作如下：

（1）打开准备打印的演示文稿。

（2）单击"文件"→"打印"命令，出现如图1-6-59所示的界面。

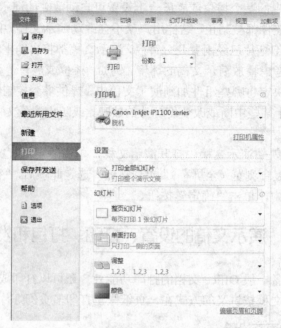

图1-6-59 "打印"界面

（3）在"打印"下的"份数"框中输入要打印的份数。

（4）在"打印机"下选择要使用的打印机。

（5）在"设置"下执行以下操作之一：

● 若要打印所有幻灯片，则单击"打印全部幻灯片"。

● 若要打印所选的一张或多张幻灯片，则单击"打印所选幻灯片"。

● 若要仅打印当前显示的幻灯片，则单击"当前幻灯片"。

● 若要按编号打印特定幻灯片，则单击"幻灯片的自定义范围"，然后输入各幻灯片的列表和/或范围。请使用无空格的逗号将各个编号隔开，例如1,3,5-12。

（6）单击"单面打印"右侧的下拉按钮，然后选择在纸张的单面还是双面打印。

（7）单击"逐份打印"右侧的下拉按钮，然后选择是否逐份打印幻灯片。

（8）单击"整页幻灯片"右侧的下拉按钮，然后执行下列操作：

● 若要在一整页上打印一张幻灯片，则在"打印版式"下单击"整页幻灯片"。

● 若要以讲义格式在一页上打印一张或多张幻灯片，则在"讲义"下单击每页所需的幻灯片数，以及希望按垂直还是水平顺序显示这些幻灯片。

● 若要在幻灯片周围打印一个细边框，则选择"幻灯片加框"。

● 若要在为打印机选择的纸张上打印幻灯片，则单击"根据纸张调整大小"。

● 若要增大分辨率、混合透明图形以及在打印作业上打印柔和阴影，则单击"高质量"。

（9）单击"颜色"右侧的下拉按钮，然后单击一种颜色。

（10）若要包括或更改页眉和页脚，则单击"编辑页眉和页脚"链接，然后在弹出的"页眉和页脚"对话框中进行选择。

（11）单击"打印"按钮开始打印。

6.8.3 演示文稿的打包和发布

在制作好一个演示文稿后，如果要将其放到另外一台计算机上进行演示，则可以利用 PowerPoint 的打包功能将演示文稿及其所链接的图片、声音和影片等进行打包，然后在其他计算机上运行，即使其他计算机上没有安装 PowerPoint 软件。打包演示文稿之前可能需要删除备注、墨迹注释和标记。将打包的演示文稿复制到 CD 时，需要 Microsoft Windows XP 或更高版本。如果有较早版本的操作系统，可使用"打包成 CD"功能将打包的演示文稿复制到计算机上的文件夹、某个网络位置或者（如果不包含播放器）软盘中。打包文件之后可使用 CD 刻录软件将文件复制到 CD 中。演示文稿打包的主要步骤如下：

（1）在 PowerPoint 中打开要打包的演示文稿，例如"演示文稿示例"。

（2）将 CD 插入到 CD 刻盘机中。

（3）单击"文件"→"保存并发送"→"打包成 CD"命令，弹出"打包成 CD"对话框，如图 1-6-60 所示。

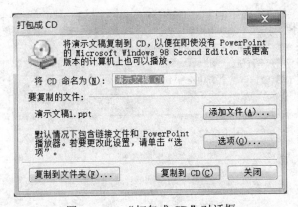

图 1-6-60 "打包成 CD"对话框

（4）在"将 CD 命名为"文本框中输入 CD 的名称。

（5）除了当前打开的演示文稿外，如果用户还想指定添加别的演示文稿或其他文件，可单击"添加文件"按钮，将弹出"添加文件"对话框，在其中可选择要添加的演示文稿或其他文件，然后单击"添加"按钮。

（6）若要更改默认的设置，可单击"选项"按钮，弹出"选项"对话框，如图 1-6-61 所示。

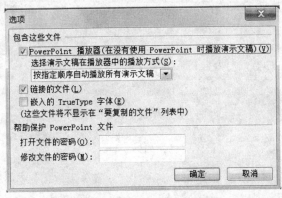

图 1-6-61 "选项"对话框

在该对话框中可执行如下操作：

● 如果不想使用 PowerPoint 播放器，可取消选中"PowerPoint 播放器"复选框。

● 若要禁止演示文稿自动播放或想指定其他的自动播放方式，可从"选择演示文稿在播放器中的播放方式"下拉列表框中选择一种播放方式。

● 如果在打包演示文稿时不想包括链接的文件，可取消选中"链接的文件"复选框。

● 如果要包括 TrueType 字体，可选中"嵌入的 TrueType 字体"复选框。

● 需要打开或编辑打包的演示文稿的密码，可在"帮助保护 PowerPoint 文件"区域中的"打开文件的密码"和"修改文件的密码"文本框中分别输入相应的密码。

（7）设置完成后，单击"确定"按钮回到"打包成 CD"对话框，单击"复制到 CD"按钮即可开始将演示文稿打包成 CD；如果用户想将一个或多个演示文稿打包到计算机或某个网络位置上的文件夹中，而不打包成 CD，则可以单击"复制到文件夹"按钮，弹出"复制到文件夹"对话框，如图 1-6-62 所示，在其中可以设置要打包到的文件夹的名称和位置，单击"确定"按钮。

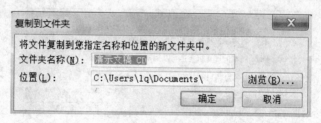

图 1-6-62　"复制到文件夹"对话框

第二部分　实践篇

实验一　计算机基础及文字录入

一、实验目的

1. 掌握 Windows 7 的启动和关闭方法。
2. 熟悉键盘、鼠标操作。
3. 掌握资源管理器的使用，能完成文件及文件夹的新建、保存、复制、移动、删除等操作。
4. 掌握 Windows 7 的基本操作。
5. 熟悉记事本、画图、计算器等的操作。
6. 练习中英文文字录入。

二、实验内容及基本要求

【案例 1】 键盘和鼠标练习

（1）键盘操作。

1）思考以下按键的作用，并在记事本程序中进行验证。

F1、Caps Lock、Backspace、Delete、Shift、PrintScreen

操作提示：

单击"开始"→"所有程序"→"附件"→"记事本"命令，在空白位置进行以上按键验证。

2）思考如何在屏幕上输出以下字符：！ # @ $ % & ""\ ·￥ …… —《》、，。

操作提示：

Shift 为换挡键。

- 要输出：！ # @ $ % &，则 Shift 键与 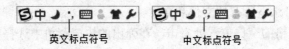 等联合使用。
- 要输出：· ￥ …… — 《》、，。，则要把输入法的英文标点符号改成中文标点符号，如图 2-1-1 所示。

英文标点符号　　　中文标点符号

图 2-1-1　输入法中英文标点符号标识

3）PrintScreen 屏幕复制键。

先按下 PrintScreen，再单击"开始"→"所有程序"→"附件"→"画图"命令，单击"编辑"→"粘贴"命令，看看效果，再单击"文件"→"保存"命令，设置"保存位置"为"桌面"，"文件名"为"图片"，单击"确定"按钮。双击打开刚才的图片文件。

（2）鼠标操作。

● 左键单击，简称单击，常用来完成选择对象或确认等操作。

● 左键双击，简称双击，常用来打开某个对象。

● 鼠标拖动操作，常用来拖动某个对象移动到另外的位置。

● 鼠标右键单击，简称右击，常用来弹出相应的快捷菜单。

练习：在"计算机"、"用户的文件"、"回收站"、Internet Explorer 等图标上右击，观察会弹出什么样的快捷菜单。

【案例 2】窗口的基本操作

（1）切换窗口。

步骤：通过鼠标双击打开"计算机"、"用户的文件"、Internet Explorer 三个窗口，单击其中一个窗口上任意可见的地方，该窗口就成为当前活动窗口，也可以按组合键 Alt+Tab 或 Alt+Esc 进行切换。

（2）移动窗口。

步骤：将鼠标指向窗口的标题栏，注意不要指向左边的控制菜单或右边的按钮，然后拖动标题栏到需要的位置。

（3）最大化、最小化和还原窗口。

步骤 1：单击窗口上的"最大化"按钮，窗口最大化显示占据整个桌面，这时"最大化"按钮变为"还原"按钮；或者双击窗口的标题栏，也可以使窗口最大化。

步骤 2：单击窗口右下角的"还原"按钮，或者双击该窗口的标题栏，窗口就还原为最大化前的大小的位置。

步骤 3：单击窗口的"最小化"按钮，窗口就最小化为任务栏上的按钮。

步骤 4：单击任务栏上窗口的按钮，窗口还原为最小化前的大小和位置。

（4）调整窗口大小。

步骤：指向窗口的边框或窗口角，鼠标发生变化，这时拖动窗口的边框或角到指定位置即可。

（5）关闭窗口。

方法一：单击窗口右上角的"关闭"按钮。

方法二：按 Alt+F4 组合键。

方法三：单击"文件"→"关闭"命令。

方法四：双击窗口左上角的控制菜单按钮，如"计算机"的控制菜单按钮。

【案例 3】新建文件和文件夹

步骤 1：双击桌面上的"计算机"图标，打开"计算机"窗口，双击 E 盘图标，在窗口的右边会显示出 E 盘根目录下所有的文件和文件夹。

步骤 2：在右侧窗格的空白位置处右击，在弹出的快捷菜单中选择"新建"→"文件夹"命令，或者选择"文件"→"新建"→"文件夹"命令，出现"新建文件夹"图标，然后将文件夹以自己的姓名命令，这里改为"张三"。

步骤 3：双击刚才新建的文件夹，在该文件夹内再次新建 3 个子文件夹，分别命名为 01、02 和 03。

步骤 4：双击打开名为 02 的文件夹，在其中新建 3 个不同类型的文件：文本文件 a1.txt、

Word 文档文件 a2.doc 和位图图像文件 a3.bmp。

步骤 5：将屏幕上的所有窗口都最小化，按 PrintScreen 键对当前桌面进行全屏抓图，然后启动"附件"中的"画图"程序，打开位图图像文件 a3.bmp，按 Ctrl+V 组合键将屏幕抓图粘贴到图像文件 a3.bmp 中，保存该文件并关闭。

【案例 4】资源管理器的使用

步骤 1：右击桌面上的"计算机"图标，在弹出的快捷菜单中选择"资源管理器"，打开"资源管理器"窗口，单击左侧 E 盘驱动器左侧的"+"，展开 E 盘根目录文件夹，单击名为"张三"的文件夹，再单击名为 02 的文件夹，在右侧窗格中选择文件 a1.txt，按住 Ctrl 键再单击 a2.doc，按住 Ctrl 键的同时将这两个文件拖动到左侧窗格的 03 文件夹中。这样就完成了文件的复制操作，这是采用鼠标拖动的方法来完成的。

下面我们通过菜单操作的方式来完成把"张三"文件夹复制到 D 盘的操作。

在"资源管理器"窗口中通过鼠标单击 E 盘中的"张三"文件夹选中它，然后选择"编辑"→"复制"命令，然后在"资源管理器"窗口中用鼠标单击 D 盘，表示你的文件复制的目标位置是 D 盘，然后选择"编辑"→"粘贴"命令，这时即可看到"张三"文件夹已经复制到了 D 盘，通过鼠标双击打开"张三"文件夹，看看里面的内容是不是也复制过来了。

当然，也可以通过快捷键实现，下面我们就用快捷键来完成文件的复制操作，把"张三"文件夹复制到 C 盘。

把刚才的窗口都关闭，通过鼠标双击"计算机"打开该窗口，双击 D 盘，单击文件夹"张三"选中它，然后按 Ctrl+C（表示复制选中的对象到剪贴板）组合键，然后再找到 C 盘通过鼠标双击打开它，表示你的文件复制的目标位置是 C 盘，然后按 Ctrl+V（表示把刚才复制到剪贴板的内容粘贴到选中的目标位置）组合键，这时就可以看到"张三"文件夹已经复制到了 C 盘。

以上是复制的几种方法，在实际使用过程中，哪种方便就用哪种。

步骤 2：在"资源管理器"窗口的左侧窗格中，选择 03 文件夹，在右侧窗格中选择文件 a1.txt，两次单击图标下方反白显示的文件名，输入 clock.htm，然后用相同的方法将 a2.doc 改名为"文学作品.doc"（也可以选中文件以后，通过"文件"→"重命名"命令来完成，还可以选中文件以后按 F2 键，再输入新文件名）。

步骤 3：将 03 文件夹中的"文学作品.doc"文件移动到 01 文件夹中（这个操作的具体步骤和文件的复制有些类似，只需要把复制的那个步骤改成剪切即可）。

步骤 4：删除 02 文件夹中的文件 a1.txt 和 a2.bmp。

【案例 5】搜索文件和文件夹

步骤：搜索 C:\Windows 目录下字节数<100KB 的.gif 图像文件，并将搜索到的文件复制到 E 盘个人文件夹下的 01 文件夹中。

【案例 6】计算器的使用

单击"开始"→"所有程序"→"附件"→"计算器"命令运行"计算器"程序。计算如下进制转换：

$(135)_{10}=($ 　　$)_2=($ 　　$)_8=($ 　　$)_{16}$

下列数据中的最大数是（　　）。

A. $(102)_{10}$　　　B. $(6E8)_{16}$　　　C. $(147)_8$　　　D. $(1101111)_2$

手工计算如下进制转换（结果保留四位有效数字）：

$(101010.10101)_2=($　$)_8=($　$)_{16}=($　$)_{10}$

$(12.26)_{10}=($　$)_2=($　$)_8=($　$)_{16}$

【**案例7**】在"写字板"程序中练习中文、英文的快速录入

单击"开始"→"所有程序"→"附件"→"记事本"命令运行"记事本"程序，并输入如图2-1-2所示的文字内容，输入完成后选择"文件"→"保存"或"另存为"命令将文件以"中英文录入"为文件名保存在03文件夹中。

3. 单元格

单元格是组成工作表的最小单位。一张工作表由 1048576×16384 个单元格组成，每一行列交叉处即为一单元格。每个单元格用它所在的列名和行名来引用，列名用字母及字母组合 A~Z，AA~AZ，BA~BZ，……，ZA~ZZ，AAA~AAZ，……，XEA~XEZ， XFA~XFD 表示，行名用自然数 1~1048576 表示。如：A6、D20、IV500、ABC12345 等。

图2-1-2　文字内容

【**案例8**】打字速度练习

在打字软件金山打字通、中英文打字通、轻松打字员等中练习打字速度。

要求：5分钟测试时间内，中文录入速度为：60字/每分钟，正确率：100%；英文录入速度为：120字/每分钟，正确率：100%。

实验二　计算机组装与维护

一、实验目的

1. 认识计算机配件，了解各配件在计算机机箱中的安装位置。
2. 掌握电源的安装方法，认识各电源接口，掌握其连接对象。
3. 掌握主板的安装方法。
4. 掌握硬盘的安装方法，正确识别硬盘的接口。
5. 掌握内存的安装方法。
6. 掌握 CPU 的安装方法和 CPU 散热器的安装方法。
7. 掌握信号线的连接（前置 USB 线、前置音频线、电源、工作指示灯、重启键和喇叭信号线）。
8. 掌握键盘、鼠标和显示器的连接及电源线的连接。
9. 掌握设置开机启动设备的方法。
10. 掌握 U 盘启动盘的制作方法。
11. 掌握磁盘的分区、格式化等操作。
12. 掌握 Windows 7 的安装方法。

二、实验内容及基本要求

本实验内容涉及到具体的计算机硬件，在具体实施时，可根据具体的实验条件、课时安排选择其中一部分内容进行实验，有些实验也可以只由教师现场演示。

【案例 1】 电源安装

步骤：

（1）将电源按照正确的方向放置到机箱中的电源托架上。

（2）安装螺钉。将螺钉放置到相应的安装位置，用螺丝刀将其拧紧。拧螺丝的过程中要注意，一只手尽量扶着电源；另外电源的螺钉不要一次性拧紧，要先将多颗螺钉依次拧到螺丝稳定，然后再逐步拧紧。

【案例 2】 安装硬盘

（1）IDE 接口硬盘。

步骤：

1）先拆下硬盘架，如果硬盘架为不可拆卸的，则省略此步骤。

2）根据实际情况，参照硬盘铭牌上的跳线设置说明设置硬盘跳线；如果只在计算机中使用一块硬盘，可不设置硬盘跳线。

3）将硬盘放置到硬盘架中。

4）用螺钉固定硬盘。

5）连接数据线。数据线的一端插入主板 IDE 插槽，另一端插入硬盘的 IDE 接口。注意数据线的凸块方向与插槽缺口方向一致，数据线的端面与插槽端面尽量保持平行，插入过程中逐渐加力。

6）连接电源线。

7）检查：查看数据线插入插槽中是否到位，是否处于倾斜状态；对于没有凸块的电源线，检查数据线的红边是否紧挨电源线的红色电源线。

2）SATA 硬盘。

步骤：

1）先拆下硬盘架，如果硬盘架为不可拆卸的，则省略此步骤。

2）将硬盘放置到硬盘架中。

3）用螺钉固定硬盘。

4）连接数据线：SATA 数据线具有防呆设计，不会插反数据线。但要注意，主板上一般都有多个 SATA 接口，硬盘尽量接 1 号 SATA 接口。

5）电源线连接。

6）检查数据线和电源线是否有松动现象或插入不到位的现象，如果存在，则重新插入数据线或电源线。

【案例 3】 安装 CPU

提示： 安装 CPU 一定要细心，尤其是针脚式的接口，注意不要压弯甚至折断针脚。安装前，CPU 的放置也要注意，不要让其他物件压住 CPU。在初次操作的时候，最好由教师直接监督。

步骤：

（1）将主板水平放置（如果主板已安装到机箱中，则将机箱平放即可）。

（2）将 CPU 插槽压杆提起。

（3）识别 CPU 的安放方向，并保持 CPU 处于水平状态，轻轻放置到 CPU 插槽上，小心地使 CPU 针脚与插槽中的小孔对齐。

（4）完成第三步，如果 CPU 在重力的作用下没有落到插槽中，可用手轻压 CPU 中部；若 CPU 还是不能安装到位，切忌加大用力；返回到第三步，重新放置 CPU。

（5）压下插槽边的压杆，听到"啪"的一声轻响，则压杆到位。

（6）为 CPU 涂抹导热硅脂。在涂抹时应注意不要在 CPU 上放置太多的导热硅脂，只需在 CPU 中央部分涂少量硅脂。如果使用的 CPU 不是新 CPU，则应该在 CPU 安装前将 CPU 表面清理干净，主要是原来安装时涂抹的导热硅脂。

（7）检查 CPU 插槽旁的风扇支架是否有松动现象，如有松动，用螺丝刀将其固定螺丝拧紧。

（8）安装散热器。如果散热器不是全新的，则注意将散热器与 CPU 接触的面清理干净。

（9）安装风扇的双向压力调节杆。调节杆一端是固定的，另一端是活动的，安装时先安装固定端（风扇扣具有多种样式，但安装方法大同小异，认真分析，一般没有什么困难）。

（10）连接风扇电源。

【案例 4】 安装主板

步骤：

（1）将机箱水平放置。

（2）安装垫脚螺钉。

（3）放置主板，注意主板放置有方向性。

（4）用螺钉固定主板，注意螺钉不要一次性拧紧。

【**案例 5**】安装内存

提示：内存安装，一定要断电。

步骤：

（1）将主板内存插槽两端的卡扣向外拨开。

（2）通过内存条缺口位置确定内存条的安装方向。

（3）将内存条水平放置到内存插槽，扶住内存条，同时在内存条两端加力下压，直到卡扣自动回复原来的位置；如果确认内存条已安装到位，但卡扣没有完全回复到位，可以用手辅助将卡扣回复到位。

（4）检查内存条是否安装稳固，如有松动，需要重新安装。

【**案例 6**】前置扩展接口连接、信号线连接

步骤：

（1）认真查阅主板说明书和机箱说明书，明确主板上前置 USB 接口的定义以及机箱上相应的连接线，也可以参考线头上的标识。

（2）按照说明书上的说明进行连接操作。

（3）连接前置音频线。

（4）连接开机信号线。

（5）连接重启键信号线。

（6）连接喇叭线。

（7）开机验证，确保接线正确。

【**案例 7**】鼠标、键盘连接

本案例针对 PS/2 接口鼠标和键盘。

步骤：

（1）查看主板 PS/2 接口颜色与鼠标、键盘接口颜色是否一致。

（2）查看主板 PS/2 接口旁是否有图标用于指示鼠标、键盘接口。

（3）按对应颜色或位置接入鼠标、键盘。注意接口的方向性，必须对好后方可用力插入键盘、鼠标接头到 PS/2 接口中，否则可能导致针脚受损。

（4）开机检测鼠标、键盘是否能够正常使用。若不能正常使用，先确认是否接入到位，若接入到位，则可交换鼠标、键盘接口，重新接入。

【**案例 8**】设置开机启动设备

说明：本案例根据实际实验条件选择采用传统 BIOS 或 UEFI 来设置开机启动设备。不同主板其设置项的名称或位置、选项数据、设置的方式稍有不同。对于 UEFI 方式，不同主板可能差异较大。

（1）传统 BIOS 中设置开机启动设备。

步骤：

1）按下电源键，启动计算机。

2）当显示器屏幕出现开机画面后，按 Del 键或 Delete 键，进入 BIOS 设置界面。本步若操作时机不当，导致操作失败，可通过按组合键 Ctrl+Alt+Del 或"重启键"重新启动计算机。

3）在 BIOS 主菜单中选择 Advanced BIOS Features，进入相应设置界面。

4）将 First Boot Device 设置为 USB-HDD 或 USB-FDD。

5）将 Second Boot Device 设置为 CDROM。

6）将 Third Boot Device 设置为 HDD-0。

7）按 F10 键保存退出。

（2）UEFI 中设置开机启动顺序。

方法一：启动计算机后按 F11 键，直接设置启动设备。

方法二：

1）启动计算机，在显示开机画面时按 Del 键或 Delete 键，进入 UEFI 设置界面。

2）通过左右方向键或鼠标选择 Boot 菜单，进入相应设置界面。

3）选择 Boot Option #1，在弹出的列表中选择启动设备。

4）选择 Exit 菜单，执行 Save Changes and Exit 操作。

提示：如果要设置为 U 盘启动，有些主板可能需要先插入 U 盘。

【案例9】制作U盘启动盘

提示：制作 U 盘启动盘，要破坏 U 盘中的原有数据，请确保 U 盘数据都已做好备份。

准备 U 盘一个，容量要求 1GB 以上；制作工具软件（老毛桃、大白菜等）。

制作步骤：

（1）将 U 盘插入到计算机的 USB 接口。

（2）运行"大白菜超级 U 盘启动盘制作工具 v4.6"。

（3）在程序界面中选择"默认模式"选项卡。

（4）选择 U 盘。

（5）设置模式为 HDD-FAT32。

（6）分配容量，采用默认值即可，但最好不要小于默认值。

（7）单击"一键制作 USB 启动盘"按钮，确认后开始制作。

（8）如果一切顺利，过一会儿将提示制作成功。如果制作过程中出现异常，请注意认真查看异常提示。

验证步骤：

（1）将计算机设置为从 U 盘启动。

（2）重启计算机，若看到 WIN PE 界面，则说明制作成功。

【案例 10】安装 Windows 7

提示：Windows 7 可以是通过光盘安装，也可以通过硬盘安装，本案例采用光盘安装。硬盘安装的主要不同是在启动时执行的操作不同，后面的操作完全一致。

步骤：

（1）设置计算机从光驱启动。

（2）将安装光盘放入光驱，重启计算机。

（3）进入 Windows 7 安装程序，过程中多数操作可以直接单击"下一步"按钮。

（4）对磁盘进行分区、格式化操作。

（5）选择目标安装位置。

（6）正式开始安装。

（7）计算机完成文件复制后自动重启。

（8）安装程序继续安装，并会再次重新启动计算机。第二次重启后需要输入用户名、计算机名、密码、密码提示等信息。

（9）进行系统设置，选择"使用推荐设置"选项。

（10）完成安装，系统进入 Windows 7 桌面。

实验三　计算机网络及应用

一、实验目的

1. 掌握 IE 浏览器的常用使用方法。
2. 掌握 IE 浏览器的基本设置方法。
3. 掌握 LeapFTP 的使用方法。
4. 掌握浏览器中下载文件的方法。
5. 掌握迅雷的使用方法。
6. 掌握申请免费电子邮箱的方法。
7. 掌握收/发电子邮件的方法。
8. 掌握检索文献信息的方法。
9. 掌握搜索引擎的常用使用方法。

二、实验内容及基本要求

【案例 1】 使用 IE 浏览网页

使用 IE 浏览器打开网易首页，熟悉浏览网页的常用操作方法。

操作提示：

（1）单击"开始"→"所有程序"→Internet Explorer 命令，或者双击桌面上的 Internet Explorer 图标，启动 IE 浏览器，IE 自动连接到默认主页。

（2）在地址栏中输入 http://www.163.com/，按回车键或单击"转至"按钮，浏览器主窗口将打开"网易"首页，如图 2-3-1 所示。

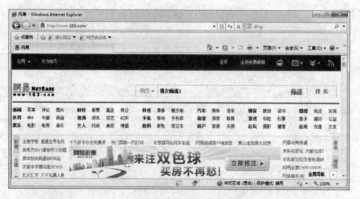

图 2-3-1　网易首页

（3）单击网易首页上的"新闻"、"体育"、"娱乐"等超链接，打开相应的网页并浏览其内容，同时注意地址栏的变化。

（4）单击"返回"和"前进"按钮在访问过的页面之间进行跳转。

（5）单击"刷新"按钮重新载入网页。

（6）在搜索框中输入关键词，搜索网页。

（7）在网页的一个超链接上右击，在弹出的快捷菜单中选择"在新选项卡中打开"选项，在一个新选项卡中打开网页。

（8）单击"新选项卡"按钮新建一个选项卡，并在选项卡中打开一个新网页。

（9）单击"快速导航选项卡"按钮，选择要打开的选项卡。

【案例 2】 IE 的常用操作方法

保存"网易"首页，将"网易"首页添加到收藏夹，并将"网易"首页设置为 IE 浏览器的主页。

操作提示：

（1）启动 IE 浏览器，打开"网易"首页。

（2）单击"页面"→"另存为"命令，弹出"保存网页"对话框，在其中可以根据需要设置保存的位置、文件名、保存类型等，单击"保存"按钮，该网页的内容就被保存到了本地磁盘中。

（3）单击"添加到收藏夹栏"按钮，IE 自动将本网页链接添加到"添加到收藏夹栏"按钮的右面。

（4）单击"收藏夹"→"添加到收藏夹"命令，弹出"添加收藏"对话框，如图 2-3-2 所示。在"名称"文本框中修改网页的名称，单击"确定"按钮，该网页即被保存到收藏夹中。如果下次要访问"网易"的首页，则可以单击"收藏夹"按钮，在弹出的下拉菜单中选择"网易"，即可进入该网站。

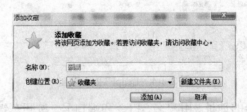

图 2-3-2 "添加收藏"对话框

（5）单击"工具"→"Internet 选项"命令，弹出"Internet 选项"对话框，如图 2-3-3 所示。

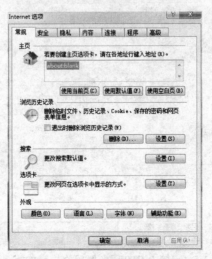

图 2-3-3 "Internet 选项"对话框

（6）在"常规"选项卡中，在"主页"区域的文本框中输入 http://www.163.com/，将网易设置为主页。

（7）在"常规"选项卡中，删除和设置浏览历史记录。

（8）在"常规"选项卡中，设置搜索默认值。

（9）在"常规"选项卡中，设置网页在选项卡中显示的方式。

【案例3】 LeapFTP 的使用方法

利用 LeapFTP 软件上传和下载文件。

操作提示：

（1）启动 LeapFTP 软件，如图 2-3-4 所示。

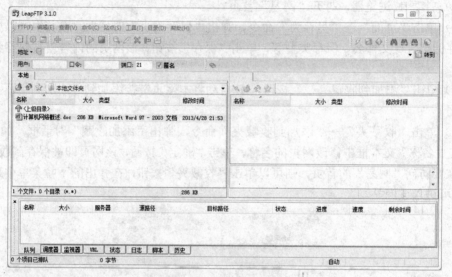

图 2-3-4　LeapFTP 主界面

（2）输入 FTP 服务器的地址、用户名、口令和端口号，按回车键或单击地址栏右侧的"转到"按钮，连接 FTP 服务器，连接上 FTP 服务器后的界面如图 2-3-5 所示。

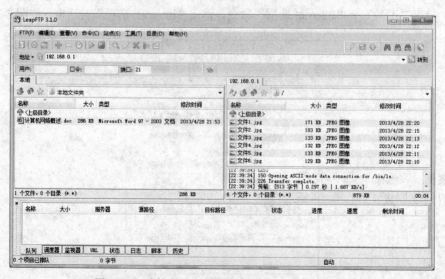

图 2-3-5　连接上 FTP 服务器后的 LeapFTP 主界面

（3）在本地资源窗格中，在指定的文件上右击，在弹出的快捷菜单中选择"上传"选项，把本地文件上传至 FTP 服务器。

（4）在服务器资源窗格中，在指定的文件上右击，在弹出的快捷菜单中选择"下载"选项，把 FTP 服务器上的文件下载至本地。

（5）单击 FTP→"断开"命令，断开与 FTP 服务器的连接。

【案例 4】在 IE 中下载文件

利用 IE 浏览器查找并下载文件。

操作提示：

（1）启动 IE 浏览器，在搜索栏中输入"Cubase 软件"，查找该软件的下载地址。

（2）在下载链接上右击，在弹出的快捷菜单中选择"目标另存为"选项，如图 2-3-6 所示。

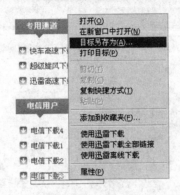

图 2-3-6　另存文件

（3）在弹出的"文件下载"对话框中单击"保存"按钮，如图 2-3-7 所示。

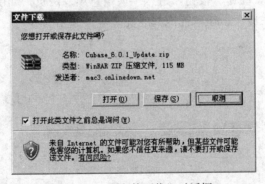

图 2-3-7　"文件下载"对话框

（4）浏览器开始自动下载文件，并弹出文件下载进度对话框，选中"下载完毕后关闭该对话框"，当文件下载完成后浏览器会自动关闭文件下载进度对话框。

【案例 5】迅雷的使用方法

利用迅雷下载文件。

操作提示：

（1）通过 IE 搜索文件的下载地址，并复制该地址。

（2）启动迅雷软件。

（3）单击"新建"按钮，粘贴文件的下载地址并选择文件的保存路径，单击"确定"按钮，开始下载文件并显示该文件的下载进度。

（4）选择正在下载的文件，单击"暂停"按钮，暂停下载文件。

（5）选择正在下载的文件，单击"开始"按钮，重新开始下载文件。

（6）选择正在下载的文件，单击"删除任务"按钮，删除正在下载的任务。

【案例6】申请免费电子邮箱

在网易电子邮件网站上申请一个免费电子邮箱。

操作提示：

（1）启动 IE 浏览器，在地址栏中输入 http://mail.163.com，打开网易免费邮箱首页，如图 2-3-8 所示。

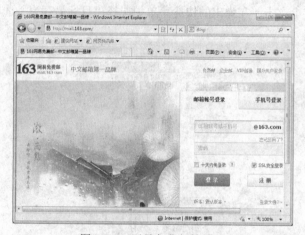

图 2-3-8　网易免费邮箱首页

（2）单击网页中的"注册"按钮，进入个人信息填写网页，如图 2-3-9 所示，填写邮箱注册信息后单击"立即注册"按钮，完成网易免费电子邮箱的申请。

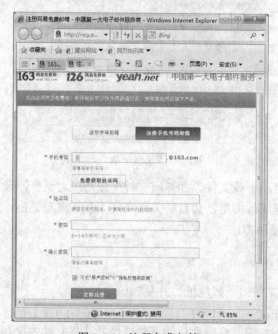

图 2-3-9　注册免费邮箱

【案例 7】使用免费电子邮箱收发邮件

登录网易电子邮箱，收取邮件，查看邮件内容，并发送一封邮件。

操作提示：

（1）启动 IE 浏览器，在地址栏中输入 http://mail.163.com，打开网易免费邮箱首页。

（2）通过上一案例申请到的电子邮箱账号和密码登录电子邮箱，打开网易个人免费邮箱首页，如图 2-3-10 所示。

图 2-3-10　网易个人邮箱首页

（3）单击左侧导航栏中的"收件箱"超链接，进入"收件箱"页面，查看电子邮件列表，如图 2-3-11 所示。

图 2-3-11　收件箱页面

（4）单击一封电子邮件的标题，打开电子邮件，查看电子邮件的内容，如图 2-3-12 所示。

图 2-3-12　查看邮件内容

（5）单击左侧导航栏中的"写信"按钮，撰写新邮件，如图 2-3-13 所示，邮件内容填写完成后单击"发送"按钮，完成电子邮件的发送。

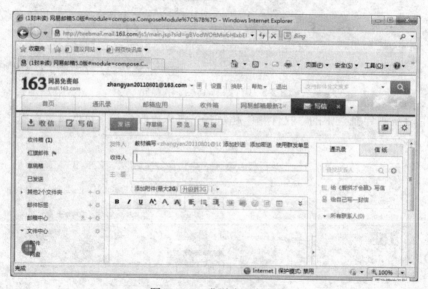

图 2-3-13　发送电子邮件

【案例 8】利用 Outlook 收发邮件

利用 Outlook 2010 收发电子邮件。

操作提示：

（1）启动 Outlook 2010 软件。

（2）单击"文件"→"信息"→"添加账户"命令，弹出"添加新账户"的"选择服务"界面，如图 2-3-14 所示。

（3）单击"下一步"按钮，进入"自动账户设置"界面，如图 2-3-15 所示。

（4）选择"电子邮件账户"单选按钮，单击"下一步"按钮，进入"联机搜索您的服务器设置"界面，如图 2-3-16 所示。

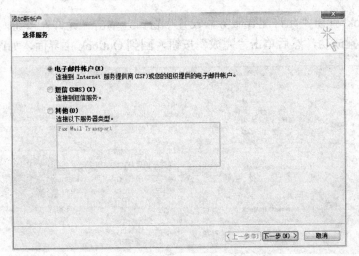

图 2-3-14　添加新账户——选择服务

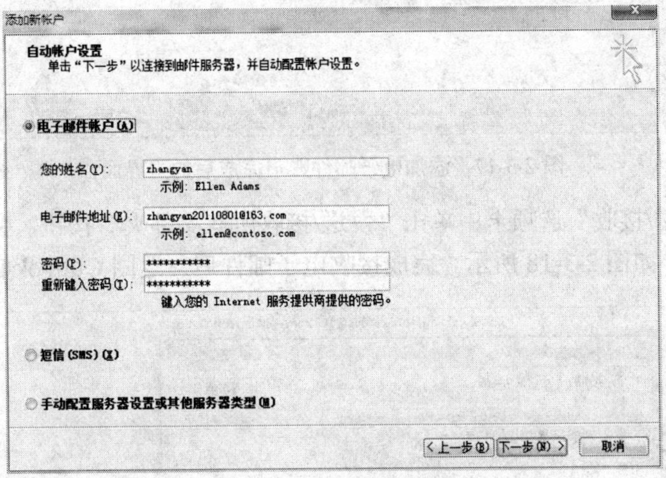

图 2-3-15　自动账户设置

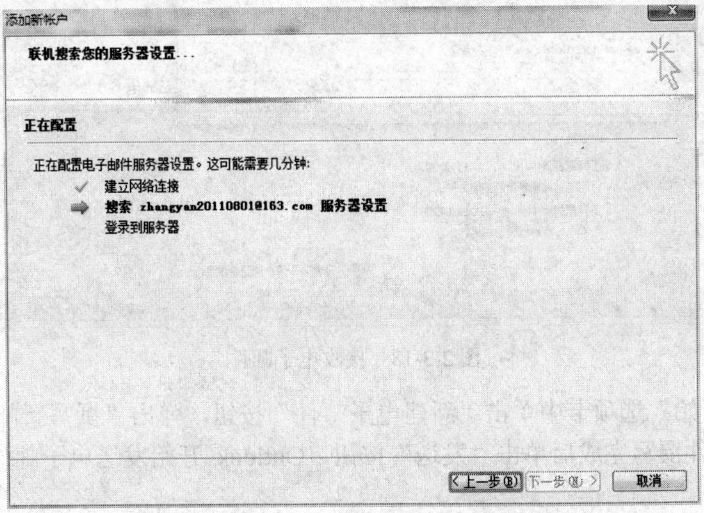

图 2-3-16　联机搜索服务器

（5）Outlook 弹出"允许配置服务器设置"窗口，单击"允许"按钮，系统会提示用户电子邮件账户配置成功，然后单击"完成"按钮，回到 Outlook 主界面，如图 2-3-17 所示。

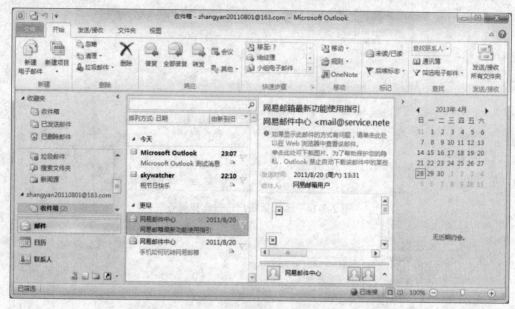

图 2-3-17 添加电子邮件账户完成后的主界面

（6）在"发送/接收"选项卡中单击"发送/接收所有文件夹"按钮，弹出"Outlook 发送/接收进度"窗口，如图 2-3-18 所示。完成接收电子邮件后，返回 Outlook 的主界面。

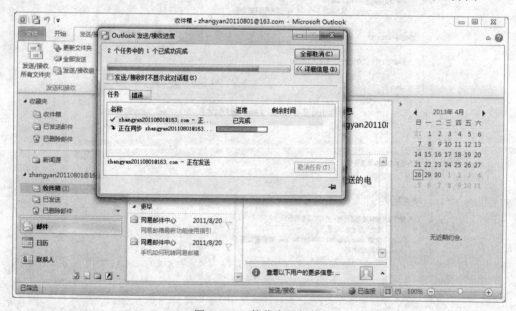

图 2-3-18 接收电子邮件

（7）在"开始"选项卡中单击"新建电子邮件"按钮，弹出"撰写新邮件"窗口，如图 2-3-19 所示。邮件撰写完成后单击"发送"按钮，Outlook 开始发送电子邮件并返回 Outlook 的主界面。

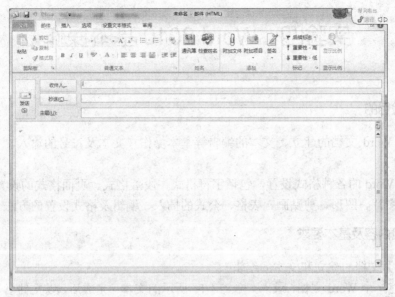

图 2-3-19 撰写并发送新邮件

【案例9】使用电子图书馆检索文献

使用关键词，在 CNKI（中国知网）和 SpringerLink 上检索本专业的学术论文信息。

操作提示：

（1）启动 IE 浏览器，在地址栏中输入 http://www.cnki.net，打开 CNKI（中国知网）首页。

（2）单击"资源总库"超链接进入选择文献所在数据库的页面。

（3）单击"中国学术期刊网络出版总库"进入文献检索页面。

（4）单击"主题"左面的"+"，增加一套检索条件输入框。

（5）输入检索条件，单击"检索"按钮，进入检索结果页面。

（6）单击某一篇文献的"篇名"，可以查看该文献的详细信息。

（7）在 IE 浏览器的地址栏中输入 http://www.springerlink.com/，打开 SpringerLink 首页。

（8）单击信息检索框旁边带有齿轮图案的按钮，然后单击 Advanced Search 按钮，打开"高级检索"面板。

（9）输入检索信息，单击 Search 按钮，进入检索结果页面。

（10）单击文献的篇名，进入查看文献详细内容的页面。

【案例10】使用搜索引擎搜索信息

选择关键词，在百度和谷歌中搜索相关信息。

操作提示：

（1）启动 IE 浏览器，在地址栏中输入 http://www.baidu.com，打开百度首页。

（2）在搜索框中输入一个或多个关键词，单击"百度一下"按钮，打开搜索结果页面，单击第一个搜索结果，查看搜索到的内容。

（3）单击页面顶端的"图片"超链接，进入图片搜索结果页面。

（4）在搜索框中分别输入 filetype:、inurl:和 intitle:命令和关键词，搜索相关文件和网页。

（5）利用谷歌和以上搜索方法搜索上述关键词。

实验四　Word 2010 基本操作

一、实验目的

1．掌握 Word 文档的建立、文本的编辑等基本操作（文本及符号的输入、文本的选定、移动和复制等）。

2．掌握 Word 的各种格式设置，包括字符格式、段落格式、页面格式的设置。

3．掌握图片、图形、剪贴画、表格、公式的插入、编辑及格式设置的方法。

二、实验内容及基本要求

【案例 1】文档的建立和文本的编辑

（1）新建一个 Word 文档，录入"样文 4-1"所示的文本。完成后，以文件名 Word4-1.docx 保存在自己学号的文件夹中。

操作提示：单击"插入"选项卡中的"符号"按钮，在"字体"栏中选择 Wingdings，数字和括号可以使用输入法软键盘，分隔线使用连续 3 个"="加 Enter 键插入，"分隔线"可以使用无边框矩形输入。

【样文 4-1】

☺不看也罢☺

📖在国外教中文，最头痛的是外国学生对于细腻的中文语法难以掌握。一天，我费尽口舌反复解释说"看见"、"看"、"听"、"听见"等词的不同用法后，一个洋学生兴致勃勃地造句："今天早上我到学校的时候，我看见你的女朋友，可是她不看我，我叫她，她不听我。"下课后，另一个洋学生跟我道别说："老师，我们明天互相看。"我不禁暗暗自语："不看也罢。"

📖〖This is a joke!〗

───────────────── 分隔线 ─────────────────

①我赋予某些词语特殊的含义。拿"度日"来说吧，天色不佳，令人不快的时候，我将"度日"看着是"消磨光阴"，而风和日丽的时候，我却不愿意去"消磨"，这时我是在慢慢赏玩、领略美好的时光。坏日子，要飞快地去"度"，好日子，要停下来细细品尝。②"度日""消磨光阴"这些常用语令人想起那些"哲人"习气。他们以为生命的利用不外乎将它打发、消磨，并且尽量回避它，无视它的存在，仿佛这是一件苦事似的。至于我，认为生命不是这个样子的，我觉得它值得称颂，富于乐趣，即使我自己到了垂暮之年也还如此。③我们的生命受到自然的厚赐，它是优越无比的。如果我们觉得不堪生之重压而白白虚度此生，那也只能怪我们自己。"糊涂人一生枯燥无味，烦躁不安，却将全部希望寄托于来世"。

插入分隔线常用的简便方法如下：把光标另起一行，然后连续按"~"、"#"、"*"、"-"、"="5 个符号中的任意一个多次（至少三次），再回车，这样即可得到一条分隔线。

其中，"~"可以画出一条波浪线；"#"可以画三直线；"*"可以画虚线；"-"可以画细直线；"="可以画双直线。

（2）文本的选定、移动和复制。

1）打开文件 Word4-1.docx，将"坏日子……要停下来细细品尝。"这句话移动到最后。

操作提示： 用鼠标选择"坏日子……要停下来细细品尝。"这句话并右击，在弹出的快捷菜单中选择"剪切"选项。用鼠标将插入点移动到文档最后并右击，在弹出的快捷菜单中选择"粘贴"选项。

2）将"'糊涂人的一生枯燥无味……寄托于来世'。"这句话删除。最后按原名保存在指定位置。

（3）文本的查找和替换。

打开文件 Word4-1.docx，用替换方式将"度日"两个字的字体设置为"楷体"，颜色设置为"红色"。

操作提示： 单击"开始"选项卡"编辑"栏中的"替换"按钮，弹出如图 2-4-1 所示的"查找和替换"对话框，在"查找内容"组合框中输入"度日"，在"替换为"组合框中输入"度日"，插入点放在"替换为"组合框中，单击"更多"按钮，再在最下方单击"格式"按钮，在弹出的"查找字体"对话框中设置字体为"楷体"，颜色为"红色"，单击"确定"按钮，单击"全部替换"按钮，文档中所有的"度日"均替换完成。

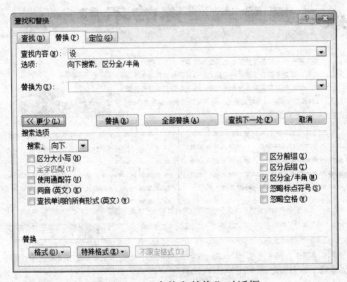

图 2-4-1　"查找和替换"对话框

【案例 2】 字符格式、段落格式、页面格式的设置

打开文件 Word4-2.docx，对其进行如下操作，结果如"样文 4-2"所示，完成后以原名保存在自己学号的文件夹中：

（1）将正文第一段中的"怪物"二字设置为：黑体、紫色、加粗、倾斜、文字提升 6 磅。

（2）将正文第二段至第三段（过去……老王朝早得多）设置为：隶书、蓝色，并将其分为等宽两栏，加分隔线。

（3）将正文第一段至第六段（斯芬克斯……后人）设置为：首行缩进 2 字符。

（4）将正文第一段（斯芬克斯……卧像）设置为：段后间距 6 磅；将正文第六段（我们……后人）设置为：段前间距 6 磅。

（5）将正文第四段文字（如果狮……建成的）设为红色，行距为 1.5 行，并将样式复制给第五段（那么……头盔）。

（6）为正文最后一段文字（文明起源恒远，探索永无穷期）添加边框和底纹。边框：黑色、0.25 磅、双细实线的三维边框；底纹：黄色，图案样式 10%。

（7）将标题"埃及狮身人面像的不解之谜"设为艺术字，艺术字样式：第 5 行第 4 列；文本效果：倒 V 形弯曲；字体：隶书；上下型文字环绕方式，并适当调整艺术字的大小和位置。

（8）在正文第一段的右侧插入图片 SPHINX.jpg，设置图片的环绕方式为四周型，适当调整图片的大小。

（9）为文档设置页眉/页脚：页眉文字为"古代文明之谜"，左对齐；在页脚插入页码，格式为：第 X 页，右对齐。

（10）为第一段设置首字下沉格式。

（11）页面设置：纸张大小为 A4；页边距：上、下、左、右均为 2 厘米。

【样文 4-2】

【**案例 3**】表格处理

新建文件 Word4-3.docx，插入"样文 4-3"所示的课程表，完成后以原名保存在自己学号的文件夹中。

【样文 4-3】

课 程 表

时间／星期		一	二	三	四	五
上午	1	离散数学	c语言	大学英语		
	2					
	3			离散数学	辅助设计	大学英语
	4					
下午	5		体育			
	6					
	7	辅助设计				
	8					

【**案例 4**】图形、公式及图文混排

打开文件 Word4-4.docx，进行适当的排版，使文字内容清晰易读，然后在适当位置插入如图 2-4-2 所示的公式和图 2-4-3 所示的图形，结果如【样文 4-4】所示，完成后以原名保存在自己学号的文件夹中。

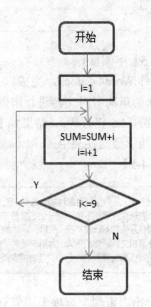

$$x = \int \frac{a^2 + b^2 + c^2}{4} \sqrt[3]{sin^2 \alpha + cos^2 \beta}$$

$$\sum_{n-1}^{\infty} \frac{1}{n\sqrt{n-1}}$$

图 2-4-2　待插入公式　　　　　图 2-4-3　待插入图形

【样文 4-4】

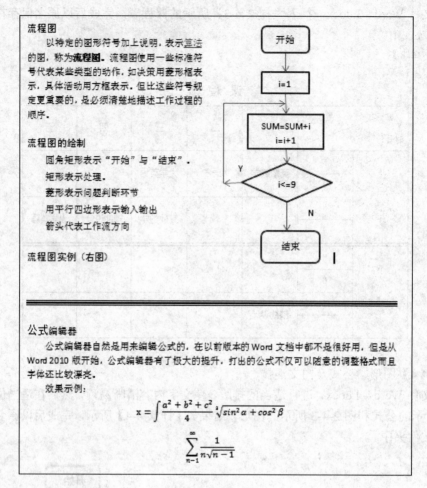

流程图

　　以特定的图形符号加上说明，表示算法的图，称为**流程图**。流程图使用一些标准符号代表某些类型的动作，如决策用菱形框表示，具体活动用方框表示。但比这些符号规定更重要的，是必须清楚地描述工作过程的顺序。

流程图的绘制

　　圆角矩形表示"开始"与"结束"。
　　矩形表示处理。
　　菱形表示问题判断环节
　　用平行四边形表示输入输出
　　箭头代表工作流方向

流程图实例（右图）

公式编辑器

　　公式编辑器自然是用来编辑公式的。在以前版本的 Word 文档中都不是很好用，但是从 Word 2010 版开始，公式编辑器有了极大的提升，打出的公式不仅可以随意的调整格式而且字体还比较漂亮。

　　效果示例：

$$x = \int \frac{a^2 + b^2 + c^2}{4} \sqrt[3]{sin^2\,\alpha + cos^2\,\beta}$$

$$\sum_{n-1}^{\infty} \frac{1}{n\sqrt{n-1}}$$

【案例 5】审阅修订

打开文件 Word4-5.docx，完成以下操作：

（1）作为审阅者对文档进行审阅和修订，使文档内容通顺、格式正确（五号宋体，首行缩进 2 个字符，1.5 倍行距），结果如【样文 4-5】所示，完成后以文件名 Word4-5（已审）.docx 保存在自己的学号文件夹中。

【样文 4-5】

> 计算机发展到今天，从微型机到高性能计算机，无一例外都陪着了一种或多种操作系统，操作系统已经成为现代计算机系统不可分给的重要组成部分。操作系统直接运行在裸机之上，是对计算机硬件系统的第一次扩充。在操作系统的支持下，计算机才能运行其他软件。操作系统是人与计算机之间通信的桥梁，为用户提供了一个清晰、简洁、易用的工作界面。用户可以通过使用操作系统提供的命令和交互功能实现各种访问计算机的操作。

　　删除的内容：艺
　　删除的内容：称为
　　带格式的：字体：五号
　　删除的内容：机

（2）单击"审阅"选项卡"修订"栏中的下拉列表框，以不同显示方式查看修订建议，对比文档编辑区显示形式的变化。

（3）另存 Word4-5（已审）.docx，作为作者接受或拒绝修订，完成后以文件名 Word4-5（终稿）.docx 保存在自己的学号文件夹中。

实验五　毕业论文排版

一、实验目的

熟练掌握关于 Word 的基本排版技术，包括字符和段落的排版，图片、表格插入、编辑和排版，插入目录和页眉页脚，页面设置等。

二、实验内容及基本要求

打开文档"毕业论文.docx"和"毕业论文排版要求.docx"（不同专业的学生可以选择适合自己专业的毕业论文进行排版），按要求排版毕业论文，完成操作后以"论文排版.docx"保存在自己学号的文件夹中。

【案例 1】字符段落的设置

（1）设置正文的格式。

正文内容采用小四号宋体字（英文采用小四号 Times New Roman 字体），段落首行缩进两个字符，行间距为 1.5 倍行距。

操作提示：在下面的排版格式中，凡涉及字体、字号、加粗及设置对齐方式等的操作，均可通过"开始"选项卡中的相关按钮（如图 2-5-1 所示）直接进行。

图 2-5-1　Word 格式工具按钮

（2）论文标题名采用二号黑体字、居中；作者姓名占一行，采用四号楷体字、加粗、居中；系别、专业、学号占一行，系别后空一个字的位置写专业，专业后空一个字的位置写学号，采用小四号楷体字、居中。

（3）"摘要"采用五号黑体字（英文 Abstract 采用五号 Times New Roman 字体，加粗），外加中括号；摘要内容采用五号楷体字（英文采用五号 Times New Roman 字体）。

"关键字"采用五号黑体字（英文 Key Words 采用五号 Times New Roman 字体，加粗），外加中括号；内容采用五号楷体字（英文采用五号 Times New Roman 字体）。关键词之间空一格，不使用标点符号。

（4）设置章节标题格式。

一级标题序号使用阿拉伯数字 1、2、3、……，四号黑体。

二级标题序号使用 1.1、1.2、1.3、……，小四号黑体。

三级标题序号使用 1.1.1、1.1.2、1.1.3、……，小四号黑体。

快速设置：如一级标题设置为四号黑体，则此时可单击"开始"选项卡中的"格式刷"按钮，对其他需要设置的一级标题进行快速重复的设置。

单击"格式刷"按钮一次，复制一次；双击"格式刷"按钮，可实现多次复制。

（5）"参考文献"采用五号黑体字（英文 References 采用五号 Times New Roman 字体，加粗），外加中括号；参考文献内容采用五号楷体字（英文采用五号 Times New Roman 字体）。

参考文献后面的外文题名和作者姓名分别采用四号和小四号 Times New Roman 字体（中文则采用四号黑体字和小四号楷体字），参考文献后面的外文（中文）摘要和关键词的字体、字号同前。

参考文献排版请参照"毕业论文排版要求.docx"中的相关说明。

【案例2】页面设置

（1）单击"页面布局"选项卡"页面设置"栏中的"页边距"按钮，在出现的列表中选择"自定义边距"命令，弹出"页面设置"对话框（如图 2-5-2 所示），选择"页边距"选项卡，在上、下、左、右数值框中分别填入 2.5 厘米、2.5 厘米、3.0 厘米、2.8 厘米，然后单击"确定"按钮。

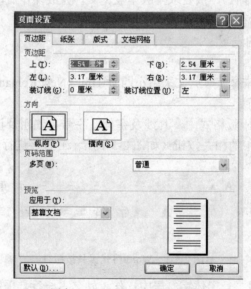

图 2-5-2 "页面设置"对话框

（2）插入页眉和页脚。

1）单击"插入"选项卡"页眉和页脚"栏中的"页眉"按钮，此时光标出现在"页眉"框中，输入"××大学毕业论文（设计）"，选中输入的文字，单击"开始"选项卡"段落"栏中的"居中"按钮。

2）单击"插入"选项卡中的"页码"按钮，在出现的列表中选择"页面底端"→"简单数字"命令，页脚位置出现页码。单击"开始"选项卡中的"右对齐"按钮设置页码对齐方式。

【案例3】插入目录

利用 Word 自动目录功能为论文添加目录。

实验六　Excel 2010 基本操作

一、实验目的

1．掌握 Excel 2010 的基本操作
2．掌握数据的输入方法。
3．掌握数据的编辑方法。
4．掌握数据的格式化操作。

二、实验内容及基本要求

【案例 1】Excel 2010 数据的输入

打开"实验素材\实验 6\EX6-1.xlsx"，对其进行如下操作，结果如"样文 EX6-1"所示，完成后以原名保存在自己学号的文件夹中：

（1）在单元格区域 A3:A17 中输入序号 1、2、…、15。

（2）在单元格区域 B3:B17 中输入学号，学号格式为"1233××××"，具体学号可自由设计。

（3）在 E3:E17 中输入出生年月日，格式为"2001-3-14"，具体日期可自由设计。

（4）在 F3:F17 中输入"计算机应用基础"。

（5）在 G3:G17 中输入数字，数字范围为 0～100，具体数值可自由设计。

（6）在 H3:H17 中输入学分"2"或"0"。如果期末成绩在 60 分以下，学分输入"0"，否则输入"2"。同时给学分为"0"的单元格添加批注"缺考或缓考或作弊"。

【样文 EX6-1】

	A	B	C	D	E	F	G	H
1	计算机科学学院12级课程成绩							
2	序号	学号	姓名	性别	出生年月日	课程名称	期末成绩	学分
3	1	12330101	陈婷婷	女	1994-09-08	计算机应用基础	90	2
4	2	12330102	何俊	男	1995-09-19	计算机应用基础	85	2
5	3	12330103	何耀桦	女	1993-09-30	计算机应用基础	80	2
6	4	12330104	侯雨洁	女	1994-10-11	计算机应用基础	65	2
7	5	12330105	姜梦丹	女	1993-10-22	计算机应用基础	78	2
8	6	12330106	蒋刚	男	1992-11-02	计算机应用基础	80	2
9	7	12330107	李丹	女	1993-11-13	计算机应用基础	88	2
10	8	12330108	李娇	女	1994-11-24	计算机应用基础	77	2
11	9	12330109	梁月	女	1995-12-05	计算机应用基础	0	0
12	10	12330110	刘晨	男	1992-12-16	计算机应用基础	90	2
13	11	12330111	刘略	女	1994-12-30	计算机应用基础	88	2
14	12	12330112	罗莉华	女	1995-01-13	计算机应用基础	75	2
15	13	12330113	罗奇	男	1993-01-27	计算机应用基础	60	2
16	14	12330114	孙霞	女	1993-02-03	计算机应用基础	85	2
17	15	12330115	王楠	男	1994-02-24	计算机应用基础	83	2

【案例 2】Excel 2010 数据的编辑

打开"实验素材\实验 6\EX6-2.xlsx"，对其进行如下操作，完成后以原名保存在自己学号的文件夹中：

（在工作表 Sheet1 中完成以下操作，结果如"样文 EX6-2A"所示。）

（1）在"姓名"一列左边插入和"姓名"列单元格数目相等的单元格区域，使活动单元格右移，然后在插入的单元格中输入一组数据"班级"，班级的数据输入"1"、"2"、"3"中的任意一个。

（2）在第一行上方插入两行。

（3）在 A 列左边插入一列。

（4）删除第一行。

（5）删除"蒋刚"的记录，但保留序号，并使下方的单元格上移，然后删除序号"15"。

（6）将标题"计算机科学学院 12 级课程成绩"修改为"计算机科学学院 12 级 1、2、3 班课程成绩"。

（7）将"学分"列移动到"期末成绩"列的左边。

（在工作表 Sheet2 中完成以下操作，结果如"样文 EX6-2B"所示。）

（8）将单元格区域 B2:F8 中的数据复制到以 A10 为左上角的区域中，要求只复制字符不复制格式。

部分操作提示：

（1）选中 C2:C17 并右击，选择"插入"→"活动单元格右移"选项。

（5）选中"蒋刚"记录除了序号以外的所有单元格并右击，选择"删除"→"下方单元格上移"选项。再单独选中序号 15 删除。

（8）利用"选择性粘贴"实现。

【样文 EX6-2A】

序号	学号	班级	姓名	性别	出生年月日	课程名称	学分	期末成绩
	计算机科学学院12级1、2、3班课程成绩							
1	12330101	1	陈婷婷	女	1994-09-08	计算机应用基础	2	90
2	12330102	2	何俊	男	1995-09-19	计算机应用基础	2	85
3	12330103	3	何耀桦	女	1993-09-30	计算机应用基础	2	80
4	12330104	3	侯雨洁	女	1994-10-11	计算机应用基础	2	65
5	12330105	2	姜梦丹	女	1993-10-22	计算机应用基础	2	78
6	12330107	2	李丹	女	1993-11-13	计算机应用基础	2	88
7	12330108	2	李娇	女	1994-11-24	计算机应用基础	2	77
8	12330109	3	梁月	女	1995-12-05	计算机应用基础	0	0
9	12330110	1	刘晨	男	1992-12-16	计算机应用基础	2	90
10	12330111	1	刘璐	女	1994-12-30	计算机应用基础	2	88
11	12330112	3	罗莉华	女	1995-01-13	计算机应用基础	2	75
12	12330113	3	罗奇	男	1993-01-27	计算机应用基础	2	60
13	12330114	2	孙霞	女	1993-02-10	计算机应用基础	2	85
14	12330115	1	王楠	男	1994-02-24	计算机应用基础	2	83

【样文 EX6-2B】

学号	姓名	语文	数学	英语
12330101	陈婷婷	56	36	12
12330102	何俊	93	78	93
12330103	何耀桦	98	94	96
12330104	侯雨洁	78	85	45
12330105	姜梦丹	58	60	86
12330106	蒋刚	69	68	80
学号	姓名	语文	数学	英语
12330101	陈婷婷	56	36	12
12330102	何俊	93	78	93
12330103	何耀桦	98	94	96
12330104	侯雨洁	78	85	45
12330105	姜梦丹	58	60	86
12330106	蒋刚	69	68	80

【案例 3】 Excel 2010 数据的格式化

打开"实验素材\实验 6\EX6-3.xlsx"，对其进行如下操作，结果如"样文 EX6-3"所示，完成后以原名保存在自己学号的文件夹中：

（1）调整第 1 行的行高为 30，第 2～14 行的行高为 18。

（2）调整 B～E 列为"自动调整列宽"。

（3）将标题"各公司三月销售统计"设置为：在 A1:E1 中合并后居中，垂直方向也居中，字体为黑体、16 号、深红色；给单元格填充"图案颜色"为"浅蓝"，图案样式为 6.25%灰色。

（4）设置工作表边框：外框为双线；内框为单实线；颜色均为浅蓝。

（5）将 C3:C12 中的数字设置为：会计专用格式，添加人民币符号，保留两位小数。

（6）将单元格 E14 中的日期设置为"2001 年 3 月 14 日"的格式。

（7）将"增长率"大于 0.4 的单元格设置为：加粗、倾斜、红色。

（8）将 A2:E12 中所有的内容水平居中。

部分操作提示：

（3）～（6）利用"设置单元格格式"对话框进行相应设置。

（7）利用"条件格式"可轻松设置。

【样文 EX6-3】

名次	公司	营收(元)	增长率	市场份额
		各公司三月销售统计		
1	ITL	￥ 1,382,800,000.00	0.37	0.089
2	NEC	￥ 1,136,000,000.00	*0.43*	0.073
3	TCB	￥ 1,018,500,000.00	0.35	0.066
4	NAL	￥ 942,200,000.00	*0.42*	0.061
5	MTA	￥ 917,300,000.00	0.27	0.059
6	STA	￥ 834,400,000.00	*0.73*	0.054
7	BTI	￥ 800,000,000.00	*0.44*	0.052
8	FUT	￥ 551,100,000.00	*0.42*	0.036
9	MSU	￥ 515,400,000.00	0.37	0.033
10	PHP	￥ 404,000,000.00	0.38	0.026
				2013年4月29日

实验七　Excel 2010 综合应用

一、实验目的

1. 掌握公式函数的输入及使用。
2. 掌握数据的管理。
3. 掌握图表的操作。
4. 熟练掌握 Excel 各种功能的综合应用。

二、实验内容及基本要求

【案例1】 Excel 2010 公式函数及格式化应用

打开"实验素材\实验 7\EX7-1.xlsx",对其进行如下操作,结果如"样文 EX7-1"所示,完成后以原名保存在自己学号的文件夹中。

（1）将标题"计科学院 2012-2013 学年度下试讲成绩统计表"设置为:楷体、18 号、加粗、紫色,在 A1:I1 区域合并后居中,并填充标准色浅绿。

（2）在 G3:G17 中计算每位学生的综合成绩:综合成绩=教案成绩×10%+标准课成绩×50%+微型课成绩×30%+说课×10%。要求保留 0 位小数。

（3）使用 IF 函数,在 H3:H17 中计算每位学生的等级:综合成绩大于等于 90,为"优";综合成绩小于 90 大于等于 80,为"良";综合成绩小于 80 大于等于 70,为"中";综合成绩小于 70 大于等于 60,为"及格";综合成绩小于 60,为"不及格"。

（4）使用 rank 函数,以综合成绩为依据,在 I3:I17 中计算每位学生的名次。

（5）使用函数 max,在 C19:F19 中计算每项成绩的最高分;使用函数 min,在 C20:F20 中计算每项成绩的最低分。

（6）按名次升序排序。

（7）设置标题行 A2:I2 加粗,设置 A2:I20 水平居中并自动调整列宽。

（8）设置整个表格边框:外边框红色粗线,内边框浅蓝色单实线。

部分操作提示:

（2）选中单元格 G3,输入公式"=C3*10%+D3*50%+E3*30%+F3*10%",按 Enter 键。再往下自动填充 G4:G17。小数位数的保留,利用"设置单元格格式"对话框中"数字"选项卡中的"数值"框进行设置。

（3）选中单元格 H3,输入公式"=IF(G3>=90,"优",IF(G3>=80,"良",IF(G3>=70,"中",IF(G3>=60,"及格","不及格"))))",按 Enter 键。再往下自动填充 H4:H17。

（4）选中单元格 I3,输入公式"=RANK(G3,$G$3:$G$17)",按 Enter 键。再往下自动填充 I4:I17。

【样文 EX7-1】

	A	B	C	D	E	F	G	H	I
1			计科学院2012-2013学年度下试讲成绩统计表						
2	班级	学生姓名	教案成绩(10%)	标准课成绩(50%)	微型课成绩(30%)	说课(10%)	综合成绩	等级	名次
3	09本计科与技术	罗娜	94	94	89	91	92	优	1
4	09本计科与技术	华玲瑶	93	88	88	90	89	良	2
5	09本计科与技术	陈丽	90	87	89	85	88	良	3
6	09本计科与技术	王颖	87	88	86	82	87	良	4
7	09本计科与技术	何忠秋	90	84	87	86	86	良	5
8	09本计科与技术	胡洋萍	85	83	83	84	83	良	6
9	09本计科与技术	朱小玲	83	82	84	84	83	良	7
10	09本计科与技术	彭云峰	84	82	82	85	83	良	8
11	09本计科与技术	马菲	82	80	82	85	81	良	9
12	09本计科与技术	邱桃	81	81	78	81	81	良	10
13	09本计科与技术	黄蓉	83	80	75	86	79	中	11
14	09本计科与技术	杜意	76	76	82	83	79	中	12
15	09本计科与技术	王霜	85	77	75	77	77	中	13
16	09本计科与技术	彭艳琼	82	76	75	76	76	中	14
17	09本计科与技术	周围	60	62	58	62	61	及格	15
18									
19		最高分	94	94	89	91			
20		最低分	60	62	58	62			

【案例 2】Excel 2010 数据的管理

打开"实验素材\实验 7\EX7-2.xlsx",对其进行如下操作,完成后以原名保存在自己学号的文件夹中:

(1)在工作表 Sheet1 中,对数据清单排序:主要关键字为"标准课",降序;次要关键字为"微型课",降序;第三关键字为"说课",降序;按列排序。结果如"样文 EX7-2A"所示。

(2)在工作表 Sheet2 中,自动筛选出教案成绩大于等于 70 且小于 85 的所有记录。结果如"样文 EX7-2B"所示。

(3)在工作表 Sheet3 中,筛选出教案成绩大于等于 90 且说课大于 85 的所有记录。筛选条件建立在以 K2 为左上角的区域里,筛选结果显示在以 A19 为左上角的区域里。结果如"样文 EX7-2C"所示。

(4)在工作表 Sheet4 中进行分类汇总:对等级(升序)分类,统计各等级说课与综合成绩的平均值,汇总结果显示在数据的下方。结果如"样文 EX7-2D"所示。

(5)在工作表 Sheet5 中进行分类汇总:对等级(升序)分类,统计各等级标准课的平均值,在此基础上再统计各等级教案和标准课最高分,汇总结果显示在数据的下方。结果如"样文 EX7-2E"所示。

(6)以工作表 Sheet6 中的数据库为数据源创建数据透视表。要求报表筛选字段为"年级",行字段为"学院",列字段为"性别",数值字段为"总分",汇总"总分"的最高分。取消"行总计"和"列总计"。数据透视表显示在以 J1 为左上角的区域里。结果如"样文 EX7-2F"所示。

(7)工作表 Sheet7 和 Sheet8 中分别是某班第一、二学期的成绩,要求用合并计算功能统计全年总评成绩,统计结果放在工作表 Sheet9 中以 B3 为左上角的区域中。结果如"样文 EX7-2G"所示。

部分操作提示:

(3)用高级筛选实现。首先在以 K2 为左上角的区域里输入筛选条件,再单击数据区中的任意单元格,单击"数据"选项卡中的"高级筛选"按钮,在"高级筛选"对话框中进行如图 2-7-1 所示的设置,单击"确定"按钮。

图 2-7-1　"高级筛选"对话框设置

（5）选中"等级"列的任意单元格，单击"数据"选项卡中的"升序排序"按钮$\frac{A}{Z}\downarrow$，对等级排序，再单击"分类汇总"按钮，在"分类汇总"对话框中进行如图 2-7-2 所示的设置，单击"确定"按钮。然后再单击"分类汇总"按钮，在"分类汇总"对话框中进行如图 2-7-3 所示的设置，单击"确定"按钮。

图 2-7-2　第一次"分类汇总"对话框设置

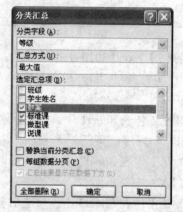

图 2-7-3　第二次"分类汇总"对话框设置

（6）选中数据区中的任意单元格，单击"插入"选项卡中的"数据透视表"按钮，在弹出的"创建数据透视表"对话框中选择数据区域 A2:H20，选择放置位置为"现有工作表"J1 单元格。再在数据透视表字段列表中拖动相应字段布局，如图 2-7-4 所示。单击"求和项:总分"下拉按钮，选择"值字段设置"命令，弹出"值字段设置"对话框，如图 2-7-5 所示，选择汇总方式为"最大值"，将"自定义名称"文本框中的"最大值项"修改为"最高分"，单击"确定"按钮。再单击"选项"按钮，弹出"数据透视表选项"对话框，如图 2-7-6 所示，取消对"显示行总计"和"显示列总计"复选框的选择，单击"确定"按钮。

图 2-7-4　"数据透视表字段列表"对话框设置

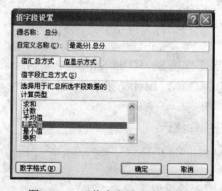

图 2-7-5　"值字段设置"对话框

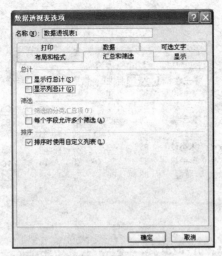

图 2-7-6 "数据透视表选项"对话框设置

（7）选定 Sheet9 中的 B3 单元格，单击"数据"选项卡中的"合并计算"按钮，在弹出的"合并计算"对话框中选择"求和"函数，在"引用位置"栏中选择 Sheet7 中的 A1:D6，然后单击"添加"按钮，重复选择 Sheet8 中的 A1:E6，单击"添加"按钮，并取消对"首行"和"最左列"复选框的选择，单击"确定"按钮，如图 2-7-7 所示。最后在 B3 单元格中输入"学号"。

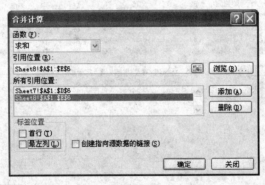

图 2-7-7 "合并计算"对话框设置

【样文 EX7-2A】

班级	学生姓名	教案	标准课	微型课	说课	综合成绩	等级	名次
				计科学院2012-2013学年度下试讲成绩统计表				
09本计科与技术	罗娜	94	94	89	91	92	优	1
09本计科与技术	华玲瑶	93	88	88	90	89	良	2
09本计科与技术	王颖	87	88	86	82	87	良	4
09本计科与技术	陈丽	90	87	89	85	88	良	3
09本计科与技术	何忠秋	90	84	87	86	86	良	5
09本计科与技术	胡洋萍	85	83	83	84	83	良	6
09本计科与技术	朱小玲	83	82	84	84	83	良	7
09本计科与技术	彭云峰	84	82	82	85	83	良	8
09本计科与技术	邱桃	81	81	78	86	81	良	10
09本计科与技术	马菲	82	80	82	85	81	良	9
09本计科与技术	黄蓉	83	80	75	86	79	中	11
09本计科与技术	王霜	85	77	75	77	77	中	13
09本计科与技术	杜意	76	76	82	83	79	中	12
09本计科与技术	彭艳琼	82	76	75	76	76	中	14
09本计科与技术	周围	60	62	58	62	61	及格	15

【样文 EX7-2B】

计科学院2012-2013学年度下试讲成绩统计表

班级	学生姓名	教案	标准课	微型课	说课	综合成绩	等级	名次
09本计科与技术	马菲	82	80	82	85	81	良	9
09本计科与技术	邱桃	81	81	78	86	81	良	10
09本计科与技术	彭云峰	84	82	82	85	83	良	8
09本计科与技术	杜意	76	76	82	83	79	中	12
09本计科与技术	朱小玲	83	82	84	84	83	良	7
09本计科与技术	彭艳琼	82	76	75	76	76	中	14
09本计科与技术	黄蓉	83	80	75	86	79	中	11

【样文 EX7-2C】

计科学院2012-2013学年度下试讲成绩统计表

班级	学生姓名	教案	标准课	微型课	说课	综合成绩	等级	名次		教案	说课
09本计科与技术	马菲	82	80	82	85	81	良	9		>=90	>85
09本计科与技术	邱桃	81	81	78	86	81	良	10			
09本计科与技术	王颖	87	88	86	82	87	良	4			
09本计科与技术	彭云峰	84	82	82	85	83	良	8			
09本计科与技术	杜意	76	76	82	83	79	中	12			
09本计科与技术	胡洋萍	85	83	83	84	83	良	6			
09本计科与技术	华玲瑶	93	88	88	90	89	良	2			
09本计科与技术	朱小玲	83	82	84	84	83	良	7			
09本计科与技术	王霜	85	77	75	77	77	中	13			
09本计科与技术	罗娜	94	94	89	91	92	优	1			
09本计科与技术	彭艳琼	82	76	75	76	76	中	14			
09本计科与技术	黄蓉	83	80	75	86	79	中	11			
09本计科与技术	周围	60	62	58	62	61	及格	15			
09本计科与技术	陈丽	90	87	89	85	88	良	3			
09本计科与技术	何忠秋	90	84	87	86	86	良	5			
班级	学生姓名	教案	标准课	微型课	说课	综合成绩	等级	名次			
09本计科与技术	华玲瑶	93	88	88	90	89	良	2			
09本计科与技术	罗娜	94	94	89	91	92	优	1			
09本计科与技术	何忠秋	90	84	87	86	86	良	5			

【样文 EX7-2D】

计科学院2012-2013学年度下试讲成绩统计表

班级	学生姓名	教案	标准课	微型课	说课	综合成绩	等级	名次
09本计科与技术	周围	60	62	58	62	61	及格	17
					62	61	及格 平均值	
09本计科与技术	马菲	82	80	82	85	81	良	11
09本计科与技术	邱桃	81	81	78	86	81	良	12
09本计科与技术	王颖	87	88	86	82	87	良	5
09本计科与技术	彭云峰	84	82	82	85	83	良	10
09本计科与技术	胡洋萍	85	83	83	84	83	良	8
09本计科与技术	华玲瑶	93	88	88	90	89	良	3
09本计科与技术	朱小玲	83	82	84	84	83	良	9
09本计科与技术	陈丽	90	87	89	85	88	良	4
09本计科与技术	何忠秋	90	84	87	86	86	良	6
					85.222	84	良 平均值	
09本计科与技术	罗娜	94	94	89	91	92	优	1
					91	92	优 平均值	
09本计科与技术	杜意	76	76	82	83	79	中	14
09本计科与技术	王霜	85	77	75	77	77	中	15
09本计科与技术	彭艳琼	82	76	75	76	76	中	16
09本计科与技术	黄蓉	83	80	75	86	79	中	13
					80.5	78	中 平均值	
					82.8	82	总计平均值	

【样文 EX7-2E】

	A	B	C	D	E	F	G	H	I
1	计科学院2012-2013学年度下试讲成绩统计表								
2	班级	学生姓名	教案	标准课	微型课	说课	综合成绩	等级	名次
3	09本计科与技术	周围	60	62	58	62	61	及格	15
4			60	62				及格 最大值	
5				62				及格 平均值	
6	09本计科与技术	马菲	82	80	82	85	81	良	9
7	09本计科与技术	邱桃	81	81	78	86	81	良	10
8	09本计科与技术	王颖	87	88	86	82	87	良	4
9	09本计科与技术	彭云峰	84	82	82	85	83	良	8
10	09本计科与技术	胡洋萍	85	83	83	84	83	良	6
11	09本计科与技术	华玲瑶	93	88	88	90	89	良	2
12	09本计科与技术	朱小玲	83	82	84	84	83	良	7
13	09本计科与技术	陈丽	90	87	89	85	88	良	3
14	09本计科与技术	何忠秋	90	84	87	86	86	良	5
15			93	88				良 最大值	
16				83.889				良 平均值	
17	09本计科与技术	罗娜	94	94	89	91	92	优	1
18			94	94				优 最大值	
19				94				优 平均值	
20	09本计科与技术	杜意	76	76	82	83	79	中	12
21	09本计科与技术	王霜	85	77	75	77	77	中	13
22	09本计科与技术	彭艳琼	82	76	75	76	76	中	14
23	09本计科与技术	黄蓉	83	80	75	86	79	中	11
24			85	80				中 最大值	
25				77.25				中 平均值	
26			94	94				总计最大值	

【样文 EX7-2F】

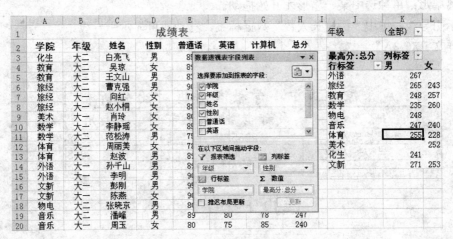

【样文 EX7-2G】

	A	B	C	D	E	F	G	H
1								
2								
3		学号	语文	英语	数学	物理	化学	总分
4		12330108	80	90	96	78	76	420
5		12330109	81	93	75	83	95	427
6		12330110	78	81	86	82	86	413
7		12330111	69	75	90	85	81	400
8		12330112	75	80	80	90	83	408

【案例 3】 Excel 2010 数据图表

打开"实验素材\实验 7\EX7-3.xlsx"，对其进行如下操作，完成后以原名保存在自己学号的文件夹中：

（1）在 Sheet1 工作表中，以单元格区域 A2:D5 中的数据为数据源建立图表，图表类型为三维簇状柱形图；设置图例靠右，图表标题为"三市中小学校长人数"，建立的图表嵌入当前工作表中。结果如"样文 EX7-3A"所示。

（2）在 Sheet2 工作表中，以单元格区域 A2:A5 和 C2:C5 中的数据为数据源建立图表，图表类型为三维饼图；添加数据标志的类别名称和百分比，建立的图表嵌入当前工作表中。结果如"样文 EX7-3B"所示。

（3）设置 Sheet2 中图表区的字体加粗，大小为 12，字体颜色为紫色；设置标题"乐山市"的字号为 20。适当调整绘图区的大小，并将"女校长人数"的扇形从三维饼图中分离出来，移动"男校长人数"数据标签，显示出引导线。结果如"样文 EX7-3C"所示。

（4）在 Sheet3 工作表中，以单元格区域 A10:B17 中的数据为数据源建立图表，图表类型为二维簇状柱形图；系列名称为 B2"成都市"；设置图例靠右；图表标题为"成都市中小学校长学历"；添加数据标签的值；设置图表区的字号为 12，字体颜色为红色；填充一种预设的"金色年华"渐变效果；建立的图表嵌入当前工作表中。结果如"样文 EX7-3D"所示。

部分操作提示：

（3）右击图表区，选择"字体"命令，设置字号和颜色等。选中图表标题并右击，选择"字体"命令，设置标题大小。

分离扇形：单独选中某一扇形才开始拖动。

显示引导线：选中"男校长人数"数据标签，移动即可显示引导线。

【样文 EX7-3A】

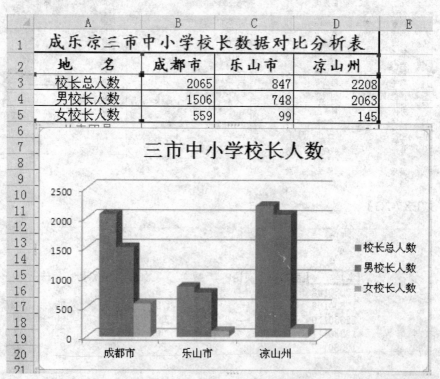

【样文 EX7-3B】

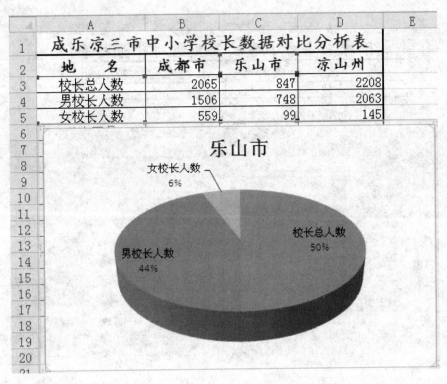

【样文 EX7-3C】

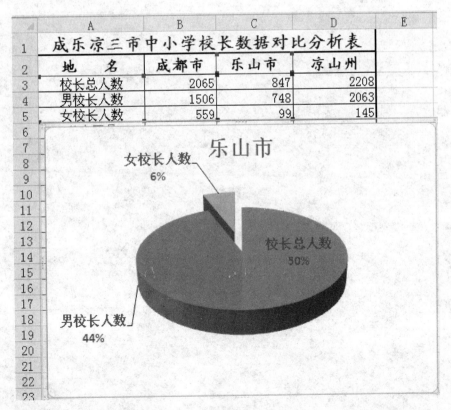

【样文 EX7-3D】

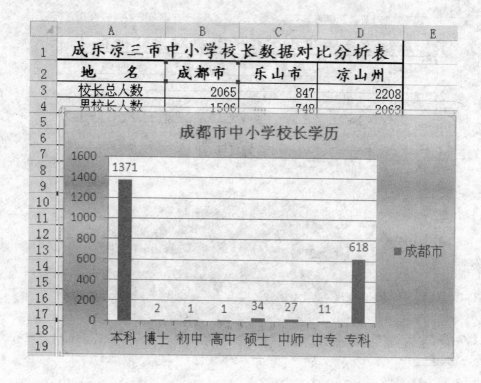

实验八　PowerPoint 2010 基本操作

一、实验目的

1. 了解演示文稿的制作过程，掌握制作演示文稿的方法。
2. 掌握在演示文稿中插入对象的方法。
3. 掌握演示文稿的编辑方法。
4. 掌握动画设置和幻灯片切换效果设置。
5. 掌握放映演示文稿的方法

二、实验内容及基本要求

打开"实验素材\实验 8\实验 8.ppt"，对该演示文稿进行编辑修改，具体要求如下：

（1）在第 1 张幻灯片之前插入一张幻灯片，版式为"标题幻灯片"，输入标题文本"梦幻曲"，格式为黑体、54 号、粗体、蓝色；副标题"（德）舒曼"，格式为宋体、24 号、黑色。

（2）将第 2 张幻灯片的版式设置为"标题和文本"版式。在幻灯片的左下角插入实践素材\实验 8\1.gif.

（3）把第 4 张幻灯片移动到第 5 张幻灯片之后。

（4）使用主题"波形"修饰全部幻灯片。

（5）在第 1 张幻灯片中，"梦幻曲"链接到第 3 张幻灯片。

（6）更改所有幻灯片的配色方案：设置超链接为红色，已访问过的超链接为黄色。

（7）为所有幻灯片添加幻灯片编号（橙色）和可更新的日期（橙色）。

（8）将第 2 张幻灯片的背景预设颜色设置为"金色年华"，底纹样式为"线性"。

（9）第 3 张幻灯片插入素材中的图片 3.gif，放在幻灯片中文字的右边。设置图片在前一个事件后出现，动画效果为"百叶窗"，方向为"垂直"，速度为"非常快"。文本部分动画效果为"水平百叶窗"，速度为 0.3 秒，文字逐个显示。动画的顺序是先图片后文本。

（10）各幻灯片具有如下切换效果：

- 第 1 张幻灯片：无切换、单击鼠标换页、声音为"风铃"。
- 第 2 张幻灯片：效果为"推进"，持续时间 1:00、换页方式为"每隔 1:00"。
- 第 3 张幻灯片：效果为"随机线条"，换页方式为"每隔 1:00"，声音为"照相机"。

（11）在整个幻灯片的放映过程中伴有背景音乐"梦幻曲.mp3"。

（12）设置放映方式为"观众自动浏览"，放映时不加旁白。

（13）把演示文稿以文件名"实验 8n.ppt"保存起来。

操作提示：

（1）插入幻灯片。单击"开始"选项卡中的"新建幻灯片"按钮；或者在现有第一张幻灯片前右击，在弹出的快捷菜单中选择"新建幻灯片"命令。

（2）文本输入、文字格式的设置、图片插入均与 Word 中的操作方法相同。

（3）更改幻灯片版式。选中幻灯片，单击"开始"选项卡"幻灯片"栏中的"幻灯片版式"按钮，在弹出的任务窗格中选中所需版式的名称单击。

（4）移动幻灯片。在普通视图中，在"幻灯片"选项卡中选中第 4 张幻灯片直接拖曳到第 5 张幻灯片之后，或者剪切第 4 张幻灯片并粘贴到第 5 张幻灯片之后。或者在"幻灯片浏览"视图中对幻灯片缩略小图进行操作，方法同上。

（5）使用主题。在"设计"选项卡的"主题"栏中选择自己喜欢的主题。如果未出现所需主题，则单击"主题"栏旁边的下拉按钮打开主题库，如图 2-8-1 所示。

图 2-8-1　"设计"选项卡

本操作应用主题库中的"波形"主题。右击"流畅"主题，在弹出的快捷菜单中选择"应用于所有幻灯片"命令，如图 2-8-2 所示。

图 2-8-2　应用"波形"主题

（6）设置超链接。有两种方法：

- 使用"插入"选项卡"链接"栏中的"动作"按钮建立超链接。在第 1 张幻灯片中选中文本"梦幻曲"，单击"插入"选项卡"链接"栏中的"动作"按钮，弹出"动作设置"对话框，在"单击鼠标"选项卡中选择"超链接到"单选按钮并在其下拉列表框中选择"幻灯片"，如图 2-8-3 所示，单击"确定"按钮，在弹出的"超链接到幻灯片"对话框中选择要链接到的"幻灯片 3"，如图 2-8-4 所示，单击"确定"按钮。

图 2-8-3　"动作设置"对话框　　　　　　图 2-8-4　"超链接到幻灯片"对话框

- 使用"插入"选项卡"链接"栏中的"超链接"按钮或者右击建立超链接。在第 1 张幻灯片中选中文本"梦幻曲",单击"插入"→"超链接"或者右击并在弹出的快捷菜单中选择"超链接"命令,在弹出的"插入超链接"对话框中进行设置,如图 2-8-5 所示。

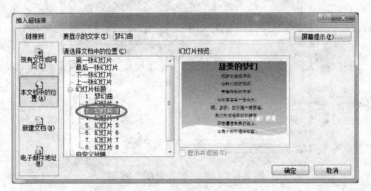

图 2-8-5　"插入超链接"对话框

（7）配色方案。单击"设计"选项卡"主题"栏中的"颜色"按钮,在打开的面板中选择"新建主题颜色",在弹出的对话框中进行设置,如图 2-8-6 所示。

图 2-8-6　"新建主题颜色"对话框

（8）单击"插入"选项卡中的"幻灯片编号"按钮为所有的幻灯片添加幻灯片编号和更新的日期，如图 2-8-7 所示；然后单击"视图"选项卡中的"幻灯片母版"按钮，在"幻灯片母版"视图中调整字符的颜色和位置等，如图 2-8-8 所示。

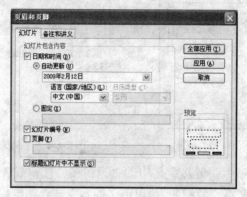

图 2-8-7　"页眉和页脚"对话框

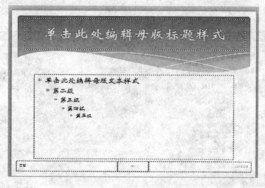

图 2-8-8　"幻灯片母版"视图

（9）幻灯片背景。选择第 2 张幻灯片，单击"设计"选项卡中的"背景样式"按钮，在下拉列表中选择"设置背景格式"命令，弹出"设置背景格式"对话框，在其中选择"填充"，再选择"渐变填充"，类型设置与"线性"，如图 2-8-9 所示。

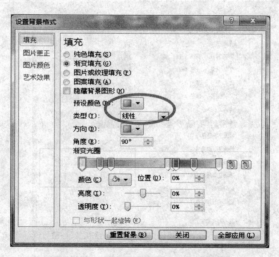

图 2-8-9　"设置背景格式"对话框

（10）按要求插入图片，调整图片位置。选中图片，单击"动画"选项卡中的"添加动画"按钮，在下拉列表中选择"更多进入效果"，在出现的任务窗格中设置图片的动画效果为"百叶窗"，如图 2-8-10 所示。

图 2-8-10　设置进入效果

在"动画"选项卡的"计时"栏中设置"开始"为"上一动画之后"，在"期间"下拉列表框中选择"非常快"。用同样的方法设置文本部分的动画。关于文本部分动画速度和文字延迟的设置是：在"动画窗格"对话框的"动画"列表中选定文本部分并右击，在弹出的快捷菜单中选择"效果选项"命令，在"效果选项"对话框中设置文字延迟和速度，如图 2-8-11 至图 2-8-13 所示。各部分动画的顺序可以在任务窗格的"动画"列表中进行设置。

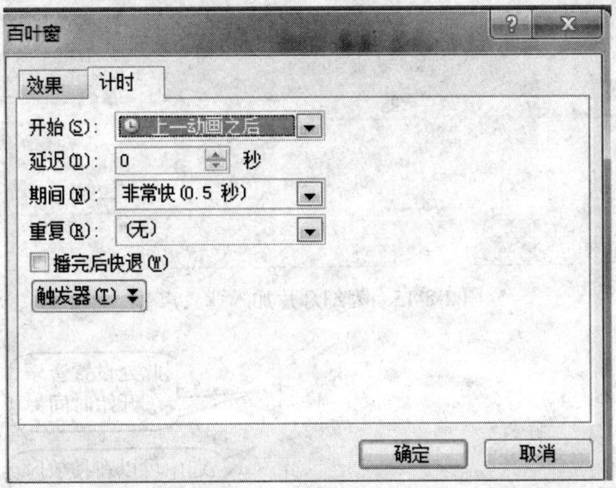

图 2-8-11　"计时"选项卡

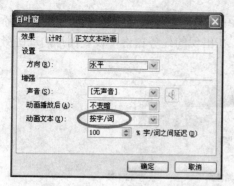
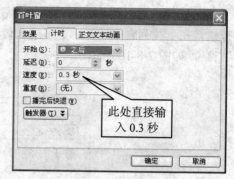

图 2-8-12　设置文字逐个延迟　　　　　　　　图 2-8-13　设置速度为 0.3 秒

（11）单击"幻灯片放映"中的"幻灯片切换"命令，按要求为每一张幻灯片设置切换效果。以第 2 张幻灯片为例，先选择第 2 张幻灯片，然后在"切换"选项卡中进行相关设置，如图 2-8-14 所示。

图 2-8-14　幻灯片切换设置

（12）设置幻灯片的背景音乐。在第 1 张幻灯片中，单击"插入"选项卡"媒体"栏中的"音频"→"文件中的声音"命令，在弹出的"插入声音"对话框中插入音乐，设置在幻灯片放映时自动播放声音，然后在幻灯片上会出现🔊图标，单击选择这个图标，在"音频工具"选项卡中可以进行相应的设置，如图 2-8-15 和图 2-8-16 所示。在右侧的"动画窗格"任务窗格中，右击列表中的声音对象，在弹出的快捷菜单中选择"效果选项"命令，设置声音结束的时间，如图 2-8-17 所示。

图 2-8-15　为幻灯片加入背景声音

图 2-8-16　音频工具命令栏

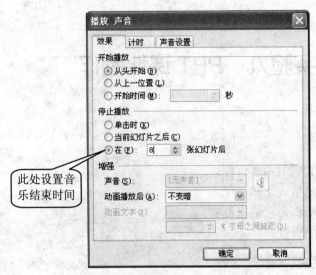

图 2-8-17 设置声音文件

（13）放映方式设置。单击"幻灯片放映"选项卡中的"设置放映方式"按钮，在弹出的对话框中设置放映方式，如图 2-8-18 所示。

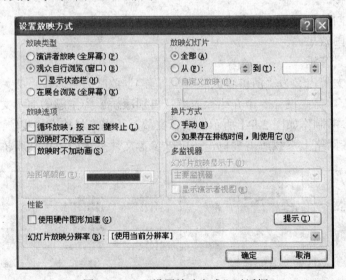

图 2-8-18 "设置放映方式"对话框

实验九 PPT 课件制作

一、实验目的

1. 全面掌握建立演示文稿的基本过程。
2. 全面掌握演示文稿的格式化和美化。
3. 全面掌握幻灯片的动画和超链接设置。
4. 全面掌握放映方式的设置。

二、实验内容及基本要求

（1）至少有 6 张幻灯片。
（2）美化你的幻灯片。
（3）有超链接。
（4）体现不同的幻灯片切换方式。
（5）设置动画效果。
（6）添加背景音乐。
（7）将演讲文稿定义为"演讲者放映（全屏幕）"放映方式。

按照以上要求，自主设计一个介绍徐志摩《再别康桥》为主题的演示文稿。

操作提示： 参考制作如图 2-9-1 所示的演示文稿。所需素材均在"实验素材\实验 9"文件夹内，也可自行在网络上下载所需素材，还可以参考文件夹内的"再别康桥.ppsx"文件。

图 2-9-1 "再别康桥"演示文稿

实验十　Office 2010 高级应用

一、实验目的

综合应用 Office 三大软件（Word、Excel、PowerPoint）实现办公自动化的高级应用，基本具备全国信息技术水平大赛 Office 高级应用的水平。

二、实验内容及基本要求

【案例 1】请参照样例文档"Office 决赛操作题 1.pdf"（如图 2-10-1 所示的效果），利用给定的素材完成下列操作任务，并将制作好的文档保存为"Office 2010 决赛操作题 1.docx"，另存到自己的文件夹中。

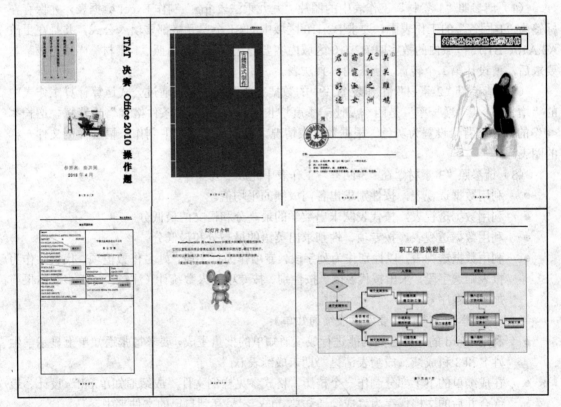

图 2-10-1　Office 2010 决赛操作题 1.docx 的效果

素材文件列表：51-1.jpg、51-2.jpg、51-3.jpg、51-4.jpg、51-5.gif。

（1）第 1 页为封面页，以竖排文字的方式显示标题"ITAT 决赛 Office 2010 操作题"，并插入自动生成的目录与页码，插入素材图片 51-1.jpg，并显示制作者与制作时间。

（2）第 2 页为古籍版案例的封面页，插入文本"古籍版式制作"。

（3）利用素材图片 51-2.jpg 在第 3 页制作一页古籍版式，并且为第 2、3 页添加页眉"古籍版式制作"。

（4）利用素材图片 51-3.jpg 和 51-4.jpg 在第 4 页制作发票案例的封面页，插入文本"外贸业务商业发票制作"。

（5）参照样例文件，在第 5 页设计商业发票单及其说明，其中英文字体为 Times New Roman。为第 4、5 页添加页眉"商业发票制作"。

（6）第 6 页为幻灯片案例的制作页面，请参照样例文件，在第 6 页插入素材图片 51-5.gif，并添加指向幻灯片演示文件"鼠小弟.exe"的超链接，单击超链接可以进入相应的演示过程。

（7）第 7 页使用 Word 绘图工具按照样例绘制一张"职工信息流程图"。

【案例 2】请根据要求完成下列任务。注意问题（1）至（3）的素材与作答区域均在"Office 2010 决赛操作题 2.xlsx"文档中。请注意数据表标签的提示，并根据题目编号查阅相应的素材，在指定的作答数据表中保存操作结果，最终将文件另存到自己的文件夹中。

素材文件列表：图标.JPG、期末成绩表.txt。

举例：第 1 题涉及的素材保存在标签为"1-素材"的数据表中，第 1 题的操作结果保存在标签为"1-回答"、显示为蓝色的工作表中。

（1）请参照"1-素材"工作表中的图片"九九乘法表.jpg"制作 Excel 数据表，并保存在标签为"1-回答"的工作表中。要求 B2:J10 区域中的 81 个单元格都要填入公式，并且在更改 A2:A10、B1:J1 区域内的数字时 B2:J10 区域内容要随之变化。在仿照"1-素材"样式完成基本要求后，请设计第二个转置（上三角）乘法表。

（2）请参照"2-素材"工作表图片中的数据完成图表。要求通过公式运算计算工作表中的"增长率"（"增长率"是四季度比一季度增长的），并使用"条件格式"功能将"增长率<0"的单元格背景设置为灰色。根据数据表情况，在同一工作表中制作一幅与样例文件一样的图表。

（3）请参照"3-素材"在"3-回答"工作表中完成下列操作：

● 利用数据透视表，按性别求出各门成绩的平均值。

● 利用数据透视表，按代表队求出数学的最高分和语文的最低分。

● 利用数据透视表，按专项、性别求出英语的最高分和最低分。

● 利用数据透视表，以性别作为列字段，专项作为行字段，姓名作为数值项，代表队作为报表筛选字段，求出按代表队、按性别、按专项的人数统计（注意：每一小题结果前加上小题序号）。

（4）某大学期末考试后要发《成绩通知单》：

● 利用 Word 的邮件合并功能进行成绩通知单的批量生成，要求每张通知单上显示学生姓名和 3 科成绩。成绩表请见"期末成绩表.txt"。

● 在成绩单的下半部分制作一个校历，格式参见样例文件"成绩通知单.pdf"设计。最终合并后的文档保存为"成绩通知单.docx"，另存到自己的文件夹中。

【案例 3】参照"Excel 中常用函数介绍.exe"演示文稿的样式，利用 PowerPoint 2010 自行设计和制作"Excel 中常用函数介绍.pptx"幻灯片，保存到自己的文件夹中。

要求完成：

（1）介绍至少两种函数的使用，要求有截屏。

（2）内容包括对函数的基本概念、基本参数、应用实例的介绍。

（3）所有提供的素材都需要合理地运用到演示文稿中。

注意可以使用提供的动画素材，整套幻灯片制作完成后不得与样例完全一样，版面要美观，内容要清晰，色彩要协调，要有动画和切换效果。

【案例4】打开"各专业人数情况.xlsx"，制作如图 2-10-2 所示的复合饼图（说明：图表中"计算机类"字样需要自行通过标注设置），最后将结果以原文件名保存到自己的文件夹中。

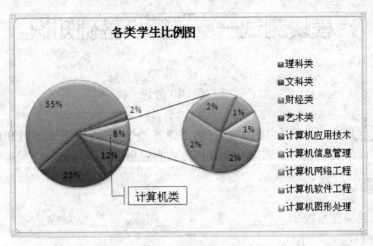

图 2-10-2 复合饼图

第三部分 模块测试篇

模块测试一 计算机基础知识

时间：40 分钟

说明：

1. 请首先在最后一个硬盘中建立自己的文件夹"学号+姓名"，比如 1301001 张三。
2. 请将下面所有题的答案和结果文件保存在自己的文件夹下。

一、填空题（30 分）

1. 计算机的硬件系统由_____和_____组成。
2. (243)$_{10}$=(_____)$_2$。
3. (3F)$_{16}$=(_____)$_8$。
4. (423)$_{16}$ 中 4 的位权是_____。
5. 分时操作系统的特点是_____。
6. 用鼠标双击窗口的标题栏，其结果是_____。
7. 计算机中最核心的部件是_____。
8. Windows 操作系统中，文件名中的"."可以出现_____次。
9. 与剪贴板有关的操作有_____。
10. 菜单项名称前的小圆点表示_____。

二、选择题（30 分）

1. 任务栏中一般不包括（　　）。
   A. "开始"菜单　　　　　　　　　B. 数字时钟
   C. 打印机设置　　　　　　　　　D. 汉字输入法按钮
2. Windows 操作系统中，回收站的功能是（　　）。
   A. 浏览上网的计算机　　　　　　B. 临时存放删除文件
   C. 设置计算机参数　　　　　　　D. 收发信件
3. 第四代计算机采用的电子器件为（　　）。
   A. 集成电路　　　B. 晶体管　　　　C. 电子管　　　　D. 大规模集成电路
4. 电子计算机最主要的特点是（　　）。
   A. 高速度　　　　　　　　　　　B. 高精度
   C. 存储程序和自动控制　　　　　D. 记忆力强
5. 现代计算机是根据（　　）提出的原理制造出来的。
   A. 莫奇莱　　　B. 艾仑·图灵　　　C. 乔治·布尔　　　D. 冯·诺依曼

6．用计算机管理科技情报资料，是计算机在（　　　）领域的应用。

    A．科学计算　　　　B．数据处理　　　C．制过程控制　　　D．计算机辅助工程

7．PC 是指（　　　）。

    A．计算机型号　　　B．小型计算机　　C．兼容机　　　　　D．个人计算机

8．计算机具有强大的功能，但它不可能（　　　）。

    A．高速准确地进行大量数值运算　　　B．高速准确地进行大量逻辑运算

    C．对数据信息进行有效管理　　　　　D．取代人类的智力活动

9．内存的大部分由 RAM 组成，RAM 中存储的数据在断电后将（　　　）丢失。

    A．不会　　　　　　B．部分　　　　　C．完全　　　　　　D．大部分

10．下列属于应用软件的是（　　　）

    A．DOS　　　　　　B．Windows　　　C．UNIX　　　　　　D．PowerPoint

三、操作题（40 分）

1．在自己的文件夹下新建文件夹"快捷方式"，在该文件夹内创建快捷方式，指向 Windows 操作系统桌面。（10 分）

2．文字录入（15 分）

在记事本中输入如图 3-1-1 所示的内容，将内容保存到自己的文件夹里，文件名为"文字录入.txt"。

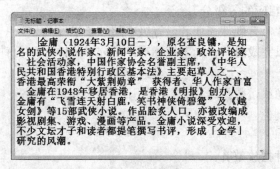

图 3-1-1　文字录入内容

3．利用"画图"程序画出如图 3-1-2 所示的图形，并将文件保存到自己的文件夹里，文件名为"五角星.jpeg"。（15 分）

图 3-1-2　五角星

提示：利用五边形来画五角星，在画五边形时，按住 Shift 键即可画出正五边形。

模块测试二 计算机组装与维护基础

时间：15 分钟

说明：

1. 本测试为实际操作，由于测试成绩与过程有关，一般同时参与测试的学生人数不宜过多，故应分组进行测试，每组 4~5 个学生，同时进行操作。

2. 测试成绩采用等级制，取优、良、中、差、不合格 5 个等级。

操作题

在 15 分钟内完成计算机硬件的组装与拆卸操作。具体要求为：

（1）操作过程严格按照规范执行。

（2）拆卸、安装配件必须注意保护硬件。

（3）拆卸、组装过程中必须注意自身安全。

（4）拆卸、安装的配件包括电源、CPU、内存、硬盘。电源本身的盒子不允许再拆，硬盘本身的螺钉不能拆卸，主板可不拆卸。

评分项目（评分项目仅作为参考，在具体测试中，教师可根据教学以及学生的实际情况作出适当的调整并给出相应的等级分）：

（1）不能损坏硬件，有硬件损坏者，等级不超过"中"。

（2）熟练程度，以完成时间作为考核标准，可分 6 分钟、10 分钟、15 分钟完成三等。

（3）动作规范。

（4）正确连接电源线、数据线。

（5）内存条安装到位。

（6）硬盘固定牢固。

（7）拆卸下的配件摆放整齐。

（8）是否存在野蛮操作的问题。

模块测试三　计算机网络及应用

时间：45 分钟

说明：

1. 请首先在最后一个硬盘中建立自己的文件夹"学号+姓名"，比如 1201001 张三。
2. 请将下面所有题的答案和结果文件保存在自己的文件夹下。

一、选择题（30 分，每小题 3 分）

1. 按照计算机网络的覆盖范围，计算机网络分为局域网、城域网和（　　　）。
   A．广域网　　　　　B．互联网　　　　　C．以太网　　　　　D．企业网
2. OSI 参考模型将计算机网络划分为功能上相对独立的（　　　）个层次。
   A．4　　　　　　　B．5　　　　　　　C．6　　　　　　　D．7
3. TCP/IP 模型将网络划分为：网络接口层．网络层、传输层和（　　　）。
   A．会话层　　　　　B．表示层　　　　　C．应用层　　　　　D．物理层
4. IPv4 地址由（　　　）位二进制数组成。
   A．16　　　　　　　B．32　　　　　　　C．48　　　　　　　D．64
5. 以下 IP 地址分类中，正确的是（　　　）。
   A．A、B 和 C 三大类　　　　　　　B．A、B、C 和 D 四大类
   C．A、B、C、D 和 E 五大类　　　　D．A、B、C、D、E 和 F 六大类
6. 在 DNS 中，中国的地理区域域名是（　　　）。
   A．cn　　　　　　　B．ch　　　　　　　C．chn　　　　　　D．ca
7. 在 DNS 中，教育机构的机构区域域名是（　　　）。
   A．com　　　　　　B．gov　　　　　　C．net　　　　　　D．edu
8. 远程登录服务基于的协议名称是（　　　）。
   A．WWW　　　　　B．Telnet　　　　　C．FTP　　　　　　D．HTTP
9. 以下不属于网络安全威胁的是（　　　）。
   A．计算机病毒　　　B．网络攻击　　　　C．蠕虫　　　　　　D．网络银行
10. 以下网络安全技术中用于发现系统安全脆弱性的是（　　　）。
    A．反病毒技术　　B．防火墙技术　　C．入侵检测技术　　D．漏洞扫描技术

二、操作题

1. 新建一个扩展名为 txt 的文本文件，命名为"学号姓名.txt"，利用 LeapFTP 软件将该文件上传至指定的 FTP 服务器。（20 分）
2. 新建一个扩展名为 txt 的文本文件，命名为"姓名.txt"，利用该文件作为附件向指定的邮箱中发送一封电子邮件，要求邮件标题为"学号+姓名"。（20 分）
3. 利用百度搜索 CNKI 的网址，并利用 CNKI 检索出学术期刊文献，检索条件为：①作者：张三元；②篇名：圆环面上纤维轨迹的计算机辅助设计。新建一个扩展名为 txt 的文本文件，命名为"学号姓名-摘要.txt"，将检索到的文献的摘要信息粘贴到该文件中。（30 分）

模块测试四　Word 2010 应用

时间：80 分钟

说明：

1. 请首先在最后一个硬盘中建立自己的文件夹"学号+姓名"，比如 1201001 张三。
2. 请将下面所有题的答案和结果文件保存在自己的文件夹下。

操作题

1. 打开文件"试题 1.docx"，完成以下各操作，完成后以原名另存到自己的文件夹中。（60 分）

（1）利用"拼写和语法"功能检查所输入的英文单词是否有拼写错误，如有则将其改正。

（2）将文中所有的英文单词改为首字母大写，其余小写。

（3）将所有字母更改为红色并使之成为斜体。

（4）将文中所有的"汉字"替换为"文字"并使其格式设置为加粗、蓝色、加着重号。

（5）将标题设置为居中、黑体、三号字、加粗，并加边框和底纹（应用于文字，边框样式和底纹颜色自定）；将小标题设为左对齐、宋体、四号字、加粗。

（6）将第二段第一行的"公司"两字设为带圈字符（样式自选，增大圈号）；同一行的"办公自动化"改为繁体字。

（7）将文中第一段设置为首字下沉 2 行，分两栏，加分隔线。

（8）将文档第二段设置为首行缩进 2 个字符，段前间距为 10 磅，行间距为 1.5 行；将该段英文字体设为 Arial Black。

（9）设置页眉为"常用办公软件"，楷体_GB、五号、右对齐；设置页脚为页码，居中。

（10）设置上、下页边距为 2.5 厘米，左、右页边距为 3.2 厘米；纸张为 A4 纸。

2. 打开文件"试题 2.docx"，按照图 3-4-1 所示的表格进行编辑修改，完成后以原名保存在自己的文件夹中。（20 分）

旅 差 费 报 销 单

报销单位		姓名		职别		级别		出差地	
出差事由		日期							
项目		交通工具				住宿费	伙食补贴	其他	
		飞机	火车	轮船	汽车				
金额									
总计金额(大写):									
详细路线及票价									
主管人		出差人		经手人					

图 3-4-1　旅差费报销单

3．打开文件"试题 3.docx"，插入图片素材，用 Word 的相关工具实现图 3-4-2 所示的排版效果，完成后以原名保存在自己的文件夹中。（20 分）

测 试 样 稿

产品介绍说明书

NOKIA N97
成功人士的最佳选择

您想成为
成功人士吗？

上的简化和更多流行元素的融入。

诺基亚 N97 作为旗舰手机，内置了 3.5 英寸的高分辨率触摸屏幕，16:9 比例的 640×360 像素，1600 万色。诺基亚 N97 内置 500 万像素卡尔蔡司摄像头，采用双 LED 闪光灯，诺基亚 N97 可拍摄 MPEG-4 VGA 30FPS 高清视频。

诺基亚 N97

　诺基亚 N97 代表了新一代的智能手机，这款手机功能配置上较为全面，它已经超过了一款手机的概念，称得上是多媒体移动电脑。
　诺基亚 N97 为了争取更多的年轻用户，将更多有趣功能和更为丰富的硬件置入这款产品，更在外形设计和包装上做足了功课。能让人看到设计

其主要指标如下：

上市时间	2008 年 10 月
网络制式	GSM 3G（联通 WCDMA）
操作系统	Symbian S60
主屏尺寸	3.5 英寸
主屏分辨率	360×640 像素
摄像头像素	500 万像素

图 3-4-2　参考效果

模块测试五　Excel 2010 应用

时间：80 分钟

说明：

1. 请首先在最后一个硬盘中建立自己的文件夹"学号+姓名"，比如 1201001 张三。

2. 请将下面所有题的答案和结果文件保存在自己的文件夹下。

操作题

1. 用 Excel 2010 原样制作图 3-5-1 所示的表格，其中"月度平均"、"增长率"（三月份相对于一月份的）、"全厂一季度产量合计"是派生数据。结果以文件名"产量.xlsx"保存在自己的文件夹下。（20 分）

	A	B	C	D	E
1	光明钢材厂第一季度产量				
2	汇总统计表				
3		一月份	二月份	三月份	增长率
4	一分厂	3,590	3,810	3,200	-10.86%
5	二分厂	4,420	4,550	4,640	4.98%
6	三分厂	2,240	1,500	2,180	-2.68%
7	四分厂	3,500	3,250	4,120	17.71%
8	五分厂	7,330	7,430	8,320	13.51%
9	六分厂	5,560	5,670	6,410	15.29%
10	月度平均	4,440	4,368	4,812	
11	全厂一季度产量合计				81,720

图 3-5-1　产量表

2. 打开文件"数据分析.xlsx"，完成以下各小题，完成后以原名另存到自己的文件夹中。（30 分）

（1）计算出每个人的总分和平均分，平均分保留 2 位小数，并按总分由高到低进行排序（以工作表"档案"命名）。

（2）复制第 1 小题的工作表到另一张空白工作表中，筛选出英语成绩高于 85 分的人（以工作表"筛选"命名）。

（3）复制第 1 小题的工作表到另一张空白工作表中，按籍贯分类统计出各个地方的学生的英语平均成绩（以工作表"分类统计"命名）。

（4）复制第 1 小题的工作表到另一张空白工作表中，用二维簇状柱形图的形式画出前面 5 个学生的三门课成绩分布图（以工作表"图表"命名）。

3. 打开"水果营养成分表.xlsx"，对蛋白质进行分析，生成如图 3-5-2 所示的蛋白质饼图。完成后以原名另存到自己的文件夹中。（10 分）

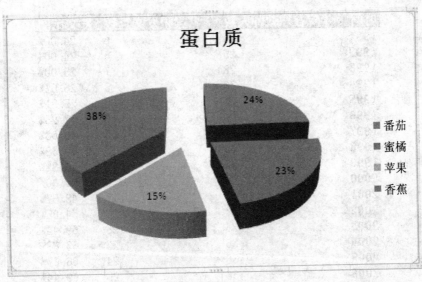

图 3-5-2 蛋白质饼图

4. 这一部分的素材与作答区域均在"Excel 2010 操作题.xlsx"文档中，请注意数据表标签的提示，根据题目编号查阅相应的素材，并在指定的作答数据表中保存操作结果。最后将"Excel 2010 操作题.xlsx"另存到自己的文件夹中。（40 分）

某学院为了迎接本科生建设评估，对 1991-2007 年本学院教师学术文章的发表情况进行了统计，统计数据请见标签为"1-素材"数据表中的"某学院 1991-2007 年教师学术文章发表情况统计表"，如图 3-5-3 所示，并根据下列要求完成：

时间	学院在职教师人数	累积发文篇数
1991	25	6
1992	25	6
1993	28	7
1994	30	8
1995	31	8
1996	31	10
1997	32	13
1998	33	13
1999	32	15
2000	35	14
2001	35	17
2002	37	20
2003	36	25
2004	36	23
2005	36	24
2006	36	25
2007	36	27

图 3-5-3 教师学术文章发表情况统计表

（1）计算该学院每年的发文比例情况，发文比例的计算公式是：年发文比例=年发文总数/当年学院在职教师人数*100%。制作如图 3-5-4 所示的数据表。（10 分）

时间	学院在职教师人数	累积发文篇数	发文比例
1991	25	6	24.00%
1992	25	6	24.00%
1993	28	7	25.00%
1994	30	8	26.67%
1995	31	8	25.81%
1996	31	10	32.26%
1997	32	13	40.63%
1998	33	13	39.39%
1999	32	15	46.88%
2000	35	14	40.00%
2001	35	17	48.57%
2002	37	20	54.05%
2003	36	25	69.44%
2004	36	23	63.89%
2005	36	24	66.67%
2006	36	25	69.44%
2007	36	27	75.00%

图 3-5-4　发文比例计算表

（2）根据逐年的发文比例，以每五年为一个阶段，制作如图 3-5-5 所示的图表。（30 分）

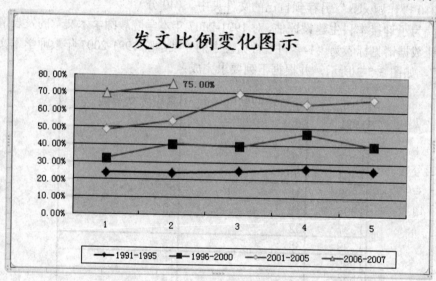

图 3-5-5　发文比例变化图示

模块测试六　PowerPoint 2010 应用

时间：60 分钟

说明：

1. 请首先在最后一个硬盘中建立自己的文件夹"学号+姓名"，比如 1201001 张三。
2. 请将下面所有题的答案和结果文件保存在自己的文件夹下。

操作题

1. 利用"样本"模板建立一个培训类型的演示文稿，结果以 P1.pptx 保存。（5 分）
2. 利用"流畅"主题建立演示文稿：（10 分）

（1）该文稿由 3 张幻灯片组成，结果以 P2.pptx 保存。

（2）第 1 张幻灯片封面的标题为你目前就读的学校名，副标题为你的专业名称。

（3）第 2 张幻灯片输入你所在专业的特点和基本情况。

（4）第 3 张幻灯片输入本学期学习的课程名称、学分等基本信息。

（5）根据自己的审美观和爱好，尽可能地美化你的演示文稿。

3. 利用"空演示文稿"建立演示文稿：（15 分）

（1）建立有 3 张幻灯片的自我介绍演示文稿，结果以 P3.pptx 保存。

（2）第 1 张幻灯片采用"标题与内容"版式，标题处分两行填入"自我介绍"和你的姓名；内容处填写你小学、中学、大学的简历。

（3）第 2 张幻灯片采用"标题与内容"版式，标题处填入"高考成绩单"；内容处填入一表格。表格由 5 列 2 行组成，内容为你高考的 4 门课程名（如语文、数学、外语、物理）、总分及对应的分数。

（4）第 3 张幻灯片采用"两栏内容"版式，标题处填入"个人爱好和特长"；左栏以简明扼要的文字填入你的爱好和特长；右栏内为你所喜欢的图片或你的照片。

4. 对建立的 P3.pptx 演示文稿按规定的要求设置外观：（20 分）

（1）利用幻灯片母版对所有标题设置华文彩云、54磅、粗体。

（2）对第 1 张幻灯片的文本设置楷体、粗体、32 磅；对第 2 张幻灯片的表格内容水平、垂直居中。

（3）设置背景：设置背景的填充效果为"雨后初晴"预设颜色。

（4）对第 3 张幻灯片，将标题文字"个人爱好与特长"改为"艺术字"库中第 1 行第 4 列的样式，加阴影，颜色为红色。

5. 幻灯片的动画设计：（30 分）

（1）对 P3.pptx 内第 1 张幻灯片中的标题部分，采用"左侧飞入"的动画效果，"单击鼠标"时产生动画效果；文本内容即个人经历，采用"底部飞入"的动画效果，按项一条一条地显示，在"前一事件"2 秒后发生。

（2）对 P3.pptx 的第 3 张幻灯片的"艺术字"对象设置"旋转"效果；对图片对象设置"右侧飞入"效果；对文本设置"自顶部擦除"的效果。动画出现的顺序：首先为图片对象，随后为文本，最后为艺术字。

（3）使 P3.pptx 演示文稿内各幻灯片间的切换效果分别采用水平百叶窗、溶解、推进方式，设置切换速度为"快速"，换页方式可以通过单击鼠标或定时 3 秒。

6．演示文稿中的超链接（15 分）

将 P3.pptx 中第 1 张幻灯片的"自我介绍"这几个文字处插入超链接，链接到第 3 张幻灯片；在第 2 张幻灯片的标题处插入超链接，链接到 P2.pptx 中的第 2 张幻灯片。

7．放映演示文稿（5 分）

将 P1.pptx、P2.pptx 和 P3.pptx 的放映方式分别设置为"演讲者放映"、"观众自行浏览"、"在展台放映"，放映时观察效果。

模块测试七 Office 2010 高级应用

时间：120 分钟

说明：

1．请首先在最后一个硬盘中建立自己的文件夹"学号+姓名"，比如 1201001 张三。
2．请将下面题目的答案和结果文件保存在自己的文件夹下。

题一： 请参照样例文档"Office 决赛操作题 1.pdf"，利用给定的素材完成下列操作任务，并将制作好的文档保存为"Office 决赛操作题 1.docx"。（每小题 10 分，共 50 分）

素材列表：1.jpg、2.jpg、3.jpg、4.jpg、5.jpg、5.jpg、6.jpg、7.jpg、8.jpg、大赛组织结构.exe。

请使用 Word 2010 制作《大赛工作宣传册》，如图 3-7-1 所示，各页文字的字体和字号参照样例自行设定（与样例越相近，得分越高），并参照样例在每页底部自动添加页码。

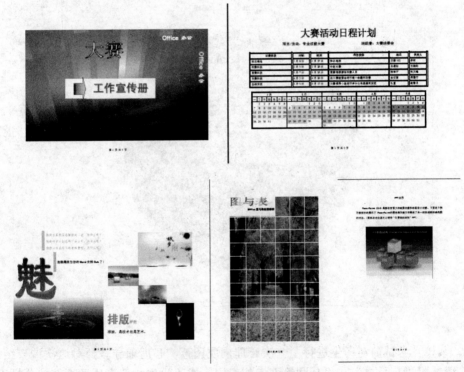

图 3-7-1　大赛工作宣传册

1．第一页为"封面"。以 1.jpg 图为背景，使用 A4 规格横向，版面样式与"Office 决赛操作题 1.pdf"的第一页相同。

2．第二页为"大赛活动日程计划"。请参照样例文件制作大赛活动日程计划表。

3．第三页为"排版样例"。利用素材图片 2.jpg、3.jpg、4.jpg、5.jpg、6.jpg 完成图文混排，如"Office 决赛操作题 1.pdf"的第三页。

4．第四页为"图与表应用样例"，利用素材图片 7.jpg 制作，本页为 A4 纵向。

5．第五页为幻灯片案例的制作页面，请参照样例文件在第五页插入素材图片 8.jpg，并添加指向幻灯片演示文件"大赛组织结构.exe"的超链接，单击超链接可以进入相应的演示过程。

题二： 请根据要求完成下列任务。注意：1～3 小题的素材与作答区域均在"Office 2010 决赛操作题 2.xls"文档中。例如，第 1 题涉及的素材保存在标签为"1_素材"的工作表中，第 1 题的操作结果保存在标签为"1_回答"的工作表中。请注意工作表标签的提示，根据题目编号查阅相应的问题，并在指定的作答工作表中保存操作结果。（1、3 小题各 15 分，2 小题 20 分，共 50 分）

1．身份证号码是人员管理中最基本的信息之一。请参照标签为"1_素材"的工作表，利用函数分析身份证号持有者的出生日期、性别和年龄，保存在标签为"1_回答"的工作表中。要求：当填入身份证号后，自动生成"出生日期"、"性别"和"年龄"。身份证号允许输入 15 位和 18 位（参照样例）。

2．某校高中一次考试的结果如"2_素材"所示，请在"2_回答"工作表中制作双层饼图，效果如图 3-7-2 所示。

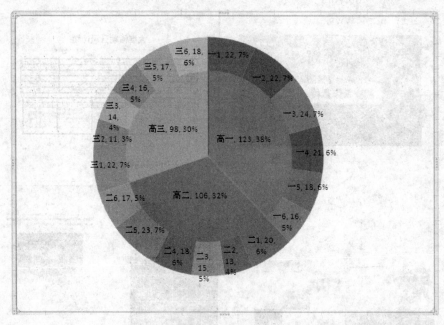

图 3-7-2　双层饼图

3．某校在考试前对考生进行了一次心理素质调查，心理辅导教师对这次调查结果进行了分析。请参照"3_素材"在"3_回答"工作表中完成"学生心理素质调查统计分析表"。设计表时考虑到数据的准确性，A、B、C、D、E 选项采用下拉列表方法输入。

要求：在上表中填入 A、B、C、D、E，在下表中自动完成统计。其中 A、B、C、D、E 既可以使用下拉列表方式选择输入，也可手工输入。但若输入除 A、B、C、D、E 以外的其他值时系统则不接受。对未提供性别信息的人员不进行统计。

参考文献

[1] 陈建国，李勤. 大学信息技术基础. 北京：科学出版社，2012.

[2] 李坚，朱嘉贤. 计算机应用基础（修订版）. 北京：科学出版社，2011.

[3] 徐士良. 大学计算机基础（第六版）. 北京：清华大学出版社，2008.

[4] 艾明晶，吴秀娟等. 大学计算机基础实验指导. 北京：清华大学出版社，2012.

[5] 冯宪光，顾建华，邹世喜. 计算机组装维修与外设配置. 北京：清华大学出版社，2011.

[6] 谢希仁. 计算机网络（第5版）. 北京：电子工业出版社，2008.

[7] 刘建伟. 网络安全概论. 北京：电子工业出版社，2009.

[8] 张仕斌，曾派兴，黄南铨. 网络安全实用技术. 北京：人民邮电出版社，2010.

[9] 天极网：http://www.yesky.com.

[10] 优酷教育：http://edu.youku.com.

[11] 多特软件站：http://www.duote.com/tech/excel.